必修編

改訂新版 最短距離でゼロからしっかり学ぶ
Python入門

プログラミングの基礎からエラー処理、
テストコードの書き方まで

Eric Matthes 著
鈴木たかのり、安田善一郎 訳

技術評論社

Copyright © 2023 by Eric Matthes.

Title of English-language original: *Python Crash Course, 3rd Edition: A Hands-On, Project-Based Introduction to Programming*,
ISBN: 9781718502703, published by No Starch Press Inc. 245 8th Street, San Francisco, California United States 94103.
The Japanese-language 3rd edition Copyright © 2024 by GIJUTSU HYORONSHA under license by No Starch Press Inc. All rights reserved.

Japanese translation rights arranged with No Starch Press, Inc., San Francisco, California through Tuttle-Mori Agency, Inc., Tokyo

■日本語版における原書の扱いについて

本書は『Python Crash Course, 3rd Edition: A Hands-On, Project-Based Introduction to Programming』を底本とし、その前半（Part1）を「必修編」、後半（Part2）を「実践編」として刊行しています。そのため、巻頭の一部は「必修編」「実践編」ともに同じ内容を掲載しています。

■ご購入前にお読みください

【免責】
・本書に記載された内容は、情報の提供だけを目的としています。したがって、本書を用いた運用は、必ずお客様自身の責任と判断によって行ってください。これらの情報の運用の結果について、技術評論社および著者はいかなる責任も負いません。

・本書記載の情報は、2024年8月現在のものを掲載しています。ご利用時には変更されている場合があり、本書での説明とは機能内容や画面図などが異なってしまうこともあります。本書ご購入の前に、必ずご確認ください。

・Webサイトやサービス内容の変更などにより、Webサイトを閲覧できなかったり、規定したサービスを受けられなかったりすることもあり得ます。

　以上の注意事項をご承諾いただいた上で、本書をご利用願います。これらの注意事項をお読みいただかずに、お問い合わせいただいても、技術評論社および著者は処理しかねます。あらかじめ、ご承知おきください。

【商標、登録商標について】
　本文中に記載されている製品の名称は、すべて関係各社の商標または登録商標です。本文中に™、®、©は明記していません。

いつもプログラミングについての私の質問に答えるために
時間を作ってくれた父のために、
そしてプログラミングを始めたばかりで
私に質問をするEverのために。

巻頭言

「鉄は国家なり」という言葉があります。日本では1901年に官営八幡製鉄所が操業を開始した際に初代首相の伊藤博文が述べたとされており、19世紀にドイツを統一したビスマルクの演説にも似た言葉があります。当時は国家の発展を支える重要な産業の1つが製鉄であり、各国のリーダーがそれを強調したのは当然と言えます。現代においても鉄の重要性は変わりませんが、当時の社会に存在せず、今の社会に必要不可欠なものと言えばソフトウェアでしょう。スマートフォンが生活必需品となり、Webがない生活が考えられなくなった現代社会はソフトウェアによって支えられています。ソフトウェアはプログラミング言語で記述されています。プログラミングができると、新しいソフトウェアを開発したり、誰かが作ったソフトウェアを改変することができます。これは、コンピュータの能力を引き出し、自分の思うように動かせることを意味します。膨大なデータの記録と正確な計算を得意とするコンピュータと、創造性にあふれる人間の脳が協同することで、社会を変える新しい価値が生まれるはずです。

母国語の能力は成長する過程である程度は自然と身に付くものですが、生まれながらにコンピュータプログラムを書ける人はいません。外国語の学習と同じように、自発的に学ぶ必要があります。また母国語はなんとなくしゃべることができますが、プログラムの文法はしっかり守る必要があります。どんな種類のプログラミング言語を学ぶ場合も、基本的な文法は必ず習得しなければなりません。ただ、こうした基本事項の勉強は、やはり少し退屈です。モチベーションを維持して、一通りの文法学習を乗り切る必要があります。プログラミングの学習で、やる気を持続する方法の1つは、最終的に自分がやりたいことを具体的にイメージすることです。本書の実践編ではゲーム、データ解析、Webアプリケーションといった題材を例に、Pythonを使って実際にどのようなソフトウェアを作ることができるのかがわかります。この3つの中からどれか1つ、自分の目標を設定するとよいでしょう。必修編を読み進める途中で挫折しそうになったら、実践編をパラパラとめくりながら、もう一度自分の目標を再確認してやる気を呼び覚ましてください。一方、必修編ですぐには理解できない部分に、それほどこだわる必要はありません。最初の説明ではよくわからないことも、その知識が実際にどのような場面で使われるかを知ると、それが理解の助けになることはよくあります。本書で言えば、実践編が必修編の理解の助けになってくれる可能性があるわけです。

ソフトウェアの開発には、プログラミングのスキル以外に、情報技術に関するさまざまな知識が必要になります。Webを支えるインターネットの仕組み、CSVやJSONのようなデータ形式、さらにはデータベースシステムなど、驚くほど多岐にわたる知識が必要であり、これが基礎的な文法を身に付けたあとに来る大きな壁の1つです。本書では実践編の中でこうした知識を解説しつつ、Pythonプログラミングを使ってどのようにソフトウェアを開発するかを示してくれます。実践で使われる情報技術を理解し、はじめの一歩を踏み出すのにとてもよい構成になっています。もちろん、ソフトウェアに関連する技術は日進月歩であり、どんなベテランのソフトウェア技術者も日々学び続けています。最初の糸口を掴んだら、Webや書籍などを通じてさらに発展的な

内容を調べてみるとよいでしょう。最新の情報を手に入れるには、IT系の勉強会もおすすめです。オンラインで気軽に聴講できるものから、もくもく会と呼ばれるITエンジニアの集まりまで、自分に合ったスタイルを探して積極的に参加してみるとよいでしょう。

　本書の必修編を通じて最短距離でPythonの基本的な文法を習得できると、自分が思ったことをソフトウェアにすることが想像以上に簡単なことに気が付くでしょう。これは、ライブラリと呼ばれるプログラムの部品が今世紀に入って急速に進化したおかげです。ライブラリはWebアプリケーション開発やデータ解析など、分野ごとの目的に特化して作られています。現代のソフトウェア開発においては、ライブラリをまったく使わない開発は考えられなくなりました。本書の実践編を読めば、ライブラリの威力に驚かされるでしょう。コンピュータが発明された20世紀の半ばから今世紀の初頭までの時代は、これほど多くの便利なライブラリを利用できる環境はありませんでした。しかもほとんどのライブラリは無料で利用することができます。ソフトウェア開発という視点では、現代はもっとも恵まれた状況にあると言えるでしょう。

　Pythonは便利なライブラリが多く揃っている言語として有名で、そのため人気が高まっています。現在のPythonを取り巻く環境では、利用者が増えて人気が上がり、さらに便利なライブラリが供給されるという好循環が生まれています。つまり、Pythonの基本的な文法さえ習得してしまえば、高性能なライブラリの力を借りてコンピュータを使いこなすことができるようになります。ソフトウェアは自由です。ちょっとしたアイディアをPythonを使って実装してみましょう。日々の仕事の手間が少し削減されるかもしれません。こうした小さなツールから、世界を救うアルゴリズムまで、どれもPythonプログラミングで実装できます。現代は、ソフトウェア開発が誰にでも開かれ、便利なライブラリがあふれています。こんな恵まれた時代に生きているのですから、コードを書いてコンピュータを使いこなしましょう。鉄と同じくらい強く社会を支える道具を作れるようになるかもしれません。ぜひ一緒に、この広大なソフトウェアの世界へ旅立ちましょう。

2024年10月　辻真吾

プロフィール

　1975年生まれの東京都足立区出身。小学生の頃父親の指南でMSX2というコンピュータに出会って以来、現在に至るまでずっとコンピュータとプログラミングに興味があります。大学時代に書籍でC++を学び、卒業後はJavaでWebアプリケーションを開発する会社に勤めた経験もあります。大学院に戻りJavaに飽きはじめた2007年ごろにPythonへ乗り換えてから、今もPythonがもっとも好きなプログラミング言語です。Pythonとデータサイエンスやアルゴリズムに関する著書が多数あります。詳しいプロフィールは個人のWebサイト（www.tsjshg.info）をご覧ください。

原書『Python Crash Course』への賛辞

No Starch Press社が、伝統的なプログラミングの書籍と並ぶであろう、未来の古典を制作しているのは興味深いことだ。Python Crash Courseは、そんな本の中の1冊だ。

——Greg Laden（ScienceBlogsのブロガー）

かなり複雑なプロジェクトも扱い、しかもそれを矛盾のない論理的な楽しいスタイルで解き明かし、読者を主題に引き込んでいる。

——Full Circle Magazine

コードスニペット（コードの断片）についての説明がとてもわかりすい。本書は、あなたと一緒に小さな一歩を踏み出して、複雑なコードを構築し、最初から最後まで何が起こっているかを説明してくれる。

——FlickThroughによるレビュー

Python Crash CourseでPythonを学ぶことは、とても価値のある経験だ！Pythonを初めて学ぶ人に、最高の選択だ。

——Mikke Goes Coding（Webサイト）

書いてあるとおり、本当によくできている……多くの役立つ演習問題と、3つの挑戦的で楽しいプロジェクトが掲載されている。

——RealPython.com

Pythonプログラミングをテンポよく網羅的に解説しているPython Crash Courseは、あなたの本棚に追加して最終的にPythonをマスターするのに役立つ素晴らしい書籍である。

——TutorialEdge.net

コーディングの経験がまったくない超初心者への最適な選択肢だ。この非常に奥の深い言語を、基礎からしっかりとわかりやすく解説した入門書を探している方々に、本書をおすすめしたい。

——WhatPixel.com

Pythonについて知っておくべきこと、そしてさらにそれ以上のことも、文字どおりにすべて本書には掲載されている。

——FireBearStudio.com

Python Crash CourseでPythonを使用してコードを学んでいるうちに、多くのプログラミング言語に適用できるきれいなプログラミング技術も学んでいる。

——Great Lakes Geek

日本語版に寄せて

私が最初に『Python Crash Course』（訳注：本書の原書）を執筆した当時は、プログラミングを学びたい人への一般的な教え方は、「すでに動作するプロジェクトを提供する」というものでした。先生は、プロジェクトが少しずつ違う動作をするように修正する方法を示します。生徒がプログラムの修正に成功すると、先生は「おめでとう、これであなたはプログラマーです！」と言いました。そして生徒は自分のやったことに満足し、立ち去ります。しかし生徒達は、自分自身のプロジェクトを構築して開発するための理解が、実際には不十分であることにすぐに気づきます。

『Python Crash Course』はプログラミングの基本概念をしっかりと理解してから、意義のある複数のプロジェクトに飛び込むことを目的としています。この手法は過去10年間で数百万の人々に効果がありました。私は、10歳から90代までのすべての世代の人から、Pythonを学びたいさまざまな理由を聞きました。彼らは異口同音に「『Python Crash Course』はプログラムの理解に役立ち、自分の目的の達成に向かわせてくれた」というようなことを言っていました。

最近のAIアシスタントは、以前の先生がとっていた「うまくいかない手法」によく似ています。小さなプロジェクトであれば、おそらく最新のAIアシスタントでうまくいきます。しかし、あなたが大事なプロジェクトを構築しているのであれば、AIアシスタントが混乱してうまく動作しない状態になることは間違いないでしょう。あなたがプログラミングを適切に理解していれば、AIの出力でのトラブルを解決して前へ進むことができるでしょう。もしそうでないなら、行き詰まってしまうでしょう。『Python Crash Course』は、あなたが行き詰まることを避けて前進し続けるために必要な基礎を提供します。

『Python Crash Course』を日本語に翻訳してくれた、鈴木たかのり氏と安田善一郎氏に感謝します。私は幸運にも、ここ数年の間にいくつかのPythonカンファレンスでたかのり氏に会うことができました。彼のPython言語への熱意と、本書への協力にいつも感謝しています。『Python Crash Course』を日本の読者に母国語で届けるために二人が協力してくれたことをとてもありがたく思います。

私を先生として信頼してくれてありがとう、そしてみなさんのPythonの旅路がうまくいくことを願っています！

Eric Matthes

著者について

Eric Matthes

　25年間高校の数学と科学の教師であり、初級のPythonクラスで教える中でよりよいカリキュラムの道を探していた。現在はフルタイムの執筆者兼プログラマーとして、いくつかのオープンソースプロジェクトに参加している。彼のプロジェクトのゴールは広範囲にわたり、山岳地帯の土砂崩れを予測するものからDjangoプロジェクトのデプロイをシンプルにするものまである。執筆やプログラミングをしていないときは、山登りを楽しんだり家族との時間を過ごしている。

レビュワーについて

Kenneth Love

　アメリカ北西部に家族と猫と住んでいる。熟練のPythonプログラマー、オープンソースのコントリビューター、教師、そしてカンファレンスのスピーカーである。

翻訳者について

鈴木たかのり　一般社団法人PyCon JP Association代表理事、株式会社ビープラウド 取締役／Python Climber

　部内のサイトを作るためにZope/Ploneと出会い、その後必要にかられてPythonを使いはじめる。PyCon JP 2024共同座長。他の主な活動はPythonボルダリング部（#kabepy）部長、Python mini Hack-a-thon（#pyhack）主催、Python Boot Camp（#pycamp）講師など。各国PyConやPython Boot Campで訪れた土地で、現地のクラフトビールを飲むことが楽しみ。フェレットとビールとレゴが好き。趣味は吹奏楽（トランペット）とボルダリング。

安田善一郎　株式会社Surface&Architecture執行役員、株式会社ニューロマジック監査役、シエルセラン合同会社代表

　日本IBMを経て（株）ニューロマジックを設立。その後フリーランスとなりPythonベースのPloneをはじめさまざまなCMSでサイト構築（企画・IA・ディレクション）を手がける。現在は、デザインプロジェクトのマネジメントをはじめ各社で複数の業務に携わっている。

翻訳レビュワーについて

この本の翻訳を下記の方々にレビューしていただきました。

筒井隆次（@ryu22e）さん
杉山剛（@soogie）さん
wat（@watlablog）さん
小山哲央（@tkoyama010）さん
熊谷拓也（@kumappp27）さん
吉田花春（@kashew_nuts）さん
古木友子（@komo_fr）さん

特別付録：Pythonチートシート

本書特別付録として、著者によるPythonチートシートを下記で公開します。

https://gihyo.jp/book/2024/978-4-297-14528-6/support#supportDownload

ダウンロード用パスワード
K698xeNGsk74

チートシートには下記が含まれます。

- Pythonの基礎
  Pythonの基礎、リスト、if文とwhileループ、辞書、関数、クラス、ファイルと例外、コードをテストする
- PythonライブラリとGit
  Pygame、Matplotlib、Plotly、Django、Git

本書と併せて、ぜひご活用ください。

『Python Crash Course』第3版刊行に際しての序文

　この本の原書となる『Python Crash Course』初版および第2版は大好評を博し、100万部以上が発行されました。その中には10か国語を超える翻訳も含まれます。私は、10歳の子どもや、余暇にプログラミングを学習したい退職者などから、手紙やメールを受け取りました。『Python Crash Course』は、中学、高校、大学の授業で使用されています。より上級レベルの教科書で学ぶ学生は『Python Crash Course』を授業の副読本に使っており、参考書としても役立っています。仕事のスキルを上げるためにこの本を読んでいる人もいれば、副業を始めるために利用している人もいます。まとめると、この本は、私の期待をはるかに上回るさまざまな用途で読者に利用されています。

　『Python Crash Course』第3版を執筆する機会が得られましたが、その作業は終始楽しいものでした。Pythonは成熟した言語ですが、他の言語と同じように進化し続けています。改訂にあたっては、この本がよく整備されたPythonの入門コースであり続けることを目標にしました。この本を読むことで、自分のプロジェクトを開始するために必要なすべてのことを学ぶことができ、同時に将来にわたって学習を継続するうえでの強固な基礎を築くことができます。作業にあたり、いくつかの節を書き換え、Pythonを使ううえでより新しくシンプルな方法にしました。また言語の詳細について、より正確に記述すべきだったいくつかの節にも手を入れ、説明を明確にしました。さらに、すべてのプロジェクトを更新し、多くの人が利用してよくメンテナンスされているライブラリを使用するようにしました。これらのライブラリはあなた自身のプロジェクトで自信を持って使用できます。

　第3版の具体的な変更点を以下にまとめます（編集注：第3版のうち、本書「必修編」に関する変更点を記載しています）。

　第1章で扱うテキストエディターは、プログラミング初心者・経験者を問わず人気があり、すべてのOSで動作するVS Codeになりました。

　第2章には、新しいメソッドremoveprefix()とremovesuffix()が含まれます。これらは、ファイルとURLを取り扱う際に便利です。また、この章では改善されたPythonのエラーメッセージについても触れています。より詳細な情報が提供され、うまくいかないときにコードをどう直せばよいかがよりわかりやすくなりました。

　第10章では、ファイルを取り扱うためにpathlibモジュールを使います。これはファイルの読み書きをするうえでより簡単なやり方です。

　第11章では、テスト自動化のためにpytestを使用します。pytestライブラリはPythonでテストを書くための業界標準ツールとなっています。このツールは、はじめてテストを書くときでも十分わかりやすいだけでなく、本職のPythonプログラマーになってからも、設定をプロ向けに変更して使い続けることができます。

　付録Aは、すべてのメジャーなOSにおける現時点で最善のPythonインストール手順を推奨するよう、全面的に書き直しました。付録Bには、VS Codeの詳細なセットアップ手順と、現在使われている主要なテキストエディター、およびIDEについての簡単な説明が書かれています。付録Cでは、読者の助けになるもっとも人気の高いオンラインリソースをいくつか紹介しています。

『Python Crash Course』を読んでくださってありがとうございます！
フィードバックや質問があれば、お気軽にご連絡ください。

謝辞

『Python Crash Course』は、No Starch Pressの非常にすばらしくプロフェッショナルなスタッフがいなければ完成できませんでした。Bill Pollockは私に入門者向けの書籍を書くことを依頼しました。当初の申し出に深く感謝します。Liz Chadwickは全3版に関わっており、彼女の継続的な関わりによって本書はよりよくなっています。Eva Morrowはこの新しい版に新鮮な目を持ち込み、彼女の見識により本書はさらに改善されました。Doug McNairには堅苦しくなりすぎない、適切な言葉遣いを指導してもらい感謝しています。Jennifer Keplerには制作作業を監督してもらい、多くのファイルが最終成果物として磨き上げられました。

No Starch Pressの多くの人が本書を成功へと導いてくれましたが、私は直接一緒に仕事をする機会はありませんでした。No Starchのすばらしいマーケティングチームは書籍の販売のみにとどまらず、読者が目的に合った書籍を見つけ、読者自身の目標を達成する助けをしています。No Starchには強力な海外版権の部門もあります。『Python Crash Course』はこのチームの勤勉さによって、世界中の読者に複数の言語で届けられました。これらすべての人々と私は個別に仕事をしていませんが、『Python Crash Course』の読者を増やす手助けをしてくれたことに感謝しています。

『Python Crash Course』の全3版での技術的なレビュワーであるKenneth Loveにも感謝します。Kennethとの出会いはある年のPyConでした。彼のプログラミング言語とPythonコミュニティにかける熱意は、プロとしての発想の源となっています。Kennethは常に、簡単な事実確認のみでなく初心者プログラマーがPython言語とプログラミング全般についてしっかり理解できるようにレビューしてくれました。Kennethは以前の版で十分に動作している箇所についても、全面的に書き直す機会に改善できる点がないか目を配ってくれました。それでも不正確な点が残っていたとしたら、それは著者の責任です。

また、『Python Crash Course』を読んで得られた経験を共有してくれた、すべての読者に感謝します。プログラミングの基本を学ぶことは、世界に対する見方を変え、人々に多大な影響を与えることもあります。このような話を耳にすると深く謙虚な気持ちになります。そして、経験を率直に共有してくれたすべての人に感謝します。

そして、幼い私にプログラミングを紹介し、私が機材を壊すことを恐れなかった父に感謝します。複数の版を整備する作業の間、執筆中に私をサポートし励ましてくれた妻Erinにも感謝します。最後に、その好奇心で毎日私にひらめきを与えてくれる息子Everに感謝します。

はじめに

　すべてのプログラマーには、最初にプログラムを書くことを学んだときの物語があります。私は子どもの頃にプログラミングを始めました。そのとき、父親はDECという近代コンピューティング時代の先駆的な企業で働いていました。私の最初のプログラムは、家の地下で父親が組み立てたコンピューターキット上で作成されました。そのコンピューターは、ケースがなくむき出しのマザーボードにキーボードを接続したもので、モニターはむき出しのブラウン管でした。私のはじめてのプログラムは単純な数字当てゲームで、次のようなものです。

```
数字を考えたよ！ぼくが考えた数字を当ててね: 25
小さすぎる！もう一度: 50
大きすぎる！もう一度: 42
正解！もう一度遊びますか？（yes/no) no
遊んでくれてありがとう！
```

　私が作成したゲームが想定どおりに動き、それを家族が遊ぶところを見て、いつも満足していたことを覚えています。

　この幼い頃の経験はいつまでも私に影響を与えました。目的や課題を解決するために何かを作成することは満足感をもたらします。現在、私が作成しているソフトウェアは子どもの頃よりも重要なものですが、正しく動作するプログラムを作成することで得られる満足感は、同じくらい大きなままです。

この本の対象読者は？

　本書の目的は、Pythonをできるだけ早く使いこなせるようになることです。そのために、本書の後編にあたる「実践編」では動作するプログラム（ゲーム、データの可視化、Webアプリケーション）を構築しながら、今後の人生で役立つプログラミングの基礎を習得します。『最短距離でゼロからしっかり学ぶPython入門』は、Pythonのプログラムを過去に書いたことがない、または全くプログラムを書いたことがないあらゆる世代の人に向けて書かれています。興味のあるプロジェクトに集中するためにプログラミングの基礎を学びたい人や、新しい概念を理解するために意味のある課題を解きたい人におすすめです。また、『最短距離でゼロからしっかり学ぶPython入門』は生徒に対してプロジェクトベースのプログラミング入門を提供したいすべての先生にとっても最適です。大学で受講しているPython講座のテキストよりもわかりやすい入門書が必要な場合は、本書が助けとなります。キャリアを変えたい場合、本書はさまざまなキャリアへの転換を支援します。本書は多様な読者に対して、広範囲のゴールを提供します。

なにを学ぶことができるのか？

　本書の目的は、読者に一般的な良いプログラマー、または特に優れたPythonプログラマーになってもらうことです。一般的なプログラミングの概念の基礎を説明することによって、プログラムを効率的に学び、よい習慣を身につけることができます。『最短距離でゼロからしっかり学ぶPython入門』の全体を通して学んだあとは、より高度なPythonのテクニックを学ぶ準備ができているでしょう。

『最短距離でゼロからしっかり学ぶ Python 入門』の本書「必修編」では、Python でプログラムを書くために必要な基本的なプログラミングの概念を学びます。この概念は、ほとんどのプログラミング言語を学びはじめるときに共通のものです。次のことを学びます。

- データのさまざまな種類とプログラムの中でデータを保存する方法
- データの集まり（リストや辞書など）を作成し、そのデータの集まり全体に対して効率的に処理を行う方法
- while ループと if 文で特定の条件をチェックし、成功した場合はコードの特定の箇所を実行し、失敗した場合は他の箇所を実行する方法（多くの処理を自動化するときに非常に役に立ちます）

また、対話的なプログラムを作成するためにユーザーからの入力を受け取る方法と、ユーザーが必要とする間のみプログラムを実行しつづける方法を学びます。関数の書き方を知ることでプログラムの一部を再利用できるようになり、特定の処理を行うコードのブロックを一度書くだけで必要なときに何度でも繰り返し使用できるようになります。この考え方を拡張し、より複雑な振る舞いをするクラスを使用することで、さまざまな状況にシンプルなプログラムで対応できるようになります。加えて、一般的なエラーを適切に処理するプログラムの書き方を学びます。これらの基本的な概念を実践したあとに、学習した内容を使用して徐々に複雑なプログラムをいくつか作成します。最後に、コードのテストの書き方を学ぶことで中級プログラミングの第一歩を踏み出します。テストを利用することでバグの混入を心配せずにプログラムを開発できます。必修編の情報はすべて、大規模で複雑なプロジェクトに取り組むための準備に必要なものです。

『最短距離でゼロからしっかり学ぶ Python 入門』の「実践編」では、必修編で学んだことを 3 つのプロジェクトに適用します。これらのプロジェクトのいずれか、またはすべてを好きな順番で進めてください。最初のプロジェクト（第 1 章から第 3 章）では、「エイリアン侵略ゲーム」というスペースインベーダーのようなシューティングゲームを作成します。ゲームを遊ぶと難易度が上がる機能も含んでいます。このプロジェクトを完了すると、2D ゲームを開発できるようになります。ゲームプログラマーになることを熱望していなくても、このプロジェクトに取り組むことで「必修編」で学んだ内容と実践を楽しみながら結びつけることができます。

2 番目のプロジェクト（第 4 章から第 6 章）はデータの可視化を紹介します。データサイエンスはさまざまな可視化の技術を利用して、大量の役立つ情報を理解する助けとしています。コードから生成したデータセット、インターネット上からダウンロードしたデータセット、またはプログラムで自動的にダウンロードしたデータセットを使用します。このプロジェクトを完了すると、大量のデータを詳しく調査し、異なる種類の情報を可視化して表現するプログラムを書けるようになります。

3 番目のプロジェクト（第 7 章から第 9 章）は「学習ノート」という名前の小さな Web アプリケーションを構築します。このプロジェクトでは特定のトピック（話題）に関する情報を、整理された記事として保管します。異なるトピックに対して別々のログで保存し、他のユーザーがアカウントを作成して自分の記事を書きはじめられるようにします。世界中のどこからでもアクセスできるように、プロジェクトをデプロイする方法も学びます。

XIII

インターネット上のリソース

この本「必修編」で使用しているソースコードと下記で説明しているセットアップ手順書の日本語版などは、サポートページ (https://gihyo.jp/book/2024/978-4-297-14528-6/support) をご参照ください。

原書サポートサイト (https://nostarch.com/python-crash-course-3rd-edition) またはGitHub (https://ehmatthes.github.io/pcc_3e) では次の内容が用意されています (英語による提供となります)。

- **セットアップ手順書**
  オンラインのセットアップ手順書は原書の内容と全く同じですが、それぞれの手順でリンクが有効なためクリックできます。セットアップ時に問題があった場合は、この手順書を参照してください。
- **アップデート**
  Pythonを含むすべてのプログラミング言語は進化しつづけています。アップデートの情報をもとにメンテナンスしているので、うまく動作しない場合は手順に変更がないかを確認してください。
- **演習問題の解答**
  「やってみよう」セクションの演習問題に挑戦するには、多くの時間を費やす必要があります。しかし、つまってしまって進められなくなる場合もあるでしょう。ほとんどの演習問題については解答が公開されているので、そのような場合に活用してください。
- **チートシート**
  主要な概念に関するクイックリファレンスとなるチートシートのセットをダウンロードできます (このチートシートを日本語訳したものを特別付録としてダウンロード提供しています。IX ページをご覧ください)。

なぜPythonなのか?

私は毎年、Pythonを使いつづけるか、他の言語 (たいていは新しいプログラミング言語) に移行するかを検討します。しかし、私は多くの理由によりPythonを使い続けています。Pythonは非常に効率的な言語です。Pythonプログラムは、他の多くの言語よりも少ないコードでより多くのことを実行できます。Pythonの構文は「きれいな」コードを書くのにも役立ちます。他のプログラミング言語に比べて、コードは読みやすく、デバッグしやすく、構築と拡張が容易です。

人々は、ゲーム制作やWebアプリケーションの構築、ビジネス上の課題の解決、さまざまな企業の内部ツールの開発など、多くの目的でPythonを使用しています。また、Pythonは科学分野の学術研究や応用的な作業でも非常に多く使用されています。

私がPythonを使い続けるもっとも重要な理由の1つは、Pythonコミュニティに信じられないほど多様で友好的な人々がいるためです。プログラミングは孤独に探求するものではないので、コミュニティはプログラマーにとって必要不可欠です。私たちの多くは、経験豊富なプログラマーであっても、すでに同様の問題を解決した人からのアドバイスを必要としています。知り合いに恵まれた協力的なコミュニティを持つことは、問題を解決するために重要です。そしてPythonコミュニティは、Pythonを最初のプログラミング言語として学ぶ人や他の言語のバックグラウンドを持ちPythonを学ぶ人の十分な支えとなります。

Pythonは学ぶのに最適な言語です。さぁ、はじめましょう!

必修編の構成

必修編である本書では、Pythonでプログラムを書くために必要となる基本的な概念について解説します。この概念の多くはすべてのプログラミング言語に共通しているので、今後のプログラマーとしての人生でも有益な情報となります。

第1章では、コンピューターにPythonをインストールして、画面上に「Hello world!」というメッセージを表示するはじめてのプログラムを実行します。

第2章では、情報を変数に代入することと、文字列と数値を操作する方法を学びます。

第3章と第4章ではリストについて解説します。リストは1つの場所にたくさんの情報を保存でき、そのデータを効率的に扱えます。数百、数千、数百万件の値を数行のコードで操作できます。

第5章ではif文を使用し、ある条件が真の場合はそれに対応する処理を実行し、条件が真でない場合はそれに対応する別の処理を実行するようなコードを書きます。

第6章ではPythonの辞書を使用し、さまざまな情報を関連付ける方法を説明します。リストと同様に、辞書にはたくさんの情報を格納できます。

第7章では、ユーザーの入力を受け取る対話形式のプログラムの作り方を学習します。また、条件に合致する間は処理を繰り返し行うwhileループについても学びます。

第8章では関数を作成します。関数は、名前をつけたコードのまとまりのことで、必要なときにいつでも呼び出して特定のタスクを実行できます。

第9章ではクラスについて紹介します。クラスによって現実世界のもの（オブジェクト）をモデル化できます。イヌ、ネコ、人、車、ロケットなどを表すコードを書きます。

第10章では、ファイルの扱い方とプログラムの予期しないクラッシュを防ぐためのエラー処理について説明します。プログラムを終了する前にデータを保存し、プログラムを再度実行するときにデータを読み込めるようになります。Pythonの例外についても学びます。エラーを予測し、発生したエラーをプログラムが正常に処理できるようにします。

第11章では、コードのテストの書き方を学び、プログラムが想定どおりに動作することを確認します。その結果、新しいバグの混入を心配することなく、プログラムを拡張できるようになります。コードをテストすることは、初心者から中級プログラマーに移行するために役立つ最初のスキルの1つです。

必修編

第 1 章　はじめの一歩 1
第 2 章　変数とシンプルなデータ型 15
第 3 章　リスト入門 37
第 4 章　リストを操作する 55
第 5 章　if文 81
第 6 章　辞書 105
第 7 章　ユーザー入力とwhileループ 131
第 8 章　関数 149
第 9 章　クラス 181
第10章　ファイルと例外 211
第11章　コードをテストする 243

付録 263
A Pythonのインストールとトラブルシュート 264
B テキストエディターとIDE 268
C 助けを借りる 276

実践編

プロジェクト

1 エイリアン侵略ゲーム 1

第 1 章 弾を発射する宇宙船 ⋯⋯⋯⋯⋯⋯⋯⋯⋯⋯⋯⋯⋯⋯ 3

第 2 章 エイリアン! ⋯⋯⋯⋯⋯⋯⋯⋯⋯⋯⋯⋯⋯⋯⋯ 37

第 3 章 得点を表示する ⋯⋯⋯⋯⋯⋯⋯⋯⋯⋯⋯⋯⋯⋯ 65

プロジェクト

2 データの可視化 95

第 4 章 データを生成する ⋯⋯⋯⋯⋯⋯⋯⋯⋯⋯⋯⋯⋯ 97

第 5 章 データをダウンロードする ⋯⋯⋯⋯⋯⋯⋯⋯ 133

第 6 章 APIを取り扱う ⋯⋯⋯⋯⋯⋯⋯⋯⋯⋯⋯⋯⋯⋯⋯ 163

プロジェクト

3 Webアプリケーション 185

第 7 章 Djangoをはじめる ⋯⋯⋯⋯⋯⋯⋯⋯⋯⋯⋯⋯ 187

第 8 章 ユーザーアカウント ⋯⋯⋯⋯⋯⋯⋯⋯⋯⋯⋯ 223

第 9 章 アプリケーションのスタイル設定とデプロイ ⋯ 259

付録 297

A バージョン管理にGitを使う ⋯⋯⋯⋯⋯⋯⋯⋯⋯⋯⋯⋯⋯ 298

B デプロイのトラブルシューティング ⋯⋯⋯⋯⋯⋯⋯⋯⋯ 308

C Matplotlibに日本語フォントを設定する ⋯⋯⋯⋯⋯⋯⋯ 317

XVII

必修編 目次

巻頭言　辻真吾	IV
原書『Python Crash Course』への賛辞	VI
日本語版に寄せて	VII
著者について	VIII
『Python Crash Course』第3版刊行に際しての序文	X
はじめに	XII

第1章　はじめの一歩 1

プログラミング環境のセットアップ 2
　Pythonのバージョン 2
　短いPythonコードを実行する 2
　VS Codeエディター 3

異なるOS上のPython 4
　Windows上のPython 4
　macOS上のPython 6
　Linux上のPython 8

Hello World! プログラムを実行する 9
　VS CodeにPython拡張機能をインストールする 9
　hello_world.pyを実行する 10

トラブル解決方法 11

Pythonのプログラムをターミナルで実行する 12
　Windows 12
　macOSとLinux 13

まとめ 14

第2章　変数とシンプルなデータ型 15

hello_world.pyの実行時に何が起こっているのか 16

変数	17
変数に名前をつけて使用する	18
変数のNameErrorを避ける	18
変数はラベル	20

文字列	20
文字列メソッドで大文字小文字を変える	21
文字列の中で変数を使用する	22
文字列にタブや改行を加える	23
空白文字を取り除く	24
接頭辞を削除する	26
文字列のシンタックスエラーを避ける	26

数値	28
整数	29
浮動小数点数	29
整数と浮動小数点数	30
数値の中のアンダースコア	31
複数同時の代入	31
定数	31

コメント	32
コメントの書き方	32
コメントには何を書くべきか	33

The Zen of Python: Pythonの禅	34

まとめ	36

◤ 第3章　リスト入門　37

リストとは	38
リスト内の要素にアクセスする	38
インデックスは1ではなく0から始まる	39
リストの中の個々の値を使用する	40

要素を変更、追加、削除する	41
リスト内の要素を変更する	41
リストに要素を追加する	42
リストから要素を削除する	43

XIX

リストを整理する 48

sort() メソッドでリストを永続的にソートする 48
sorted() 関数でリストを一時的にソートする 49
リストを逆順で出力する 50
リストの長さを調べる 51

リストを操作するときの IndexError を回避する 52

まとめ 54

第4章 リストを操作する 55

リスト全体をループ処理する 56

ループ処理の詳細 57
for ループの中でより多くの作業をする 58
for ループのあとに何かを実行する 59

インデントエラーを回避する 60

インデントを忘れる 60
追加の行でインデントを忘れる 61
不要なインデントをする 62
ループのあとに不要なインデントをする 62
コロンを忘れる 63

数値のリストを作成する 64

range() 関数を使用する 65
range() 関数を使用して数値のリストを作成する 66
数値のリストによる簡単な統計 67
リスト内包表記 68

リストの一部を使用する 69

リストをスライスする 69
スライスによるループ 71
リストをコピーする 72

タプル 75

タプルを定義する 75
タプルのすべての値でループする 76
タプルを上書きする 76

コードのスタイル 78

スタイルガイド 78

インデント 78

1 行の長さ 79

空行 79

他のスタイルガイドライン 79

まとめ 80

第5章 if文 81

簡単な例 82

条件テスト 83

等しいことを確認する 83

等価性の確認時に大文字小文字を無視する 84

等しくないことを確認する 85

数値の比較 85

複数の条件を確認する 86

値がリストに存在することを確認する 87

値がリストに存在しないことを確認する 88

ブール式 88

if文 90

単純な if 文 90

if-else 文 91

if-elif-else 文 92

複数の elif ブロックを使用する 93

else ブロックを省略する 94

複数の条件をテストする 95

リストとif文を使用する 98

特別な要素を確認する 98

リストが空でないことを確認する 99

複数のリストを使用する 100

if文のスタイル 102

まとめ 103

XXI

第6章　辞書　105

シンプルな辞書　106

辞書を操作する　107

辞書の値にアクセスする　107

新しいキーと値のペアを追加する　108

空の辞書から開始する　109

辞書の値を変更する　110

キーと値のペアを削除する　111

似たようなオブジェクトを格納した辞書　112

get()を使用して値にアクセスする　113

辞書をループする　115

すべてのキーと値のペアをループする　115

辞書のすべてのキーをループする　117

辞書のキーを特定の順番でループする　119

辞書のすべての値をループする　119

入れ子　122

複数の辞書によるリスト　122

辞書の値にリストを入れる　125

辞書の値に辞書を入れる　127

まとめ　129

第7章　ユーザー入力とwhileループ　131

input()関数の働き　132

わかりやすい入力プロンプトを書く　133

int()関数を使用して数値を受け取る　134

剰余演算子　135

whileループの紹介　137

whileループの動作　137

いつ停止するかをユーザーに選ばせる　138

フラグを使う　139

breakを使用してループを終了する　141

ループの中でcontinueを使う　142

無限ループを回避する 142

while ループをリストと辞書で使用する 144
あるリストから別のリストに要素を移動する 144
リストから特定の値をすべて削除する 145
ユーザーの入力から辞書を作る 146

まとめ 148

第8章　関数 149

関数を定義する 150
関数に情報を渡す 151
実引数と仮引数 151

実引数を渡す 152
位置引数 153
キーワード引数 155
デフォルト値 155
関数を同じように呼び出す 157
実引数のエラーを回避する 157

戻り値 159
単純な値を返す 159
オプション引数を作成する 160
辞書を返す 161
while ループで関数を使用する 162

リストを受け渡す 165
関数の中でリストを変更する 165
関数によるリストの変更を防ぐ 168

任意の数の引数を渡す 169
位置引数と可変長引数を同時に使う 170
可変長キーワード引数を使用する 171

関数をモジュールに格納する 173
モジュール全体をインポートする 174
特定の関数をインポートする 175
as を使用して関数に別名をつける 175
as を使用してモジュールに別名をつける 176

XXIII

モジュールの全関数をインポートする 176

関数のスタイル 177

まとめ 179

第9章 クラス 181

クラスを作成して使用する 182
イヌのクラスを作成する 183
クラスからインスタンスを生成する 184

クラスとインスタンスを操作する 187
自動車のクラス 187
属性にデフォルト値を設定する 188
属性の値を変更する 189

継承 193
子クラスの__init()__メソッド 193
子クラスに属性とメソッドを定義する 195
親クラスのメソッドをオーバーライドする 196
属性としてインスタンスを使用する 196
現実世界のモノをモデル化する 199

クラスをインポートする 200
1つのクラスをインポートする 200
モジュールに複数のクラスを格納する 202
モジュールから複数のクラスをインポートする 204
モジュール全体をインポートする 204
モジュールからすべてのクラスをインポートする 205
モジュールの中にモジュールをインポートする 205
別名を使用する 206
自分のワークフローを見つける 207

Python標準ライブラリ 208

クラスのスタイル 209

まとめ 210

XXIV

第10章 ファイルと例外 211

ファイルを読み込む 212
ファイルの内容を読み込む 213
相対パスと絶対パス 215
ファイルの行にアクセスする 216
ファイルの内容を扱う 216
100万桁の巨大なファイル 218
πの中に誕生日は含まれているか？ 218

ファイルに書き込む 220
1行を書き込む 220
複数行を書き込む 221

例外 222
ZeroDivisionErrorを例外処理する 223
try-exceptブロックを使用する 223
クラッシュ回避のために例外を使用する 224
elseブロック 225
FileNotFoundErrorを例外処理する 226
テキストを分析する 228
複数のファイルを扱う 229
静かに失敗する 231
通知対象のエラーを決める 232

データを保存する 233
json.dumps()とjson.loads()を使用する 234
ユーザーが生成したデータを保存して読み込む 235
リファクタリング 237

まとめ 241

第11章 コードをテストする 243

pipを使用してpytestをインストールする 244
pipを更新する 245
pytestをインストールする 245

XXV

関数をテストする 246
ユニットテストとテストケース 248
テストに成功する 248
テストを実行する 249
テストに失敗する 250
失敗したテストに対応する 251
新しいテストを追加する 252

クラスをテストする 254
さまざまなアサーション 254
テスト対象のクラス 254
AnonymousSurvey クラスをテストする 257
Fixture を使用する 258

まとめ 261

付録 263

A Python のインストールとトラブルシュート 264
Windows 上の Python 264
macOS 上の Python 265
Linux 上の Python 266
使用している Python のバージョンを確認する 267
Python のキーワードと組み込み関数 267

B テキストエディターと IDE 268
VS Code で効率的に作業する 270
その他のテキストエディターと IDE 274

C 助けを借りる 276
はじめの一歩 276
インターネットで検索する 277
Discord 279
Slack 280

「必修編」のおわりに 281
索引 282

はじめの一歩

第1章　はじめの一歩

> この章では、はじめてのPythonプログラムhello_world.pyを実行します。最初にPCに最新バージョンのPythonがインストールされているかを確認し、必要であればPythonをインストールします。次に、Pythonプログラムを作成するために使用するテキストエディターをインストールします。Pythonコードを認識してコードをハイライト（強調表示）するテキストエディターを使用すれば、プログラムの構造が理解しやすくなります。

プログラミング環境のセットアップ

PythonはOSごとに多少異なるため、考慮が必要な点がいくつかあります。以降の節では、システム上にPythonが正しくセットアップされていることを確認します。

Pythonのバージョン

すべてのプログラミング言語は新しいアイデアや技術の出現によって進化します。Pythonの開発者はこの言語をより多くの用途で使用できる強力なツールにするために開発を続けています。執筆時点での最新バージョンはPython 3.11ですが、本書のすべての内容はPython 3.9以降であれば実行できます。この節では、PCにインストールされているPythonを探し、より新しいバージョンをインストールする必要があるかを確認します。**付録**の「A Pythonのインストールとトラブルシュート」（264ページ）には、最新バージョンのPythonをメジャーな各OSにインストールするための包括的なガイドを載せています。

> **訳注**
> 2024年8月時点の最新バージョンは3.12.5です。2024年10月に3.13.0がリリース予定です。

短いPythonコードを実行する

ターミナル画面でPythonインタープリターを実行すると、プログラム全体を保存して実行しなくてもPythonコードの一部を試すことができます。

本書では全体を通して次のようなコードの一部が出てきます。

```
>>> print("こんにちはPythonインタープリター！")
こんにちはPythonインタープリター！
```

3つの大なり記号（>>>）のプロンプトをここでは**Pythonプロンプト**と呼び、ターミナル画面を使用していることを表します。太字のテキストはあなたが入力して Enter キーを押して実行するコードを表しています。本書のサンプルコードは小さい自己完結型のプログラムで、コードはテキストエディターで作成するため、主にターミナルではなくテキストエディターから実行します。しかし、特定の概念を効率的に検証するために、Pythonの対話モードで実行する短いコードを用いて説明する場合があります。3つの大なり記号（>>>）がコードにある場合は、ターミナル上のコードと出力を表しています。Pythonインタープリターにプログラムを書いてみましょう。

　また、テキストエディターを使用し、プログラム学習時の定番である**Hello World!**という簡単なプログラムを作成します。プログラミングの世界には、「Hello world!」のメッセージを画面に表示するプログラムを作成するという長年の伝統があります。これが、新しいプログラミング言語であなたが作成する最初のプログラムとなります。この簡単なプログラムの作成には、現実的な目的があります。PCでこのプログラムが正しく実行できれば、他のPythonプログラムも同様に動作するはずです。

■ VS Codeエディター

　VS Codeはパワフルでプロでも使用できる品質のテキストエディターです。このエディターは無料で使用でき、初心者にも使いやすいです。VS Codeは単純なプロジェクトにも複雑なプロジェクトにも最適であり、VS Codeを使いこなせるようになるとより大きく複雑なプロジェクトでも継続して使用できます。VS Codeはすべてのモダンな OSにインストールでき、Pythonを含む多くのプログラミング言語をサポートしています。

　付録の「B テキストエディターとIDE」には、他のテキストエディターについての情報を記載しています。他の選択肢に興味があれば、付録にざっと目を通してみてください。プログラミングをすぐに始めたい場合は、まずVS Codeを使用してください。そして、プログラマーとしての経験を積んだあとに他のテキストエディターを検討するのがよいでしょう。この章では、各OSにVS Codeをインストールする手順を説明します。

 すでにテキストエディターをインストールしており、Pythonのプログラムを実行できるように設定する方法を知っている場合は、そのエディターを代わりに使用してかまいません。

第**1**章　はじめの一歩

異なるOS上のPython

Pythonは、異なるプラットフォームで動作するプログラミング言語であり、すべての主要なOS上で動作します。あなたが書いたプログラムは、Pythonがインストールされたさまざまなコンピューター上で動作します。しかし、OS上にPythonをセットアップする手順は、OSによって少し異なります。

この節では、Pythonをセットアップする方法を学びます。最初に、最新バージョンのPythonがインストールされているかを確認し、存在しない場合には最新バージョンをインストールします。次に、VS Codeをインストールします。この節では、各OSにおけるこの2つの手順のみを説明します。

次の節では、hello_world.pyプログラムを実行し、動作しない場合のトラブルを解決する方法を説明します。OSごとに順を追って説明するので、信頼できるPythonのプログラミング環境を構築できるでしょう。

Windows上のPython

Windowsには通常Pythonが付属していないので、Pythonのインストールが必要です。そのあとでVS Codeをインストールします。

Pythonをインストールする

はじめに、PCにPythonがインストールされているかを確認します。スタートメニューに「command」と入力し、コマンドプロンプトアプリをクリックします。コマンドプロンプトのターミナル画面にpythonと小文字で入力します。Pythonプロンプト（>>>）が表示されたら、PCにはPythonがインストールされています。pythonというコマンドが認識できないという意味のエラーメッセージが表示された、またはMicrosoft Storeが開いた場合は、Pythonがインストールされていません。Microsoft Storeが開いた場合は閉じてください。Microsoftのバージョンよりも公式インストーラーのPythonをダウンロードすることをおすすめします。

Pythonがインストールされていないか、Pythonのバージョンが3.9より古い場合は、Windows用のPythonインストーラーをダウンロードします。https://python.orgを開き、「Downloads」リンクの上にマウスカーソルを移動します。最新バージョンのPythonのダウンロード用ボタンが表示されます。ボタンをクリックすると、OSに対応したインストーラーのダウンロードが始まります。ファイルのダウンロードが終了したら、インストーラーを起動します。［Add Python 3.11 to PATH］オプションを選択してインストールすることにより、システムに正しくパスが設定されます。**図1-1**は、このオプションを選択した状態の画面です。

図1-1 「Add Python 3.11 to PATH」のチェックボックスを選択する

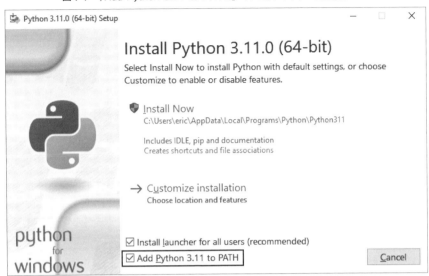

Pythonをターミナル上で動かす

ターミナル画面を開いて小文字でpythonと入力します。Pythonプロンプト（>>>）が表示されます。これは、先ほどインストールしたPythonをWindowsが見つけたことを意味します。

```
C:\> python
Python 3.11.0 (main, Jun . . . , 13:29:14) [MSC v.1932 64 bit (AMD64)] on win32
Type "help", "copyright", "credits" or "license" for more information.
>>>
```

 リストに示したような表示にならない場合は、付録の「A Pythonのインストールとトラブルシュート」に記載されている、より詳細なセットアップの手順を参照してください。

Pythonの対話モードで次の行を入力します。

```
>>> print("こんにちはPythonインタープリター！")
こんにちはPythonインタープリター！
>>>
```

すると、こんにちはPythonインタープリター！と表示されます。Pythonの短いコードを実行するときには、コマンドプロンプトのウィンドウを開いてPythonの対話モードを開始しましょう。対話モードを終了するには、[Ctrl] + [Z] キーと [Enter] キーを押すか、exit()と入力してください。

VS Codeをインストールする

VS Codeのインストーラーは、Webサイト（https://code.visualstudio.com）からダウンロードできます。［Download for Windows］ボタンをクリックし、インストーラーを実行します。以降のmacOSとLinuxの項は飛ばして、「Hello World!プログラムを実行する」（9ページ）の手順に進みます。

macOS上のPython

macOSの最新バージョンは、デフォルトではPythonがインストールされていません。そのため、Pythonをインストールする必要があります。この項では、最新バージョンのPythonをインストールしてからVS Codeをインストールし、適切に設定されていることを確認します。

> **NOTE** 古いバージョンのmacOSにはPython 2が含まれていましたが、旧式のバージョンのため使用しないでください。

Python 3がインストールされているか確認する

［アプリケーション ▶ ユーティリティ ▶ ターミナル］を実行してターミナル画面を開きます。もしくは⌘＋Space キーを押して「terminal」と入力してEnter キーを押します。十分に新しいバージョンのPythonがインストールされているかを確認するためにpython3と入力します。**コマンドラインデベロッパツール**のインストールについてのメッセージが表示されることがあります。このツールはPythonをインストールしたあとにインストールすることが望ましいので、メッセージが表示されたらポップアップウィンドウをキャンセルしてください。

Python 3.9またはそれ以降のバージョンがインストールされていることが表示された場合は、次の手順を飛ばして「Pythonをターミナル上で動かす」に進んでください。Python 3.9より前のバージョンが表示された場合は、次の手順に従って最新バージョンをインストールしてください。

macOSに関する注意として、本書でpythonコマンドが出てきた場合には、代わりにpython3コマンドを使用し、Python 3を使用するようにしてください。多くのmacOSシステムでは、pythonコマンドは旧式バージョンのPythonを指しており、システムの内部ツールでのみ使用しています。もしくは、このコマンドはなにも指しておらずエラーメッセージが生成されます。

最新バージョンのPythonをインストールする

macOS用のPythonインストーラーを見つけるために、https://python.orgを開きます。「Downloads」リンクの上にマウスカーソルを移動すると、最新バージョンのPythonのダウンロード用ボタンが表示されます。ボタンをクリックすると、OSに対応したインストーラーのダウンロードが始まります。ファイルのダウンロードが終了したら、インストーラーを起動します。

インストーラーを実行するとFinderの画面が表示されます。Install Certificates.commandというファイルをダブルクリックします。このファイルを実行すると現実世界のプロジェクト（実践編のプロジェクトも含まれます）で必要な追加のライブラリが簡単にインストールできます。

Pythonをターミナル上で動かす

新しいターミナルを開いてpython3と入力すると、Pythonの短いコードを実行できます。

```
$ python3
Python 3.11.0 (v3.11.0:eb0004c271, Jun . . . , 10:03:01)
[Clang 13.0.0 (clang-1300.0.29.30)] on darwin
Type "help", "copyright", "credits" or "license" for more information.
>>>
```

このコマンドによってPythonのターミナルセッションが開始します。Pythonプロンプト（>>>）が表示されます。これはmacOSが先ほどインストールしたバージョンのPythonを見つけたことを意味します。ターミナルで次の行を入力します。

```
>>> print("こんにちはPythonインタープリター！")
こんにちはPythonインタープリター！
>>>
```

すると、こんにちはPythonインタープリター！というメッセージがターミナル画面に表示されます。現在のターミナル画面に直接メッセージが表示されます。Pythonの対話モードを終了する際には、Ctrl + D キーを押すかexit()コマンドを入力してください。

最新のmacOSでは、ターミナルのプロンプトとしてドル（$）記号の代わりにパーセント（%）記号が表示されます。

VS Codeをインストールする

VS Codeエディターをインストールするために、Webサイト（https://code.visualstudio.com）からインストーラーをダウンロードします。［Download］ボタンをクリックし、Finderを開いてダウンロードフォルダーに移動します。Visual Studio Codeのインストーラーをアプリケーションフォルダーにドラッグし、ダブルクリックしてインストーラーを実行します。

次の「Linux上のPython」の項を飛ばして、「Hello World!プログラムを実行する」（9ページ）の手順に進みます。

Linux上のPython

Linuxはプログラミングのために設計されており、たいていのLinuxにはすでにPythonがインストールされています。Linuxを使用する人は、プログラミングをすることが期待されています。このため、プログラミングを開始する際に設定を変更したりインストールしたりする必要がほとんどありません。

Pythonのバージョンを確認する

ターミナルアプリケーションを起動します（Ubuntuでは Ctrl + Alt + T キーを押す）。どのバージョンのPythonがインストールされているかを確認するために、小文字のpから始まるpython3を入力します。Pythonがインストールされている場合は、このコマンドによってPythonインタープリターが起動します。すると、インストールされているPythonのバージョンが次のように表示されます。また、Pythonプロンプト（>>>）が表示されて、Pythonのプログラムが入力できるようになります。

```
$ python3
Python 3.10.4 (main, Apr  . . . , 09:04:19) [GCC 11.2.0] on linux
Type "help", "copyright", "credits" or "license" for more information.
>>>
```

この表示は、初期状態でPCにPython 3.10.4がインストールされていることを示しています。表示を確認したら、Ctrl + D キーを押すかexit()を入力してPythonプロンプトを抜け、ターミナルのプロンプトに戻ります。本書でpythonコマンドを見かけた場合は、代わりにpython3と入力してください。

本書のコードを実行するには、Python 3.9以上が必要です。PCにインストールされているPythonのバージョンがPython 3.9より前の場合や、現在の最新バージョンに更新したい場合は、**付録**の「A Pythonのインストールとトラブルシュート」を参照してください。

Pythonをターミナル上で動かす

ターミナル上にpython3と入力して短いPythonコードを実行してみましょう。Pythonのバージョンを事前に確認してください。Pythonが起動したら、ターミナル上に次のように入力します。

```
>>> print("こんにちはPythonインタープリター！")
こんにちはPythonインタープリター！
>>>
```

メッセージがターミナル画面に直接表示されます。Pythonインタープリターを終了する際には、Ctrl + D キーを押すかexit()を入力することを忘れないでください。

VS Codeをインストールする

　Ubuntu Linuxでは、Ubuntu Software CenterからVS Codeをインストールできます。メニューのUbuntu Softwareアイコンをクリックし、**vscode**を検索します。［Visual Studio Code］（［code］と表示される場合もあります）というアプリをクリックし、［Install］をクリックします。インストール後は**VS Code**を検索してアプリを起動します。

Hello World! プログラムを実行する

　最新バージョンのPythonとVS Codeをインストールしたので、最初のPythonプログラムをテキストエディターで書いて実行する準備がほぼできました。しかしその前に、VS CodeにPython拡張機能をインストールします。

VS CodeにPython拡張機能をインストールする

　VS Codeは多くの異なるプログラミング言語に対応しています。PythonプログラマーとしてVS Codeを最大限活用するには、Python拡張機能をインストールする必要があります。この拡張機能は、Pythonプログラムの読み書きと実行のサポート機能を追加します。

　Python拡張機能をインストールするには、［Manage］アイコンをクリックします。このアイコンは、VS Codeアプリケーションの左下にある、歯車のような見た目のアイコンです。メニューが表示されるので［Extensions］をクリックします。検索ボックスに「python」と入力し**Python**拡張機能をクリックします（**Python**という名前の拡張機能が複数表示された場合は、Microsoftが提供しているものを選びます）。［Install］をクリックすると、システムに必要な追加のツールをインストールして、インストール処理は完了します。Pythonのインストールが必要というメッセージが表示された場合は、すでにインストール済みなのでこのメッセージを無視しても問題ありません。

　　　macOSを使用しており、ポップアップで**コマンドラインデベロッパツール**のインストールを求められた場合は、［Install］をクリックします。インストールに長い時間がかかるというメッセージが表示されますが、通常のインターネット接続であれば10分から20分程度で完了します。

第1章　はじめの一歩

> **訳注**
>
> VS Codeを日本語にするには、［Manage］アイコンをクリックし、［Extensions］をクリックしたあとの検索ボックスに「Japanese」と入力します。すると「Japanese Language Pack for Visual Studio Code」という拡張機能が表示されるので［Install］をクリックします。インストールが完了すると、画面右下に［Change Language and Restart］ボタンが表示されるのでクリックします。
> VS Codeが再起動されるとメニューなどが日本語化されます。以降は日本語化されたVS Codeの用語で説明します。
>
> - Japanese Language Pack for Visual Studio Code
>   https://marketplace.visualstudio.com/items?itemName=MS-CEINTL.vscode-language-pack-ja

hello_world.pyを実行する

　最初のプログラムを書く前に、プロジェクトで使用するpython_workという名前のフォルダーをデスクトップに作成します。ファイルとフォルダーの名前は、Pythonの慣例に合わせて小文字とスペースの代わりのアンダースコア（_）を使用するのがよいでしょう。このフォルダーをデスクトップ以外に作成してもかまいませんが、デスクトップにpython_workフォルダーを作成すると、このあとの手順についていきやすくなります。

　VS Codeを開き、［Get Started］タブがまだ開いていたら閉じます。新しいファイルを作成するために、［ファイル］▶［新しいテキストファイル］をクリックするか、Ctrl＋Nキー（macOSは⌘＋Nキー）を入力します。ファイルをhello_world.pyという名前でpython_workに保存します。拡張子の「.py」によってVS Codeにファイルの中身がPythonであることを伝え、これによってプログラムの実行方法や、テキストを見やすくするハイライトが適切に設定されます。

　ファイルを保存したら、テキストエディターで次のプログラムを入力します。

hello_world.py
```python
print("Hello Python world!")
```

　プログラムを実行するには、［実行］▶［デバッグなしで実行］をクリック、またはCtrl＋F5キーを入力します。すると、VS Codeのウィンドウ下部にターミナル画面が出現し、プログラムの実行結果が表示されます。

```
Hello Python world!
```

プログラムを実行すると、Pythonインタープリターを示す追加の情報が出力されます。プログラム実行時に出力される情報を簡潔にするには、**付録**の「B テキストエディターとIDE」を参照してください。また、VS Codeをより効率的に使用するために役立つ提案も「B テキストエディターとIDE」に載っています。

この出力が表示されない場合は、プログラムに何か間違いがあると考えられます。入力したすべての文字を確認してください。printが間違えて大文字になっていないでしょうか、丸カッコ（()）やクォーテーション（"）を忘れていないでしょうか？ プログラミング言語は特殊な構文を必要とし、正しく指定されていないとエラーが発生します。プログラムが動作しない場合には、次の節を参照してください。

訳注

日本語でプログラムを記述する場合、英数字の全角と半角に気をつける必要があります。先ほどhello_world.pyで作成したプログラムは、print("、")の部分を必ず半角文字で記入する必要があります。間違えて全角文字で記入すると、Pythonがプログラムとして認識できないためエラーが発生します。
書籍と同じように入力してもプログラム実行時にエラーが発生するという場合は、間違えて全角で英数字やスペースを入力していないかを確認してください。

トラブル解決方法

hello_world.pyが実行できない場合は、次に挙げる方法を試してみてください。これらは、プログラミングで発生する問題に対する一般的な解決策です。

- プログラムに重要なエラーがある場合、Pythonは**トレースバック**（traceback）というエラーのレポートを表示します。Pythonはファイルを読み込んで実行し、問題を報告します。トレースバックを確認することで、プログラムの実行を妨げる問題を見つける手がかりを探せます。
- PCから一度離れて休憩してからもう一度試してみましょう。プログラムの文法はとても重要であることを思い出してください。たとえば、クォーテーションマークが閉じていない、カッコが閉じていないといった単純なミスで、プログラムは正しく実行できなくなります。この章の関連する箇所を読み返し、コード全体に目を通し、間違いを見つけましょう。
- 最初からやりなおしましょう。各ソフトウェアをアンインストールする必要はありませんが、hello_world.pyファイルを削除してからもう一度作りなおしてみましょう。
- この章の手順をもう一度慎重に実行し、他の人に問題がないか見てもらってください。小さな間違いを見つけてくれるかもしれません。
- **付録**の「A Pythonのインストールとトラブルシュート」にある追加のインストール手順を参照してください。付録にある詳細な情報は課題解決の助けとなるかもしれません。

第1章　はじめの一歩

- Pythonを知っている人を探して、セットアップの手助けをしてもらいましょう。周囲に声をかけてみると、思いがけずPythonを使う人が知り合いにいるかもしれません。
- この章のセットアップ手順は、サポートページ（https://gihyo.jp/book/2024/978-4-297-14528-6/support）でも公開されています。オンライン版のセットアップ手順は、コードをコピー＆ペーストしたり、リソースのリンクをクリックできるので、うまくいくかもしれません。
- インターネット上で助言を求めてみましょう。**付録**の「C 助けを借りる」（276ページ）には、オンラインの掲示板やチャットサイトの情報を紹介しています。直面している問題にすでに対処した人がいるかもしれません。

　経験あるプログラマーの手をわずらわせるのを心配して遠慮する必要はありません。すべてのプログラマーは同じところで過去につまずいており、多くのプログラマーはあなたのシステムを正しく動作させるために快く手を貸してくれます。あなたが何をしようとしているのか、何を試したか、結果はどうであったかを明確に説明できれば、周囲はあなたを助けやすくなります。「はじめに」で触れましたが、Pythonコミュニティはとても親切で、初心者を歓迎しています。

　Pythonは最新のコンピューターで動作するはずです。初期の問題はイライラしますが、対処する価値はあります。hello_world.pyが一度実行できれば、Pythonを学ぶことができ、プログラミングはより楽しく充実したものになります。

Pythonのプログラムをターミナルで実行する

　あなたが作成する多くのプログラムは、テキストエディターから直接実行します。しかし、ターミナルからプログラムを実行したほうが都合がいい場合もあります。たとえば、既存のプログラムをテキストエディターで開いて編集することなく実行したい場合です。

　プログラムのファイルを保存したフォルダーにアクセスする方法を知っていれば、Pythonがインストールされている各OSでターミナルからプログラムを実行できます。次の手順を試す際には、デスクトップ上のpython_workフォルダーにhello_world.pyが保存されていることを確認してください。

Windows

　コマンドプロンプト上のcdコマンド（change directory：ディレクトリー変更）を使用すると、ターミナル上でフォルダー（ディレクトリー）を移動できます。dirコマンドは現在のフォルダーに存在するファイルの一覧を表示します。

新しいコマンドプロンプトの画面を開いて次のコマンドを入力してhello_world.pyを実行します。

```
C:¥> cd Desktop¥python_work
C:¥Desktop¥python_work> dir
hello_world.py
C:¥Desktop¥python_work> python hello_world.py
Hello Python world!
```

最初に、cdコマンドでDesktopフォルダーの中のpython_workフォルダーに移動します。次に、dirコマンドでこのフォルダーの中にあるhello_world.pyを確認します。そして、python hello_world.pyコマンドでファイルを実行します。

通常は、プログラムをテキストエディターから直接実行します。しかし、作成するプログラムが複雑になってくると、コマンドプロンプトからプログラムを実行する必要が出てきます。

macOSとLinux

LinuxとmacOSのターミナル上でPythonプログラムを実行する方法は同じです。ターミナルコマンドのcd（change directory：ディレクトリー変更）を使用してターミナル上でフォルダー（ディレクトリー）を移動できます。lsコマンドは現在のフォルダーに存在するファイルの一覧を表示します。

新しいターミナル画面を開いて次のコマンドを入力してhello_world.pyを実行します。

```
~$ cd Desktop/python_work/
~/Desktop/python_work$ ls
hello_world.py
~/Desktop/python_work$ python3 hello_world.py
Hello Python world!
```

最初に、cdコマンドでDesktopフォルダーの中のpython_workフォルダーに移動します。次に、lsコマンドでこのフォルダーの中にあるhello_world.pyを確認します。そして、python hello_world.pyコマンドでファイルを実行します。

通常は、プログラムをテキストエディターから直接実行します。しかし、作成するプログラムが複雑になってくると、コマンドプロンプトからプログラムを実行する必要が出てきます。

第**1**章　はじめの一歩

やってみよう

この章の演習問題は、予備的な内容です。第2章からは、学んだ内容に基づいて解くべき課題が出されます。

1-1. python.org

Pythonのホームページ (https://python.org/) を見て興味のある内容を探してみましょう。Pythonのことがわかってくると、サイトのさまざまなページの情報がより役立つものになります。

1-2. Hello Worldを打ち間違える

作成したhello_world.pyファイルを開きます。適当な場所をわざとタイプミスしたように編集してプログラムを再度実行します。タイプミスによって何かエラーが発生しましたか？ エラーメッセージの意味は理解できましたか？ エラーが発生しないようなタイプミスは可能でしょうか？ なぜエラーが発生しないのか、理由を考えてみてください。

1-3. 無限のスキル

もしあなたに無限のプログラミングのスキルがあるとしたら、何を作りますか？ あなたはプログラムの作り方を学んでいます。最終目標を持っている場合は、新しい技術をすぐに使用しましょう。作りたいものの説明の下書きを作成するには今がちょうどいいタイミングです。「アイデア」をノートに書き溜めるのを習慣にするとよいでしょう。新しいプロジェクトを始めるときには、そのノートを見返してみましょう。少し時間をとって、作成したいプログラムの説明を3つ書いてみましょう。

まとめ

　この章では、Pythonの基本について少し学び、PythonがPCにない場合にはインストールしました。また、簡単にPythonコードを書くためにテキストエディターをインストールしました。ターミナル画面で短いPythonコードを実行する方法を学び、最初のプログラムとしてhello_world.pyを実行しました。トラブルを回避する方法もおそらく少し学んだことでしょう。

　第2章では、Pythonのプログラムで扱うさまざまな種類のデータについて学習します。また、変数の使い方についても学びます。

第2章

変数とシンプルなデータ型

第2章 変数とシンプルなデータ型

この章では、変数を使用してプログラムでデータを表す方法について学びます。また、Pythonのプログラムで使用するさまざまな種類のデータ型についても学びます。

hello_world.pyの実行時に何が起こっているのか

hello_world.pyを実行するときにPythonが何をしているかを見てみましょう。結論からいうと、Pythonは単純なプログラムを実行するときでもたくさんの処理をしています。

hello_world.py
```
print("Hello Python world!")
```

このコードを実行すると次のように出力されます。

```
Hello Python world!
```

hello_world.pyのようにファイル名が.pyで終わる場合、このファイルはPythonのプログラムであることを示します。テキストエディターは、ファイルを**Pythonインタープリター**で実行し、インタープリターはプログラム全体を読み込み、各単語がプログラム中でどういった意味を持つかを特定します。たとえば、インタープリターが後ろにカッコ（()）がついたprintという単語を見つけたときは、カッコの中にある何かを画面に表示します。

プログラムを書いているときにテキストエディターは、プログラム中で異なる意味を持つ箇所を異なる形式でハイライトします。たとえばprintは、関数の名前であることを示す色で表示されます。"Hello Python world!"は、Pythonのコードではないので、printとは異なる色で表示されます。この機能は、**シンタックスハイライト**と呼ばれるもので、プログラムを書くときに便利です。

hello_world.pyで変数を使ってみましょう。ファイルの先頭に1行追加して、2行目を書き換えます。

```
hello_world.py
message = "Hello Python world!"
print(message)
```

このプログラムを実行します。すると、前のプログラムと同じ結果が出力されます。

```
Hello Python world!
```

ここではmessageという名前の**変数**を追加しました。すべての変数は、その変数と関連付けられた情報である**値**と結びついています。この場合は、"Hello Python world!"という文章が値となります。

変数を追加したことにより、Pythonインタープリターの動作が少し増えます。1行目で"Hello Python world!"という文章をmessage変数に関連付けます。2行目でmessageに関連付けられた値を画面に表示します。

hello_world.pyのプログラムを編集し、2番目のメッセージを表示するように拡張しましょう。hello_world.pyに空行を追加し、その下にコードを2行追加します。

```
message = "Hello Python world!"
print(message)

message = "Hello 最短距離でゼロからしっかり学ぶ Python入門 world!"
print(message)
```

hello_world.pyを実行すると、次のように2行出力されます。

```
Hello Python world!
Hello 最短距離でゼロからしっかり学ぶ Python入門 world!
```

プログラムの中で変数の値はいつでも変更が可能であり、Pythonは常に変数の現在の値を把握しています。

変数に名前をつけて使用する

　Pythonで変数を使うときには、いくつかのルールやガイドラインを守る必要があります。ルールの中には、破るとエラーが発生するものもあります。また、ガイドラインはコードを読んで理解するときの助けになります。変数を使用するときには、次に示すルールを守るようにしてください。

- 変数の名前には、英数字とアンダースコアのみを使用します。最初の文字は英字またはアンダースコアを使用し、数字は使用しません。たとえば、message_1は使用できますが、1_messageは使用できません。
- スペースは変数名に使用できないので、変数名の単語の区切りにはアンダースコアを使用します。たとえば、greeting_messageは動作しますが、greeting messageという変数名ではエラーが発生します。
- Pythonのキーワードや関数名を変数名に使用することは避けましょう。たとえばprintは変数名に使用しないでください。Pythonはプログラム上の特定の目的のために、このような名前を予約しています（詳細は**付録**の「Pythonのキーワードと組み込み関数」（267ページ）を参照してください）。
- 変数名には短くて意味がわかりやすいものをつけましょう。たとえば、nameはnよりよい名前です。student_nameはs_nよりもよいです。name_lengthはlength_of_persons_nameよりもよい名前です。
- 小文字のlや大文字のOを使うときは気をつけてください。この文字は数字の1や0と混乱する可能性があります。

　よい変数名をつけられるようになるには、特にプログラムがよりおもしろく、より複雑になるほど練習が必要となります。より多くのプログラムを書き他の人のコードを読めば、意味のある変数名を考えられるようになります。

　現時点で使用しているPythonの変数名には、英語の小文字を使用する必要があります。変数名に大文字を使用してもエラーは発生しませんが、大文字の変数名には特別な意味があることを以降で説明します。

変数のNameErrorを避ける

　すべてのプログラマーはほぼ毎日ミスをしています。よいプログラマーはエラーを発生させても、効率よく対応する方法を知っています。エラーを発生させて解決する方法を学びましょう。
　目的に合わせてエラーを発生させるコードを書いてみましょう。太字の部分にスペルミスした単語（mesage）を含む次のコードを入力してください。

```
message = "こんにちは最短距離でゼロからしっかり学ぶ Python入門の読者のみなさん！"
print(mesage)
```

プログラムでエラーが発生すると、Python インタープリターはどこに問題があるかを教えてくれます。インタープリターはプログラムの実行に失敗すると**トレースバック**を出力します。トレースバックは、インタープリターがプログラムを実行しようとしたときにどこで問題が発生したかを記録したものです。

```
   Traceback (most recent call last):
❶    File "hello_world.py", line 2, in <module>
❷      print(mesage)
             ^^^^^^
❸  NameError: name 'mesage' is not defined. Did you mean: 'message'?
```

この出力では、ファイル hello_world.py の2行目でエラーが発生したことを報告しています❶。インタープリターは、この行の内容を表示してエラーを素早く見つけられるようにし❷、発生したエラーの種類を示します❸。この場合は、変数を print するときにその変数 mesage が事前に定義されていないため、**NameError**が発生したことを示しています。Python は指定された変数名を特定できませんでした。NameError は事前に変数に値を設定し忘れたか、変数名の綴りを間違えた場合によく発生します。Python は認識できなかった変数名と似た変数名を見つけた場合、その変数名が指定したかった名前か質問します（この場合は message）。

この例では、2行目で変数名 message の文字 s が欠けています。Python インタープリターはコードのスペルチェックをするわけではありませんが、変数名の綴りは全体で統一されている必要があります。たとえば、変数を定義する行でも message の綴り間違いをした場合を見てみましょう。

```
mesage = "こんにちは最短距離でゼロからしっかり学ぶ Python入門の読者のみなさん！"
print(mesage)
```

この場合、プログラムは正常に実行されます！

```
こんにちは最短距離でゼロからしっかり学ぶ Python入門の読者のみなさん！
```

変数名が一致するため、Python としては問題ありません。プログラミング言語は厳格ですが、綴りが正しいか間違っているかは気にしません。そのため、変数名やコードを書くときに英語の綴りや文法のルールを考慮する必要はありません。

多くのプログラミング上のエラーは単純で、プログラム中のある行で1文字間違えた（typoした）くらいのものです。このようなエラーを1つ見つけるために長い時間を費やしたなら、あなたには仲間がいることを思い出してください。経験豊富で才能あるプログラマーの多くは、このような小さいエラーを探すために時間を費やしています。このようなことはプログラミング人生でよく起こることなので、笑い飛ばして前に進みましょう。

変数はラベル

変数は値を格納する箱として説明されることがあります。この考え方は、変数を使用しはじめてからしばらくのうちは有用ですが、Pythonの内部で変数がどのように表現されているかを正しく説明していません。変数は、値を代入できるラベルと考えたほうが適切です。変数はある値を参照している、ともいえます。

この違いは、最初にプログラムを書くときには気にしなくてもかまいませんが、早めに学んでおくのがよいでしょう。変数の予期しない振る舞いを見たときに、コードで何が起こっているかを確認し、変数がどのように動作しているかを正しく理解できるようになります。

新しいプログラミングの概念を理解する最良の方法は、プログラムでその概念を使用することです。本書の演習問題で行き詰まったら、しばらく他のことをやりましょう。まだ行き詰まっていたら、その章の関連する部分を見直してください。それでも助けが必要な場合は、付録の「C 助けを借りる」(276ページ) を参照してください。

やってみよう

各演習問題を解くためのプログラムを書きましょう。プログラムのファイル名はPythonの慣習にしたがって小文字とアンダースコアを使用します。たとえば、simple_message.pyやsimple_messages.pyといったファイル名です。

2-1. 簡単なメッセージ
メッセージを変数に代入し、そのメッセージを出力します。

2-2. 簡単な2つのメッセージ
メッセージを変数に代入し、そのメッセージを出力します。次に変数の値を新しいメッセージに変更し、その新しいメッセージを出力します。

文字列

多くのプログラムはある種のデータを定義して集め、そのデータを使って便利なことをするので、データの型は異なる種類のデータを分類することに役立ちます。最初のデータ型として文字列型を見てみましょう。文字列型は一見すると非常にシンプルですが、さまざまな方法で活用できます。

文字列

　文字列は文字が連続したものです。Pythonではクォーテーションに囲まれたものを文字列とみなします。
文字列を定義するときには、次のようにシングルクォーテーション（'）またはダブルクォーテーション（"）を
使用します。

```
"これは文字列です。"
'これも文字列です。'
```

この柔軟性により、文字列の中にクォーテーション（"）やアポストロフィ（'）を使用できます。

```
'私は友達に "好きな言語はPythonです!" と言った。'
"プログラミング言語 'Python' の名前はヘビではなくモンティ・パイソンから来ています。"
"Python's strengths（Pythonの強み）は多様で協力的なコミュニティです。"
```

文字列を使う方法をいくつか試してみましょう。

文字列メソッドで大文字小文字を変える

　文字列を使ったもっとも簡単な作業として、文字列に含まれる単語の大文字小文字の変更を行ってみましょ
う。次のコードを実行し、結果を確認します。

name.py
```
name = "ada lovelace"
print(name.title())
```

ファイルをname.pyという名前で保存して実行します。すると次のように出力されます。

```
Ada Lovelace
```

　この例では、変数nameが小文字の文字列"ada lovelace"を参照しています。そして、print()関数呼び
出しの中で変数の後ろにtitle()メソッドがついています。**メソッド**とは、Pythonがデータに対して実行でき
る処理のことです。name.title()のようにnameの後ろにドット（.）をつけることにより、Pythonはname変
数に対してtitle()メソッドを実行します。すべてのメソッドにはカッコがつきます。これは、メソッドによっ
ては動作のために追加の情報が必要となるためです。追加の情報はカッコの中に記述します。title()メソッ
ドは、追加の情報が不要なため、カッコの中が空になっています。
　title()メソッドは、それぞれの単語の先頭を大文字（タイトルケースといいます）にします。この機能は、
英語の氏名のような情報を扱う場合に便利です。たとえば、プログラムにAda、ADA、adaと入力された場合、
同じ名前だと認識し、すべて画面にAdaと表示できます。

21

第**2**章　変数とシンプルなデータ型

大文字小文字の処理に関する便利なメソッドは他にもいくつかあります。たとえば、文字列中のすべての文字を大文字や小文字に変換するには、次のように書きます。

```
name = "Ada Lovelace"
print(name.upper())
print(name.lower())
```

実行結果は次のようになります。

```
ADA LOVELACE
ada lovelace
```

lower()メソッドは特にデータを保存する際に便利です。ユーザーが入力する文字列の大文字小文字は正しくないことが多いので、保存する前にすべて小文字に変換する場合があります。情報を表示するときには、適した形式に文字列を変換して使用します。

文字列の中で変数を使用する

文字列の中で変数の値を使用したい場合があります。たとえば、それぞれ姓と名を表す2つの変数を使用し、その2つの変数の値を組み合わせてフルネームを表示したいとします。

full_name.py
```
first_name = "ada"
last_name = "lovelace"
❶ full_name = f"{first_name} {last_name}"
print(full_name)
```

文字列中に変数の値を挿入するには、fという文字を最初のクォーテーションマークの直前に記述します❶。そして、文字列の中に任意の変数名を波カッコ（{}）で囲んで配置します。Pythonが文字列を表示するときに各変数の値に置き換えます。

このような文字列を**f-string**と呼びます。**f**はフォーマットを表しており、Pythonは波カッコで囲まれた変数をその値に変換することで、文字列をフォーマットします。このコードの出力は次のようになります。

```
ada lovelace
```

f-stringを使うとさまざまなことができます。たとえば、次のようにf-stringを使用し、変数と関係する情報を合わせて完全なメッセージを構成できます。

文字列

```
  first_name = "ada"
  last_name = "lovelace"
  full_name = f"{first_name} {last_name}"
❶ print(f"こんにちは{full_name.title()}！")
```

2
変数とシンプルなデータ型

ユーザーにあいさつする文章でフルネームを使用しています。フルネームは、title()メソッドを使用してタイトルケースに変換しています❶。このコードを実行すると、次のようにきれいにフォーマットされたあいさつメッセージが出力されます。

```
こんにちはAda Lovelace！
```

f-stringを使用してメッセージを作成し、そのメッセージ全体を変数に代入することもできます。

```
  first_name = "ada"
  last_name = "lovelace"
  full_name = f"{first_name} {last_name}"
❶ message = f"こんにちは{full_name.title()}！"
❷ print(message)
```

このコードでもこんにちはAda Lovelace!というメッセージが出力されますが、メッセージはまず変数に代入されます❶。最後のprint()関数はとてもシンプルです❷。

◤ 文字列にタブや改行を加える

プログラミングには**空白文字**という文字があります。これは、スペース、タブや改行文字のように画面に表示されない文字です。空白文字を使用することで、出力される文字列をユーザーに読みやすくできます。
\tという文字の組み合わせを使用すると、文字列にタブが追加されます。

```
>>> print("Python")
Python
>>> print("\tPython")
    Python
```

文字列に改行を追加するには\nという文字の組み合わせを使用します。

```
>>> print("Languages:\nPython\nC\nJavaScript")
Languages:
Python
C
JavaScript
```

23

第**2**章　変数とシンプルなデータ型

タブと改行を1つの文字列で組み合わせることもできます。"\n\t"という文字列は、改行して次の行の先頭にタブを入れるという意味になります。次の例は、1行の文字列を使用して4行の出力を生成する方法を示しています。

```
>>> print("Languages:\n\tPython\n\tC\n\tJavaScript")
Languages:
    Python
    C
    JavaScript
```

改行とタブは、第3章と第4章で説明する数行のコードから多くの出力を生成するといった場合に非常に便利です。

> **訳注**
>
> Windowsの日本語キーボードでは、¥キーを押すとバックスラッシュ（\）が入力されます。しかし、Windows日本語版のコマンドプロンプトでは、バックスラッシュの代わりに円マーク（¥）が表示されるので注意してください。VS Codeなどのテキストエディター上では、バックスラッシュ（\）で表示されます。
> macOSの日本語キーボードを使用している場合は、初期状態で¥キーを押すと円マーク（¥）が入力されます（この文字はバックスラッシュとは異なります）。Optionキーを押しながら¥キーを押すとバックスラッシュ（\）が入力されます。しかし、プログラミングではバックスラッシュをよく入力するので、設定を変更することをおすすめします。「日本語入力ソース」などの環境設定画面を開き、¥キーでバックスラッシュが入力されるように設定してください。
> 詳細な手順はAppleサポートの次のページを参照してください。
>
> - Macの日本語入力ソース設定を変更する
>   https://support.apple.com/ja-jp/guide/japanese-input-method/jpim662a12b9/6.3/mac/14.0

空白文字を取り除く

プログラム中の余分な空白文字は混乱のもとです。プログラマーにとって'python'と'python 'はほとんど同一に見えますが、プログラムにとってこれらは2つの異なる文字列です。'python 'に含まれる余分なスペースは重要なものではないとユーザーが指定しなければ、Pythonは重要なものとみなします。

プログラミングでは2つの文字列を比較して同一かどうかを判断することもあるため、空白文字について考慮することは重要です。そういった事例の1つとして、Webサイトにログインする際のユーザー名の確認が挙げられます。余分な空白文字は混乱を招く恐れがあります。幸運にもPythonでは、ユーザーが入力した文字列から余分な空白文字を簡単に削除できます。

Pythonは文字列の左右の余分な空白文字を削除できます。文字列の右側の余分な空白文字を削除するには、rstrip()メソッドを使用します。

```
❶ >>> favorite_language = 'python '
❷ >>> favorite_language
   'python '
❸ >>> favorite_language.rstrip()
   'python'
❹ >>> favorite_language
   'python '
```

favorite_language変数には、後ろに余分な空白文字を含んだ文字列が値として関連付けられています❶。Pythonの対話モードで変数の値を確認すると、後ろにスペースがあります❷。favorite_language変数に対してrstrip()メソッドを実行すると余分なスペースが削除されます❸。しかし、一時的に削除されただけです。favorite_languageの値を再度確認すると、余分な空白文字を含む元の値が表示されます❹。

文字列から空白文字を永続的に削除するには、削除したあとの値を変数に関連付ける必要があります。

```
   >>> favorite_language = 'python '
❶ >>> favorite_language = favorite_language.rstrip()
   >>> favorite_language
   'python'
```

文字列から空白文字を削除するために文字列の右側の空白文字を削除し、その値を元の変数に関連付けしなおします❶。変数の値を変更することはプログラミングでよく行われます。このようにプログラムの実行やユーザーの入力によって変数の値を更新します。

同様に、文字列の左側から空白文字を削除するにはlstrip()メソッド、左右両方から削除するにはstrip()メソッドを使用します。

```
❶ >>> favorite_language = ' python '
❷ >>> favorite_language.rstrip()
   ' python'
❸ >>> favorite_language.lstrip()
   'python '
❹ >>> favorite_language.strip()
   'python'
```

この例では、文字列の最初と最後に空白文字を含む値を用意しています❶。右側から余分な空白文字を削除します❷。次に左側から余分な空白文字を削除します❸。そして、両方から削除します❹。これらの空白文

第**2**章　変数とシンプルなデータ型

字を削除する機能は文字列操作に慣れる際に役立ちます。実際には、ユーザーが入力した文字列をプログラムに保存する前にきれいにする処理としてこれらの機能がよく使われます。

接頭辞を削除する

文字列処理の一般的なタスクの1つに接頭辞の削除があります。URLには共通の接頭辞として「https://」がついていると考えられます。この接頭辞を削除して、ユーザーがアドレスバーに入力するURLの部分を取り出します。次のように実行します。

```
>>> nostarch_url = 'https://nostarch.com'
>>> nostarch_url.removeprefix('https://')
'nostarch.com'
```

変数名の後ろにドットを入力し、続けてremoveprefix()メソッドを書きます。カッコの中に元の文字列から削除したい接頭辞を入力します。

空白文字を削除するメソッドと同様に、removeprefix()は元の文字列を変更しません。接頭辞を削除した新しい値を保持したい場合は、元の変数に再代入するか新しい変数に代入してください。

```
>>> simple_url = nostarch_url.removeprefix('https://')
```

アドレスバーのURLに「https://」が表示されていない場合は、おそらくブラウザーが裏でremoveprefix()メソッドのような処理をしています。

文字列のシンタックスエラーを避ける

ある一定の規則で発生するエラーの1つが**シンタックスエラー**（構文エラー）です。シンタックスエラーは、Pythonがプログラムを正しいPythonコードとして認識できない場合に発生します。たとえば、シングルクォート（'）で囲んだ文字列の中にアポストロフィ（'）を使用するとエラーが発生します。このエラーは、Pythonインタープリターが最初のシングルクォートとアポストロフィの間を文字列とみなし、残りのテキスト部分をPythonコードとして解釈しようとするために発生します。

シングルクォートとダブルクォートを正しく使用する方法は次のとおりです。このプログラムをapostrophe.pyとして保存して実行してみましょう。

apostrophe.py
```
message = "One of Python's strengths is its diverse community."
print(message)
```

アポストロフィは2つのダブルクォートの間にあります。そのため、Pythonインタープリターは問題なく文字列として正しく認識します。

```
One of Python's strengths is its diverse community.
```

しかし、シングルクォートを使用すると、Pythonは文字列の終了位置を正しく認識できません。

```
message = 'One of Python's strengths is its diverse community.'
print(message)
```

このプログラムを実行すると、次のようなエラーが出力されます。

```
File "apostrophe.py", line 1
    message = 'One of Python's strengths is its diverse community.'
                              ^
SyntaxError: unterminated string literal (detected at line 1)
```

この出力では、最後のシングルクォートの位置でエラーが発生していることがわかります❶。このシンタックスエラーは、Pythonインタープリターがコードの一部を有効なPythonコードとして認識できないことを示しており、問題は文字列のクォートが正しくないことにあると思われます。エラーはさまざまな原因で発生する可能性があり、状況に応じて発生した箇所が表示されます。適切なPythonコードの書き方を学んでいるときに、シンタックスエラーが発生することもあるでしょう。シンタックスエラーは具体的でない種類のエラーであるため、問題のある場所を見つけて修正することが難しい場合があります。エラーから抜け出せず解決できない場合には、**付録**の「C 助けを借りる」（276ページ）を参照してください。

> **NOTE** テキストエディターのシンタックスハイライト機能は、プログラムを書くときにシンタックスエラーを素早く見つける助けになります。Pythonのコード部分が文字列のようにハイライトされている場合は、ファイルのどこかでクォーテーションが閉じられていない可能性があります。

やってみよう

それぞれのプログラムをname_cases.pyといった異なる名前でファイルに保存し、演習問題を解いてください。うまく動作しない場合には、休憩をとるか**付録**の「C 助けを借りる」を参照してください。

2-3. 個人的なメッセージ

ある人のアルファベット表記の名前を表す変数を使用し、その人向けのメッセージを表示しましょう。メッセージは、「こんにちはEric、今日はPythonを学びますか？」のように簡単なものにしてください。

第2章　変数とシンプルなデータ型

2-4. 名前の大文字小文字
ある人のアルファベット表記の名前を表す変数を使用し、その名前を小文字、大文字、タイトルケース (先頭が大文字で他が小文字) という3種類の形式で出力してください。

2-5. 名言の引用
あなたがよいと思う著名人の言葉を探してください。その言葉を引用し、著名人の名前と一緒に出力します。出力には次のように引用符としてダブルクォーテーションを含めてください。

> アルベルト・アインシュタインは "挫折を経験したことがない者は、何も新しいことに挑戦したことがないということだ。" と言った。

2-6. 名言の引用2
演習問題2-5と同じことを、今度は有名人の名前を表す変数 famous_person を使用して行います。メッセージ全体を生成して message という新しい変数に代入し、最後にそのメッセージを出力してください。

2-7. 名前から空白を取り除く
人の名前の前後に空白文字をいくつか追加した文字列を表す変数を作成します。空白文字として \t と \n の文字の組み合わせを少なくとも1回は使用してください。
名前を一度出力し、その名前の前後に空白文字が表示されることを確認します。次に、lstrip()、rstrip()、strip()という3種類の空白文字を取り除くメソッドを使用して名前を出力します。

2-8. ファイルの拡張子
Pythonには removesuffix() メソッドがあり、removeprefix() と同じように動作します。'python_notes.txt'という値を filename 変数に代入します。removesuffix() メソッドを使用して、ファイルブラウザーのようにファイル名からファイルの拡張子を削除して表示します。

数値

　プログラムの中で数値は、ゲームの点数、可視化するデータの表現、Webアプリケーションの情報の保存など頻繁に使用されます。Pythonには数値の扱い方が複数あり、数値を何に使用するかによって扱い方が変わってきます。まずはPythonで整数を扱う方法を見てみましょう。整数は非常に簡単に操作できます。

整数

Pythonでは、整数に対して足し算（+）、引き算（-）、掛け算、（*）、割り算（/）を実行できます。

```
>>> 2 + 3
5
>>> 3 - 2
1
>>> 2 * 3
6
>>> 3 / 2
1.5
```

Pythonの対話モードは計算した結果を単純に返します。Pythonで2つの掛け算記号（**）はべき乗を表します。

```
>>> 3 ** 2
9
>>> 3 ** 3
27
>>> 10 ** 6
1000000
```

Pythonは演算の順番に対応しているので、1つの式の中で複数の演算子を使用できます。また、カッコを使用して演算の順番を変更できます。次はその例です。

```
>>> 2 + 3*4
14
>>> (2 + 3) * 4
20
```

例にある数字と演算子の間のスペースは、Pythonがどのように数式を評価するかには影響を与えませんが、コードを読むときに優先順位の高い計算を素早く見つけやすくします。

浮動小数点数

Pythonでは、小数点のある十進数を**浮動小数点数**（**float**）と呼びます。この用語は、プログラミング言語でよく使われており、小数点が数値の任意の位置に存在することを指します。すべてのプログラミング言語は、小数点を適切に管理できるように慎重に設計されており、小数点がどこにあっても数値は正しく動作します。

第**2**章　変数とシンプルなデータ型

　ほとんどの場合、浮動小数点数を扱うときの動作について気にする必要はありません。計算したい数値を単純に入力すれば、Pythonは期待したとおりに動作します。

```
>>> 0.1 + 0.1
0.2
>>> 0.2 + 0.2
0.4
>>> 2 * 0.1
0.2
>>> 2 * 0.2
0.4
```

　しかし、たまに結果の小数点以下に意図しない数字が発生することがあります。

```
>>> 0.2 + 0.1
0.30000000000000004
>>> 3 * 0.1
0.30000000000000004
```

　この現象はすべてのプログラミング言語で発生することであり、あまり気にする必要はありません。Pythonはできるだけ正確な結果を表現しようとしますが、コンピューターの内部的な数値の表現のため正確な結果を返すことが難しい場合があります。今は余分な小数点以下の値を無視してください。実践編のプロジェクトの中で余分な小数点以下の値に対応する方法を学びます。

▶ 整数と浮動小数点数

　2つの数値の割り算を実行すると、計算結果が整数であっても常に浮動小数点数が返ります。

```
>>> 4/2
2.0
```

　整数と浮動小数点数を組み合わせて計算すると、結果は浮動小数点数となります。

```
>>> 1 + 2.0
3.0
>>> 2 * 3.0
6.0
>>> 3.0 ** 2
9.0
```

30

Pythonは浮動小数点数に対して計算した結果が整数であっても、浮動小数点数を返します。

数値の中のアンダースコア

桁数の多い数字を書くときにアンダースコア（_）を使用して数字をグループ化し、大きな数値を読みやすくできます。

```
>>> universe_age = 14_000_000_000
```

アンダースコアを使用して定義した数字を出力すると、Pythonは数字のみを出力します。

```
>>> print(universe_age)
14000000000
```

Pythonは値を格納するときにアンダースコアを無視します。3つの数字単位でグループ化しなくても、値には何も影響を与えません。Pythonでは1_000と1000は同じであり、10_00も同じ値です。この機能は、整数と浮動小数点数で動作します。

複数同時の代入

1行だけのコードで、2つ以上の変数に値を代入できます。この書き方により、プログラムをより短く読みやすくできます。このテクニックは、数値の集まりを初期化するときによく使用されます。たとえば、次のように書いて変数x、y、zを0に初期化できます。

```
>>> x, y, z = 0, 0, 0
```

変数名と値をそれぞれカンマで区切ると、Pythonはそれぞれの値を対応する変数に代入します。値の数と変数の数が同じであれば、Pythonはそれらを正しく関連付けます。

定数

定数は、プログラムの実行中は同じ値を保つ変数です。Pythonには組み込みの定数型がありませんが、Pythonプログラマーは変数名をすべて大文字にすることによって、その変数を定数として扱い値を変更すべきでないことを示します。

```
MAX_CONNECTIONS = 5000
```

第2章　変数とシンプルなデータ型

コード中の変数を定数として扱いたい場合は、変数名をすべて大文字で書きます。

やってみよう

2-9. ナンバー8

結果がそれぞれ8となる足し算、引き算、掛け算、割り算を書いてみましょう。結果を確認するために計算式をprint()関数の中に入れ、次のようなコードを4行作ってください。

```
print(5+3)
```

出力結果は、4つの行のそれぞれに8が1つずつ表示されたものになります。

2-10. 好きな数字

好きな数字を表す変数を用意します。その変数を使用して、「私の好きな数字は5です。」のようなメッセージを作成し、出力してください。

コメント

コメントは、多くのプログラミング言語が備えているとても便利な機能です。ここまで、プログラムにはPythonのコードのみを書いてきました。プログラムがより長く複雑になってくると、プログラムが抱える課題にどのように対処したかといった説明のメモを追加する必要が出てきます。**コメント**機能を利用することで、プログラム中に自身が話す言語でメモを書くことができます。

コメントの書き方

Pythonでコメントを示す記号はハッシュマーク (#) です。Pythonインタープリターは、コード中のハッシュマークの後ろにある文字列を無視します。次に示すのはコメントの例です。

comment.py
```
# みんなに「こんにちは」と言う
print("こんにちはPython使いのみなさん！")
```

Pythonは1行目を無視して2行目を実行します。

こんにちはPython使いのみなさん！

コメントには何を書くべきか

　コメントを書く主な理由は、コードが何をすべきか、どのように機能すべきかを説明するためです。プロジェクト内で活動している間は、プログラム全体がどのようにうまく動作しているかを理解しています。しかし、プロジェクトから一度離れて戻ってくると、詳細を忘れていることがよくあります。コードを読めば各部がどのように動作するかは理解できますが、コメントに全体の概要を適切に記載してあれば、理解にかかる時間を節約できます。

　プロのプログラマーになりたい、他のプログラマーと共同作業をしたいのであれば、意味のあるコメントを書くべきです。現在多くのソフトウェアは、企業の従業員グループや、オープンソースプロジェクトのメンバーなどによって共同で作られています。スキルのあるプログラマーはコードにコメントがあることを期待しているため、あなたのプログラムにもコメントによる説明を追加することをおすすめします。コードにわかりやすく簡潔なコメントを書くことは、新しいプログラマーとしてもっとも身につけておきたい習慣の1つです。

　コメントを書くかどうかを判断するためには、何かの動作を実現するための適切な方法を見出した際に、いくつかの手法を検討する必要があったかを考えてみます。もしそうであれば、解決方法についてのコメントを書いてください。あとで余分なコメントを削除するほうが、コメントが足りないプログラムにあとからコメントを書くより簡単です。以降では、本書のサンプルコードの説明のためにコメントを使用します。

やってみよう

2-11. コメントを追加する

今までに作成したプログラムから2つを選び、それぞれに1行以上のコメントを追加してください。プログラムが単純すぎてコメントとして書くことがない場合は、名前と現在の日付をプログラムの先頭に書いてください。次に、プログラムが何をするものかを説明する文章を書いてください。

第2章 変数とシンプルなデータ型

The Zen of Python: Pythonの禅

　経験のあるPythonプログラマーは複雑なコードを避け、シンプルにしようと努めます。Pythonコミュニティの哲学は、Tim Petersが書いた「The Zen of Python」で読むことができます。Pythonの対話モードでimport thisと入力すると、よいPythonコードを書くための考え方を参照できます。「The Zen of Python」の全文は記載しませんが、初心者のPythonプログラマーにとって重要ないくつかの項目について解説します。

```
>>> import this
The Zen of Python, by Tim Peters
Beautiful is better than ugly.
```

「汚いよりきれいなほうがいい」
　Pythonプログラマーには、コードを美しく洗練されたものにするという思考があります。プログラミングによって人は問題を解決します。プログラマーは問題に対して適切に設計され、効率的で美しい解決方法を常に尊敬してきました。Pythonについてより多くのことを学び、たくさんのコードを書けば、ある日誰かがあなたの肩越しに「なんて美しいコードだ!」と言うかもしれません。

```
Simple is better than complex.
```

「複雑より簡単なほうがいい」
　簡単な方法と複雑な方法という2つの解決策があり、両方とも問題なく動作する場合には、簡単なほうを選択します。そのほうがコードの保守が簡単になり、あとで自分や他人がコードを書き換えることも容易になります。

```
Complex is better than complicated.
```

「込み入っているよりは複雑なほうがいい」
　現実は複雑で、問題に対する簡単な解決策が見つけられないときもあります。その場合は、動作する中でもっとも単純な方法を採用します。

```
Readability counts.
```

「読みやすいことに価値がある」

複雑なコードでもできるだけ読みやすくすることを目指してください。複雑なコードを含むプロジェクトに携わるときには、コードに有益なコメントを書くように意識してください。

```
There should be one-- and preferably only one --obvious way to do it.
```

「たった一つの最良のやり方があるはずだ」

2人のPythonプログラマーが同じ問題を解決するように求められたら、かなり似通った解決策を考えつくはずです。これは、プログラミングに創造力がいらないということではありません。それどころか、創造性を発揮する場所はいくらでもあります！プログラミングの大部分は、大きく創造的なプロジェクトの中にある単純な状況に対して小さく一般的な手法を適用することで成り立っています。プログラムの根幹となるものは、他のPythonプログラマーにとっても筋が通ったものとなるはずです。

```
Now is better than never.
```

「やらないより今やるほうがいい」

Pythonの複雑な部分やプログラミングの一般的な知識を学ぶことに人生の残りの時間を費やすこともできますが、それではプロジェクトは絶対に完成しません。完璧なコードを書こうとしないでください。まずは動作するコードを書き、そのコードを改良するか新しい何かを始めるかを次に決めてください。

次の章からより複雑なテーマについて解説を始めますが、ここで紹介したシンプルさと明快さの哲学を常に頭に置いておいてください。そうすれば、経験豊富なプログラマーはあなたのコードをより尊重し、興味深いプロジェクトで協力してくれたり、よりよいフィードバックをしてくれるようになるでしょう。

やってみよう

2-12. Zen of Python
Pythonのターミナルに`import this`を入力して、他の項目にも目を通してください。

訳注

The Zen of Pythonについてはatsuoishimotoさんのブログの記事に詳しい解説があります。

- The Zen of Python 解題 - 前編
  https://atsuoishimoto.hatenablog.com/entry/20100920/1284986066
- The Zen of Python 解題 - 後編
  https://atsuoishimoto.hatenablog.com/entry/20100926/1285508015

第2章 変数とシンプルなデータ型

まとめ

この章では、次のことについて学びました。

- 変数の使い方
- わかりやすい変数名を使うということ
- NameErrorとシンタックスエラーが発生したときの解決方法
- 文字列はどういうものか
- 文字列を小文字、大文字、タイトルケース（先頭のみ大文字）に変換して表示する方法
- 空白文字を使用して出力を見やすくする方法
- 文字列から不要な要素を削除する方法
- 整数と浮動小数点数の使い方
- 数値データを操作するいくつかの方法
- コードの理解を助けるための説明となるコメントの書き方
- コードをできる限りシンプルに保つという哲学

第3章では、**リスト（list）** と呼ばれるデータ構造に、複数の情報を格納する方法を学びます。また、リスト内の全情報を処理する方法と、リスト内の各要素を操作する方法を学びます。

第3章

リスト入門

第**3**章　リスト入門

　　の章と次の章では、リストそのものとリスト内の要素の操作方法について学びます。
　　リストを使うと、数個から数百万個もの要素を持った情報の集まりを1つの場所に格納できます。リストは、Pythonのもっとも重要な機能の1つであり、新しいプログラマーにも理解しやすい機能です。また、リストはプログラミングにおける重要な概念とも結びついています。

リストとは

　リスト（**list**）は順番を持った要素の集まり（コレクション型）です。たとえば、アルファベットの文字、0から9の数字や、家族全員の名前などを含んだリストを作成できます。リストにはさまざまなデータを挿入でき、リスト中の要素が特定の用途に関連していなくてもかまいません。リストは通常複数の要素を含んでいるため、変数名には letters、digits、names のような複数形を使用するとよいでしょう。

　Pythonでは角カッコ（[]）でリストを示し、リスト中のそれぞれの要素はカンマ（,）で区切ります。次は、いくつかの自転車のブランド名を含んだリストの例です。

bicycles.py
```
bicycles = ['trek', 'cannondale', 'redline', 'specialized']
print(bicycles)
```

Pythonでリストを出力すると、角カッコで囲んで表現されます。

```
['trek', 'cannondale', 'redline', 'specialized']
```

　この方法はユーザーに対して表示する場合には向いていないので、リスト中のそれぞれの要素にアクセスする方法を学びましょう。

リスト内の要素にアクセスする

　リストは順番を持ったコレクション型で、Pythonでは順番を**インデックス**で指定することにより、リスト中の任意の要素にアクセスできます。リスト中の要素にアクセスするには、角カッコで囲んだインデックスをリストの変数名の後ろにつけて指定します。

　次の例では、bicyclesリストから最初の自転車のブランド名を取得しています。

38

```
bicycles = ['trek', 'cannondale', 'redline', 'specialized']
print(bicycles[0])
```

リストから1つの要素を取得すると、Pythonは角カッコなしで要素のみを返します。

```
trek
```

結果はこのようにきれいに整形して出力されます。

リスト中の要素に対して**第2章**で学んだ文字列メソッドも使用できます。たとえば、'trek'という要素に対してtitle()メソッドを使用して文字列をより見やすく整形できます。

```
bicycles = ['trek', 'cannondale', 'redline', 'specialized']
print(bicycles[0].title())
```

この例は前の例と同じ結果を出力しますが、'Trek'と先頭が大文字になります。

インデックスは1ではなく0から始まる

Pythonにおけるリスト中の最初の要素の位置は0であり、1ではありません。これは多くのプログラミング言語にもあてはまります。その理由は、リストの操作が実装されている下位レベルの仕様に関係があります。予測しない結果が返ってきた場合には、1から数えはじめたためのエラーではないか確認してください。これは単純ですがよくあるミスです。

リストの2番目の要素のインデックスは1です。この数え方にしたがうと、リスト中の任意の要素を取得する際にはリスト中の位置を表す数値から1を引いた値を使用することになります。たとえば、リストの4番目の要素にアクセスするときには、インデックスに3を指定します。

次の例では、bicyclesリストからインデックスが1と3の値を取得しています。

```
bicycles = ['trek', 'cannondale', 'redline', 'specialized']
print(bicycles[1])
print(bicycles[3])
```

このコードは、リストの2番目と4番目の自転車のブランド名を返します。

```
cannondale
specialized
```

Pythonには、リストの最後の要素にアクセスするための特殊な構文があります。インデックスに-1を指定すると、Pythonはリストの最後の要素を返します。

```
bicycles = ['trek', 'cannondale', 'redline', 'specialized']
print(bicycles[-1])
```

このコードは 'specialized' を返します。この構文は非常に便利です。リストの長さを知らなくても最後の要素にアクセスしたいことはよくあります。この構文は他の負のインデックスでも使えます。インデックス-2はリストの後ろから2番目の要素を、-3は後ろから3番目の要素を返します。

リストの中の個々の値を使用する

他の変数と同じようにリストの中の個々の値を使用できます。たとえば、f-stringを使用してリストの中の値を用いてメッセージを作成できます。

リストの最初の自転車ブランド名を取得し、その値を使用してメッセージを作成してみましょう。

```
bicycles = ['trek', 'cannondale', 'redline', 'specialized']
message = f"私の最初の自転車は{bicycles[0].title()}でした。"

print(message)
```

bicycles[0]の値を使用して文章を作成し、message変数に代入します。リスト中の最初の自転車についての簡単な文章を出力します。

```
私の最初の自転車はTrekでした。
```

やってみよう

短いプログラムを書いてPythonのリストを体験してみましょう。各章の演習問題を整理するために、新しいフォルダーを作成するとよいでしょう。

3-1. 名前
namesという変数で数人の友達の名前のリストを作成します。リスト中の各要素に個別にアクセスし、友達の名前を出力してください。

3-2. あいさつ
演習問題3-1で作成したリストを使用します。今度はただ名前を出力するのではなく、あいさつのメッセージを出力します。各メッセージは同じ内容で、友達の名前がそれぞれ入るようにしてください。

3-3. ほしいものリスト
あなたの好きな乗り物（バイクや車など）のブランドやメーカー名をいくつか挙げ、リストに保存します。そのリストを使用し、「私はHondaのバイクがほしい。」のような各ブランド名を使用した文章を出力してください。

要素を変更、追加、削除する

ほとんどのリストは**動的**です。動的というのは、作成したリストに対してプログラムで要素を追加したり、削除したりすることを意味します。たとえば、空飛ぶエイリアンを撃ち落とすゲームを作ったとします。ゲームの最初に全エイリアンをリストにセットし、撃ち落とすたびにリストからエイリアンを削除します。画面に新しいエイリアンが出現するときには、リストにエイリアンを追加します。ゲームの進行中にリスト中のエイリアンの数が増減します。

■ リスト内の要素を変更する

要素を変更するときの構文は、リスト中の要素にアクセスする構文と似ています。要素を変更するには、リストの変数名の後ろに変更したい要素のインデックスを指定し、その要素に持たせる新しい値を指定します。

次の例ではmotorcyclesのリストがあり、最初の要素に'honda'が入っています。リストを作成したあとに、リストの最初の要素の値を変更できます。

motorcycles.py
```python
motorcycles = ['honda', 'yamaha', 'suzuki']
print(motorcycles)

motorcycles[0] = 'ducati'
print(motorcycles)
```

最初の要素に'honda'を持つリストmotorcyclesを定義します。次に最初の要素の値を'ducati'に変更します。出力を見てみると、最初の要素が確かに変わっており、リストのそれ以外の部分は変わっていません。

第**3**章 リスト入門

```
['honda', 'yamaha', 'suzuki']
['ducati', 'yamaha', 'suzuki']
```

最初の要素だけでなくリスト中の何番目の要素でも値は変更できます。

リストに要素を追加する

さまざまな理由からリストに新しい要素を追加したい場合があります。たとえば、ゲームに新しいエイリアンが現れたとき、グラフに新しいデータを追加するとき、Webサイトに新規ユーザーを登録するときなどが考えられます。Pythonには既存のリストに新しいデータを追加する方法がいくつかあります。

リストの末尾に要素を追加する

もっとも簡単な方法は、新しい要素をリストに**追加**（append）することです。リストに要素を追加すると、新しい要素はリストの最後に追加されます。先ほどの例と同じリストを使用して、リストの最後に 'ducati' を追加してみます。

```
motorcycles = ['honda', 'yamaha', 'suzuki']
print(motorcycles)

motorcycles.append('ducati')
print(motorcycles)
```

append()メソッドで 'ducati' をリストの最後に追加しています。リスト中の他の要素に影響はありません。

```
['honda', 'yamaha', 'suzuki']
['honda', 'yamaha', 'suzuki', 'ducati']
```

append()メソッドを使用すると、動的なリスト作成が簡単にできます。たとえば、最初に空のリストを作成し、複数のappend()メソッドを使って複数の要素を追加できます。空のリストを使用し、リストに 'honda'、'yamaha'、'suzuki' を要素として追加してみましょう。

```
motorcycles = []

motorcycles.append('honda')
motorcycles.append('yamaha')
motorcycles.append('suzuki')

print(motorcycles)
```

42

作成されたリストは前述の例とまったく同じです。

```
['honda', 'yamaha', 'suzuki']
```

このようなリストの作り方は一般的です。プログラムが動作するまで、ユーザーが格納したいデータが不明な場合があるからです。そういった場合は、ユーザーが値を格納するための空のリストを最初に作成しておきます。そして、作成したリストに新しい値を追加していきます。

リストの中に要素を挿入する

insert()メソッドを指定すると、新しい要素をリストの任意の場所に挿入できます。新しい要素のインデックスとその要素の値を指定して実行します。

```
motorcycles = ['honda', 'yamaha', 'suzuki']

motorcycles.insert(0, 'ducati')
print(motorcycles)
```

この例では、リストの先頭に'ducati'を挿入しています。insert()メソッドは、指定された位置（この場合は0）に新しい領域を作成し、値'ducati'を保存します。

```
['ducati', 'honda', 'yamaha', 'suzuki']
```

この操作により、リスト内の他の要素は1つ後ろに移動します。

リストから要素を削除する

リストから1つまたは複数の要素を削除したい場合があります。たとえば、プレイヤーがエイリアンを撃ち落としたときには、有効なエイリアンのリストから撃ち落としたエイリアンを削除する必要があります。ユーザーがWebアプリケーションに作成したアカウントをキャンセルした場合は、有効なユーザー一覧から削除する必要があります。リストからの削除は、要素の位置を指定する方法と値を指定する方法があります。

del文を使用して要素を削除する

リストから削除したい要素の位置がわかっている場合はdel文を使用します。

```
motorcycles = ['honda', 'yamaha', 'suzuki']
print(motorcycles)
```

第**3**章 リスト入門

```
del motorcycles[0]
print(motorcycles)
```

del文を使用して、最初の要素'honda'をmotorcyclesのリストから削除します。

```
['honda', 'yamaha', 'suzuki']
['yamaha', 'suzuki']
```

削除したい要素のインデックスがわかれば、del文を使用してリスト中の任意の位置の要素を削除できます。次の例では、2番目の要素（インデックスは1）である'yamaha'をリストから削除しています。

```
motorcycles = ['honda', 'yamaha', 'suzuki']
print(motorcycles)

del motorcycles[1]
print(motorcycles)
```

2番目のバイクがリストから削除されました。

```
['honda', 'yamaha', 'suzuki']
['honda', 'suzuki']
```

この2つの例では、del文の使用後にリストから削除した値にはアクセスできません。

pop()メソッドを使用して要素を削除する

リストから削除したあとに削除した要素の値を使用したい場合があります。たとえば、今撃ち落としたエイリアンのX座標とY座標を取得すれば、その位置に爆発した画像を描画できます。Webアプリケーションでは、有効なメンバーのリストからユーザーを削除し、そのユーザーを無効なメンバーのリストに追加できます。

pop()メソッドは、リストの最後の要素を削除しますが、削除したあとにその要素を使用できます。**pop**という用語は、リストを要素のスタック（積み重ねのデータ型）として考え、スタックの一番上の要素を取り出すことを「ポップする」というところからきています。これは、スタックの一番上とリストの最後が対応するものと考えたたとえです。

motorcyclesリストからバイクをポップしてみましょう。

❶
```
motorcycles = ['honda', 'yamaha', 'suzuki']
print(motorcycles)
```

44

要素を変更、追加、削除する

```
❷   popped_motorcycle = motorcycles.pop()
❸   print(motorcycles)
❹   print(popped_motorcycle)
```

最初にmotorcyclesリストを定義して出力します❶。そしてリストから値をポップし、取り出した値をpopped_motorcycle変数に格納します❷。リストを出力し❸、要素が削除されたことを確認します。最後に取り出した値を出力し❹、リストから削除された値にアクセスできることを確認します。

出力結果を見ると、リストの最後にあった'suzuki'が削除され、popped_motorcycle変数に代入されています。

```
['honda', 'yamaha', 'suzuki']
['honda', 'yamaha']
suzuki
```

pop()メソッドはどのように役立つのでしょうか？ このバイクのリストには、あなたが入手したバイクが年代順に登録されていると想像してください。この場合、pop()メソッドを使用すれば、最近入手したバイクについての文を出力できます。

```
motorcycles = ['honda', 'yamaha', 'suzuki']

last_owned = motorcycles.pop()
print(f"最近手に入れたバイクは{last_owned.title()}です。")
```

出力は、最近入手したバイクに関する簡単な文章になります。

```
最近手に入れたバイクはSuzukiです。
```

リスト中の任意の位置から要素を削除する

pop()メソッドはカッコの中にインデックスを指定することによって、任意の位置の要素を削除できます。

```
motorcycles = ['honda', 'yamaha', 'suzuki']

first_owned = motorcycles.pop(0)
print(f"最初に手に入れたバイクは{first_owned.title()}です。")
```

リストから最初のバイクをポップで取り出し、そのバイクについてのメッセージを出力します。出力は最初に入手したバイクについての簡単な文章です。

```
最初に手に入れたバイクはHondaです。
```

pop()メソッドを使用したときは、すでにその要素はリストに存在しないことを忘れないでください。

del文を使うべきか、pop()メソッドを使うべきかわからない場合は、簡単な決め方があります。削除した要素を使う必要がない場合はdel文、削除した値を使う場合にはpop()メソッドを使用してください。

値を指定して要素を1つ削除する

リスト中の削除したい値の位置が不明な場合があります。削除したい要素の値のみがわかる場合は、remove()メソッドを使用できます。

たとえば、バイクのリストから'ducati'という値を削除したいとします。

```
motorcycles = ['honda', 'yamaha', 'suzuki', 'ducati']
print(motorcycles)

motorcycles.remove('ducati')
print(motorcycles)
```

上記のremove()メソッドは、'ducati'がリストのどこに現れるかを調べ、その要素を削除するようにPythonに指示します。

```
['honda', 'yamaha', 'suzuki', 'ducati']
['honda', 'yamaha', 'suzuki']
```

remove()メソッドを使用して削除した値を使用することもできます。'ducati'という値を削除し、リストから削除した理由を出力してみましょう。

```
❶  motorcycles = ['honda', 'yamaha', 'suzuki', 'ducati']
   print(motorcycles)

❷  too_expensive = 'ducati'
❸  motorcycles.remove(too_expensive)
   print(motorcycles)
❹  print(f"\n{too_expensive.title()}は私には高すぎます。")
```

はじめにリストを定義します❶。次にtoo_expensive変数に値'ducati'を代入します❷。この変数を使用してリストから指定した値を削除します❸。'ducati'は、リストからすでに削除されています❹が、変数too_expensiveからアクセスできます。最後にバイクのリストから'ducati'を削除した理由を表す文章を出力します。

```
['honda', 'yamaha', 'suzuki', 'ducati']
['honda', 'yamaha', 'suzuki']

Ducatiは私には高すぎます。
```

 remove()メソッドは、指定した値で最初に発見したものだけを削除します。指定した値がリストの中に複数存在する場合は、ループを使用して値をすべて削除します。この方法については**第7章**で説明します。

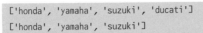

次の演習問題は、第2章よりも少し複雑ですが、リストのさまざまな使い方を習得できます。

3-4. ゲスト一覧
生きている人でも亡くなった人でも自由に夕食に招待できるとしたら、誰を招待しますか？3人以上挙げて夕食への招待者リストを作成してください。次に、そのリストを使用し、それぞれに宛てた夕食への招待メッセージを出力してください。

3-5. ゲスト一覧を変更する
ゲストのうち1名が夕食に参加できなくなったので、新しい招待状を送る必要があります。誰か他の人を考えて招待してください。

- 演習問題3-4のプログラムから始めます。参加できないゲストの名前を出力するprint()をプログラムの最後に追加します。
- リストを変更し、参加できないゲストの名前を新たに招待する人の名前に置き換えます。
- 新しいゲスト一覧のそれぞれの人に対して夕食への招待メッセージを出力します。

3-6. より多くのゲスト
大きなテーブルを見つけたので、より多くの席を用意できます。さらに3人のゲストを夕食に招待してください。

- 演習問題3-4または演習問題3-5のプログラムから始めます。大きなテーブルを見つけたことを示す文を出力するprint()をプログラムの最後に追加します。
- insert()メソッドを使って1人のゲストをリストの先頭に追加します。
- insert()メソッドを使って1人のゲストをリストの中間に追加します。
- append()メソッドを使って1人のゲストをリストの最後に追加します。
- 新しいゲスト一覧のそれぞれの人に対して夕食への招待メッセージを出力します。

第3章 リスト入門

3-7. ゲストを減らす

大きなテーブルが夕食の時間に間に合わないことがわかりました。招待席は2人分しかありません。

- 演習問題3-6のプログラムから始めます。夕食には2人しか招待できないことを知らせるメッセージを出力します。
- pop()メソッドを使用し、リストの中身が2人になるまでゲストを削除します。リストからポップするごとに、ゲストに対して夕食に招待できなくなったことを謝罪するメッセージを出力します。
- リストに残った2人それぞれに対し、招待は有効であることを知らせるメッセージを出力します。
- del文を使用して最後の2人をリストから削除します。空のリストができあがります。プログラムの最後にリストを出力し、実際にリストが空であることを確認します。

リストを整理する

　ユーザーがデータを入力する順番は制御できないため、予期しない順番でリストにデータが入ることはよくあります。これは避けられないことですが、情報を特定の順番で出力したいこともよくあります。リストの元の順番を保持したい場合もあれば、順番を変更したい場合もあるでしょう。Pythonにはリストを整理するさまざまな方法があり、状況によって使い分けられます。

▌ sort()メソッドでリストを永続的にソートする

　Pythonのsort()メソッドを使えば、リストを簡単にソートできます。車のリストがあり、このリストをアルファベット順に変更したいとします。動作を単純にするために、リスト中の値はすべて小文字であると仮定します。

cars.py
```
cars = ['bmw', 'audi', 'toyota', 'subaru']
cars.sort()
print(cars)
```

　sort()メソッドはリストの順番を書き換えます。リストcarsはアルファベット順に変更され、元の順番には戻せません。

48

リストを整理する

```
['audi', 'bmw', 'subaru', 'toyota']
```

アルファベットの逆順にソートしたい場合は、sort()メソッドの引数にreverse=Trueを指定します。次の例では、carsリストがアルファベットの逆順にソートされます。

```
cars = ['bmw', 'audi', 'toyota', 'subaru']
cars.sort(reverse=True)
print(cars)
```

繰り返しますが、リストの順番は永続的に変更されます。

```
['toyota', 'subaru', 'bmw', 'audi']
```

訳注
日本語を含む文字列が要素に入っていてもソートできます。アルファベット、カタカナ、漢字、ひらがななどは、次のように文字コード順にソートされます。

```
cars = ['bmw', 'アウディ', '日産', 'すばる']
cars.sort()
print(cars)
```

```
['bmw', 'すばる', 'アウディ', '日産']
```

sorted()関数でリストを一時的にソートする

リストの元の順番を保持したままソートするには、sorted()関数を使用します。sorted()関数はリストを特定の順番に並べ替えますが、元のリストの順番には影響を与えません。

リストcarsに対して、この関数を使ってみましょう。

```
cars = ['bmw', 'audi', 'toyota', 'subaru']
```

❶
```
print("元のリスト")
print(cars)
```

❷
```
print("\nソートされたリスト")
print(sorted(cars))
```

❸
```
print("\n元のリストを再表示")
print(cars)
```

49

最初の行では元のリストを出力します❶。次にアルファベット順でソートされたリストを出力します❷。新しい順番でリストを表示したあとに、元のリストの順番が変わっていないことを確認します❸。

```
元のリスト
['bmw', 'audi', 'toyota', 'subaru']

ソートされたリスト
['audi', 'bmw', 'subaru', 'toyota']

❶ 元のリストを再表示
['bmw', 'audi', 'toyota', 'subaru']
```

sorted()関数を使用したあとでも、リストは元の順番を維持していることに注意してください❶。アルファベットの逆順でソートするにはsorted()関数の引数にreverse=Trueを指定します。

リストの値に大文字が含まれている場合、アルファベット順でのソートは少し複雑になります。ソート順を決定する際に大文字小文字を無視する方法はいくつかあります。正確な順番を指定する方法は、今回説明している内容より複雑になる可能性があります。ただし、ソートに関する基本的な考え方は、この節で学習した内容に基づいています。

リストを逆順で出力する

リストを元の順番の逆にするにはreverse()メソッドを使用します。入手した車のデータをcarsリストに古い順に保存していた場合、簡単に新しい順に並べ替えることができます。

```
cars = ['bmw', 'audi', 'toyota', 'subaru']
print(cars)

cars.reverse()
print(cars)
```

reverse()メソッドはアルファベット順ではなく、単純にリストの順番を逆にすることに注意してください。

```
['bmw', 'audi', 'toyota', 'subaru']
['subaru', 'toyota', 'audi', 'bmw']
```

reverse()メソッドはリストを永続的に変更しますが、もう一度reverse()メソッドを使用すると元の順番に戻すことができます。

リストの長さを調べる

リストの長さを調べるにはlen()関数を使用します。次の例ではリストに4つの要素があるので、長さは4です。

```
>>> cars = ['bmw', 'audi', 'toyota', 'subaru']
>>> len(cars)
4
```

len()関数は、ゲームで撃ち落とすべきエイリアンの数を特定したり、グラフで管理する必要のあるデータの量を確認したり、Webサイトに登録したユーザーの数を把握したりするなど、さまざまなタスクで役立ちます。

 Pythonはリストの要素数を1から数えはじめます。リストの長さとインデックスの数え間違いに気をつけてください。

やってみよう

3-8. 世界を訪れよう

あなたが訪れてみたい世界の場所を5つ以上挙げてください。

- 場所の名前をリストに格納します。順番がアルファベット順にならないようにしてください。

  > **訳注**
  > 場所の名前をリストに格納する際には、名前をアルファベットで記入してください。

- リストの中身を元の順番で出力します。きれいに出力する必要はありません。Pythonのリストをそのまま出力してください。
- sorted()関数を使用し、元のリストを変更せずにアルファベット順で出力してください。
- 元のリストを出力して、順番が変わっていないことを確認します。
- sorted()関数を使用し、アルファベットの逆順でリストを出力します。元のリストの順番は変更しません。
- 元のリストを再度出力して順番が変わっていないことを確認します。
- reverse()メソッドを使用してリストの順番を変更します。リストを出力して順番が変わっていることを確認します。
- 再度reverse()メソッドを使用してリストの順番を変更します。リストを出力して順番が元に戻っていることを確認します。

第**3**章　リスト入門

- sort()メソッドを使用してリストの順番をアルファベット順に変更します。リストを出力して順番が変更されていることを確認します。
- sort()メソッドを使用してリストの順番をアルファベットの逆順に変更します。リストを出力して順番が変更されていることを確認します。

3-9. 夕食のゲスト
演習問題3-4から演習問題3-7（47、48ページ）で作成したリストのうちどれか1つを使います。len()関数を使用して夕食に招待する人数を表すメッセージを出力してください。

3-10. すべての機能
リストに保存できるものを考えてください。たとえば、山や川、国や都市、言語の名前などのリストが考えられます。それらを格納したリストを作成し、この章で紹介した各機能をそれぞれ1回以上使用したプログラムを作成してください。

リストを操作するときのIndexErrorを回避する

はじめてリストを使うときによく見られるエラーがあります。3つの要素があるリストに対して4番目の要素を問い合わせてみましょう。

motorcycles.py
```
motorcycles = ['honda', 'yamaha', 'suzuki']
print(motorcycles[3])
```

この例では、**IndexError**が発生します。

```
Traceback (most recent call last):
  File "motorcycles.py", line 2, in <module>
    print(motorcycles[3])
          ~~~~~~~~~~~^^^
IndexError: list index out of range
```

　Pythonはインデックスが3の要素を取得しようとします。しかし、リスト内を探してもmotorcyclesにはインデックスが3の要素がありません。これは、リストのインデックスが0で始まるために発生する典型的なエ

52

ラーです。人は3番目の要素のインデックス番号は3だと考えます。1から数えはじめるからです。しかし、Pythonでは、3番目の要素のインデックスは2です。なぜなら、インデックスは0から始まるからです。

　IndexErrorは、Pythonが要求されたインデックスを解決できなかったことを意味します。プログラムでIndexErrorが発生したら、指定したインデックスの値を1調整しましょう。プログラムを再度実行して、結果が正しいかを確認します。

　また、リストの最後の要素にアクセスするときには、インデックスに-1を指定する必要があることを覚えておきましょう。最後にアクセスしてからリストの長さが変更されていても、この方法は常に正しく動作します。

```
motorcycles = ['honda', 'yamaha', 'suzuki']
print(motorcycles[-1])
```

インデックス-1は常にリストの最後の要素、この場合は'suzuki'を返します。

```
suzuki
```

この方法は、空のリストから最後の要素を取得するときにのみエラーが発生します。

```
motorcycles = []
print(motorcycles[-1])
```

motorcyclesには要素が1つも存在しないため、PythonはIndexErrorを返します。

```
Traceback (most recent call last):
  File "motorcycles.py", line 3, in <module>
    print(motorcycles[-1])
          ~~~~~~~~~~~^^^^
IndexError: list index out of range
```

　発生したIndexErrorの解決方法がわからない場合は、リストそのものやリストの長さを出力してみましょう。プログラムでリストを動的に管理している場合は、想定したものとリストの中身が異なっているかもしれません。実際のリストやリストの要素数を確認すると、論理的なエラーの対処に役立ちます。

第**3**章 リスト入門

やってみよう

3-11. 意図的なエラー

プログラムでIndexErrorを発生させたことがなければ、意図的に発生させてみましょう。プログラム中のインデックスの値を変更してIndexErrorを発生させます。プログラムを閉じる前にエラーを修正しておいてください。

まとめ

この章では、次のことについて学びました。

- リストとリスト中の各要素を操作する方法
- リストを定義する方法と、要素を追加、削除する方法
- リストのソートを永続的または一時的に行う方法と、その使い分け
- リストの長さを取得する方法と、IndexErrorを回避する方法

第4章では、リスト中の要素をより効率的に扱う方法について学びます。たった数行のコードを用いてリストの各要素を繰り返し処理することで、リスト中の要素が数千でも数百万でも効率的に作業できます。

リストを操作する

第**4**章　リストを操作する

第3章では、単純なリストの作成方法とリスト中の個々の要素を扱う方法を学びました。この章では、リストの長さにかかわらず、数行のコードでリスト全体を**ループ**（繰り返し）処理する方法を学びます。ループ処理によってリスト中のすべての要素に対して同じ動作を実行できます。その結果、数千や数百万など、どのような長さのリストでも効率的に操作できるようになります。

リスト全体をループ処理する

リスト中のすべての項目に対して、それぞれ同じタスクを実行したい場合があります。たとえば、ゲーム画面上の全要素を同じ量だけ移動したり、リスト中のすべての数値に対して同一の統計の計算を行いたい場合などです。または、記事のリストから各見出しをWebサイト上に表示したい場合もあります。リスト中のすべての要素に対して同じ処理を行うには、Pythonのforループを使用します。

マジシャンの名前のリストを作成し、リスト中のそれぞれの名前を表示します。リストから個々の名前を取り出すことは今までの方法でも可能ですが、いくつか問題があります。問題の1つは、長いリストから個々の名前を取り出すのが面倒なことです。また、リストの長さが変わるたびにコードを変更する必要があります。forループを使うと、この2つの問題がPython内部で管理されるため、気にする必要がなくなります。

forループを使用して、リストにあるマジシャンの名前をそれぞれ出力しましょう。

magicians.py
```
magicians = ['alice', 'david', 'carolina']
for magician in magicians:
    print(magician)
```

最初に、**第3章**と同じようにリストを定義します。次にforループを定義します。この行では、magiciansのリストから1人の名前を取り出し、magician変数と関連付けるようにPythonに指示しています。そして、先ほどmagicianに代入した名前を出力するようにPythonに指示します。Pythonはリスト中の名前ごとに、後半の2行を繰り返します。このコードは「For every magician in the list of magicians, print the magician's name.」（magiciansリストのすべてのmagicianに対して、magicianの名前を出力します）のように読むとわかりやすいです。リスト中の名前を出力した結果は次のようにシンプルです。

56

```
alice
david
carolina
```

ループ処理の詳細

ループ処理は、コンピューターがタスクを自動的に繰り返すもっとも一般的な手法のため、重要です。たとえば、magicians.pyで使用した単純なループでは、Pythonは最初にループの1行目を読み込みます。

```
for magician in magicians:
```

この行はmagiciansリストの最初の値を取り出し、magician変数に関連付けるようにPythonに指示しています。最初の値は'alice'です。Pythonは次の行を読みます。

```
    print(magician)
```

Pythonはmagicianの現在の値、ここでは'alice'を出力します。リストにはまだ値が存在するので、Pythonはループの最初の行に戻ります。

```
for magician in magicians:
```

Pythonはリストの次の名前'david'を取り出し、その値をmagician変数と関連付けます。そして、次の行を実行します。

```
    print(magician)
```

Pythonは再度magicianの値を出力しますが、現在の値は'david'となっています。Pythonはリストの最後の値'carolina'でループ全体をもう一度繰り返します。リストにはこれ以上値がないため、Pythonはプログラムの次の行に移動します。この例ではループのあとに何もないため、プログラムが終了します。

はじめてループを使うときには、リストの要素数にかかわらず、リストの要素ごとに一連の処理が1回ずつ繰り返し実行されることに注意してください。リストに100万個の要素があっても、Pythonは一連の処理を素早く100万回繰り返します。

またforループを書くとき、リストの各値と関連付けられる変数には任意の変数名をつけられます。リスト中の1つの要素を意味する名前をつけると便利です。たとえば、ネコやイヌや一般的なものリストに対して、次のようにforループを開始するとわかりやすいです。

第4章 リストを操作する

```
for cat in cats:
for dog in dogs:
for item in list_of_items:
```

　このように変数名をつけると、forループ中でどのような処理を行うかがわかりやすくなります。単数形と複数形の変数名を使用すると、コードのその部分がリスト中の単一の要素を扱っているのか、リスト全体を扱っているのかを特定しやすくなります。

▐◀ forループの中でより多くの作業をする

　forループで各要素を使って何かを実行できるようになりました。前の例を書き換えて、各マジシャンが「素晴らしい手品を演じた」ことを伝えるメッセージを出力しましょう。

magicians.py
```
magicians = ['alice', 'david', 'carolina']
for magician in magicians:
    print(f"{magician.title()}は素晴らしい手品を演じた！")
```

　コードで変更したのは、マジシャンの名前で始まるメッセージを作成する行のみです。ループの最初のmagicianの値は'alice'なので、Pythonは最初のメッセージを'Alice'から始めます。2回目のメッセージは'David'から、3回目は'Carolina'から始まります。
　リスト中のマジシャンごとのメッセージは次のように出力されます。

```
Aliceは素晴らしい手品を演じた！
Davidは素晴らしい手品を演じた！
Carolinaは素晴らしい手品を演じた！
```

　forループの中には複数行のコードを好きなだけ書くことができます。for magician in magiciansの後ろに続くインデント（字下げ）されたコードは**ループの内側**とみなされ、インデントされた行はリストの値ごとに1回ずつ実行されます。そのため、リスト中の各値に対して好きなだけ処理を実行できます。
　マジシャンの次の手品が楽しみであることを示すメッセージを2行目に追加してみましょう。

```
magicians = ['alice', 'david', 'carolina']
for magician in magicians:
    print(f"{magician.title()}は素晴らしい手品を演じた！")
    print(f"私は{magician.title()}の次の手品が待ちきれない。\n")
```

2つのprint()関数はインデントされているため、リスト中の各マジシャンに対して各行が1回ずつ実行されます。2番目のprint()関数にある改行文字（"\n"）により、ループの最後に空行が挿入されます。リスト中のマジシャンごとにメッセージがグループ化されて出力結果が見やすくなります。

```
Aliceは素晴らしい手品を演じた！
私はAliceの次の手品が待ちきれない。

Davidは素晴らしい手品を演じた！
私はDavidの次の手品が待ちきれない。

Carolinaは素晴らしい手品を演じた！
私はCarolinaの次の手品が待ちきれない。
```

forループの中にはたくさんの行を好きなだけ書けます。実際に、forループを使ってリストの各要素に対してさまざまな処理を行うときに便利です。

forループのあとに何かを実行する

forループの実行が終了すると何が起こるでしょうか？多くの場合はまとめを出力するか、プログラムを完了するための他の処理に移行します。

インデントされていないforループのあとのコードは、繰り返さずに1回だけ実行されます。マジシャンのグループ全体に対して素晴らしいショーへの感謝のメッセージを出力してみましょう。個別のメッセージがすべて出力されたあとに、グループに対してのメッセージを表示します。そのためには、forループのあとにインデントなしで感謝のメッセージを配置します。

```python
magicians = ['alice', 'david', 'carolina']
for magician in magicians:
    print(f"{magician.title()}は素晴らしい手品を演じた！")
    print(f"私は{magician.title()}の次の手品が待ちきれない。\n")

print("みなさんありがとう。素晴らしい手品ショーでした！")
```

最初の2つのprint()関数は、これまでと同様にリスト中のマジシャンごとに繰り返し実行されます。しかし、インデントされていない最後の行は1回のみ出力されます。

```
Aliceは素晴らしい手品を演じた！
私はAliceの次の手品が待ちきれない。

Davidは素晴らしい手品を演じた！
私はDavidの次の手品が待ちきれない。
```

第4章　リストを操作する

> Carolinaは素晴らしい手品を演じた！
> 私はCarolinaの次の手品が待ちきれない。
>
> みなさんありがとう。素晴らしい手品ショーでした！

　forループを使用してデータを処理するとき、データセットに対して実行された処理の結果をうまくまとめられます。たとえば、forループを使用し、ゲームの初期化処理としてキャラクターのリストに含まれている各キャラクターを画面に表示します。このループのあとに追加のコードを書くことにより、全キャラクターを表示したあとに「ゲームを開始する」ボタンを表示するなどの処理ができます。

インデントエラーを回避する

　Pythonは、コード中の1行または複数行が前の行とつながっているかどうかをインデントによって判断します。前の例では、マジシャンごとにメッセージを表示する行はインデントされていたため、forループの一部でした。Pythonはインデントを使用してコードを読みやすくしています。基本的にコードの構造は、空白文字を使用してインデントすることにより、視覚的にわかりやすく整形されます。より長いPythonプログラムを見れば、異なるレベルでインデントされたコードのまとまりに気づくでしょう。これらのインデントのレベルは、プログラム全体の構成を把握するのに役立ちます。

　インデントを使用したコードを書きはじめると、よくあるインデントに関するエラーに注意する必要があります。たとえば、インデントが不要な行をインデントしたり、逆に必要な行でインデントを忘れたりといったことです。エラーの例を見ておくことは、エラーを避け、プログラムで発生したエラーを修正する際に役立ちます。

　一般的なインデントエラーについて調べてみましょう。

◤ インデントを忘れる

　for文の後ろに入るループする行は必ずインデントします。インデントを忘れると、Pythonはエラーを通知します。

magicians.py
```
magicians = ['alice', 'david', 'carolina']
for magician in magicians:
print(magician)
```
❶

60

print()の行はインデントが必要ですが、インデントされていません❶。インデントされたブロックが必要なのに存在しない場合、Pythonはどの行に問題があるかを知らせます。

```
  File "magicians.py", line 3
    print(magician)
    ^
IndentationError: expected an indented block after 'for' statement on line 2
```

このようなインデントのエラーは、for文の直後の行をインデントすると解決します。

追加の行でインデントを忘れる

ループはエラーなく動作するのに、期待する結果が得られない場合があります。これは、ループ内で複数の処理を実行する際に一部の行でインデントを忘れているときに起こります。

たとえば、ループ内の2行目にあたる各マジシャンの次の手品が待ちきれないことを伝えるメッセージのインデントを忘れるとどうなるでしょう。

```
magicians = ['alice', 'david', 'carolina']
for magician in magicians:
    print(f"{magician.title()}は素晴らしい手品を演じた！")
❶   print(f"私は{magician.title()}の次の手品が待ちきれない。\n")
```

2番目のprint()関数もインデントするべきですが、for文のあとに1行以上のインデントされたコードがあるのでPythonはエラーを通知しません❶。結果として、インデントされている最初のprint()関数はリストにある各マジシャンに対して1回ずつ実行され、インデントされていない2番目のprint()関数はループの実行が終わったあとに1回だけ実行されます。magicianの最後の値には'carolina'が関連付けられているため、彼女だけが「次の手品が待ちきれない。」というメッセージを受け取ります。

```
Aliceは素晴らしい手品を演じた！
Davidは素晴らしい手品を演じた！
Carolinaは素晴らしい手品を演じた！
私はCarolinaの次の手品が待ちきれない。
```

これは**論理的なエラー**です。構文は有効なPythonコードですが、ロジックに問題があるため目的の結果は出力されません。リストの要素ごとに繰り返し実行されるはずのアクションが1回しか実行されない場合は、対象の行をインデントする必要がないかを確認してください。

第**4**章 リストを操作する

不要なインデントをする

間違えてインデントが不要な行をインデントした場合、Pythonは予期しないインデントであることを通知します。

hello_world.py
```
message = "こんにちはPython!"
    print(message)
```

print()関数の行はループの一部ではないため、インデントは不要です。そのため、Pythonはエラーを通知します。

```
File "hello_world.py", line 2
    print(message)
    ^
IndentationError: unexpected indent
```

予期しないインデントによるエラーは、必要な箇所だけをインデントすることで回避できます。ここまでに書いたプログラムでインデントが必要となる行は、forループで各要素に対して繰り返す処理だけです。

ループのあとに不要なインデントをする

間違えてループの終了後に実行するべきコードをインデントすると、そのコードはリストの要素ごとに1回ずつ繰り返し実行されます。Pythonがエラーを通知する場合もありますが、多くの場合は論理的なエラーとなります。

たとえば、マジシャン全員に対して感謝のメッセージを表示する行を間違えてインデントすると、どのようになるか見てみましょう。

magicians.py
```
magicians = ['alice', 'david', 'carolina']
for magician in magicians:
    print(f"{magician.title()}は素晴らしい手品を演じた！")
    print(f"私は{magician.title()}の次の手品が待ちきれない。\n")

❶    print("みなさんありがとう。素晴らしい手品ショーでした！")
```

最後の行をインデントしたため❶、リスト中の各マジシャンに対して毎回メッセージが出力されます。

62

```
Aliceは素晴らしい手品を演じた！
私はAliceの次の手品が待ちきれない。

みなさんありがとう。素晴らしい手品ショーでした！
Davidは素晴らしい手品を演じた！
私はDavidの次の手品が待ちきれない。

みなさんありがとう。素晴らしい手品ショーでした！
Carolinaは素晴らしい手品を演じた！
私はCarolinaの次の手品が待ちきれない。

みなさんありがとう。素晴らしい手品ショーでした！
```

これも1つの論理的なエラーであり、61ページの「追加の行でインデントを忘れる」エラーと似たものです。コードで何をしようとしているかをPythonは知らないため、正しい構文で書かれたすべてのコードを実行します。1回しか実行されないはずの動作が繰り返される場合には、おそらくその動作のコードのインデントを削除する必要があります。

◤ コロンを忘れる

for文の末尾にあるコロン（:）により、Pythonは次の行からループが始まると解釈します。

```
   magicians = ['alice', 'david', 'carolina']
❶  for magician in magicians
       print(magician)
```

間違えてコロンを忘れると、Pythonは正しく実行する方法がわからないため、構文エラーを出力します❶。

```
  File "magicians.py", line 2
    for magician in magicians
                             ^
SyntaxError: expected ':'
```

Pythonは、あなたが単純にコロンを忘れたのか、より複雑なループを準備するために追加のコードを書くつもりかはわかりません。インタープリターは、エラーを解決する方法を特定できた場合は、その方法を提案します。行の最後にコロンを追加するといったもので、レスポンスはexpected ':'のようになります。いくつかのエラーは簡単で修正方法も明確なため、Pythonのトレースバックでの提案はありがたいです。いくつかのエラーは解決がより困難で、最終的にはたった1文字の修正ということもあります。小さな修正に多くの時間をとられても悲観しないでください。このような経験をしている人はたくさんいます。

第4章 リストを操作する

やってみよう

4-1. ピザのリスト

好きなピザを3種類以上考えてください。ピザの名前をリストに格納し、forループで各ピザの名前を出力します。

- ピザの名前だけを出力している部分を、ピザの名前を使用した文章を出力するように変更します。ピザの種類ごとに「私はペパロニピザが好きです。」のような簡単な文章を1行ずつ出力します。
- プログラムの最後のforループの外に、ピザがどのくらい好きかを表すメッセージを出力する行を追加します。各ピザについてのメッセージを3行以上出力したあとに、「私はピザが大好きです!」のような文章を追加で出力します。

4-2. 動物のリスト

共通の特徴を持った動物を3種類以上考えます。動物の名前をリストに格納し、forループで各動物の名前を出力します。

- プログラムを変更して、各動物について「イヌは素晴らしいペットです。」というような文章を出力します。
- プログラムの最後に、動物たちの共通の特徴を表す文章を追加します。「この動物たちはとても素晴らしいペットです!」といった文を出力します。

数値のリストを作成する

　数値のリストが必要な場面は数多くあります。たとえば、ゲーム上の各キャラクターの位置を追跡したい場合や、プレイヤーの最高得点の履歴を記録したい場合が挙げられます。また、データを可視化する際には、温度、距離、人口、緯度経度といったさまざまな数値の集まりを使用します。

　リストは数値の集まりを格納するのに最適であり、Pythonでは数値のリストを効率的に扱うためのさまざまなツールが提供されています。これらのツールを効果的に使う方法を理解すれば、数百万の要素を持つリストでもコードを問題なく動作させられます。

range()関数を使用する

　Pythonのrange()関数は連続した数値を簡単に生成できます。たとえば、次のようにrange()関数を使用すると連続した数値を出力できます。

first_numbers.py
```
for value in range(1, 5):
    print(value)
```

このコードは数値の1から5を出力するように見えますが、5は出力されません。

```
1
2
3
4
```

　この例でrange()関数が出力するのは数字の1から4だけです。このようになるのは、プログラミング言語で行われている境界条件の判定に理由があります。Pythonは、range()関数の1番目に指定した値から数えはじめ、2番目に指定した値に到達すると処理を停止します。2番目の値で処理を停止するため、出力に最後の値は含まれません。この場合、最後の値は5となります。

　1から5までの数値を出力するにはrange(1, 6)と指定します。

```
for value in range(1, 6):
    print(value)
```

今回は1から5まで出力されます。

```
1
2
3
4
5
```

　range()関数を使用したときの出力が想定と異なる場合は、終了する値を1調整してみてください。

　range()関数は指定する引数を1つだけにすることもできます。その場合、連続した数値は0から始まります。たとえば、range(6)は0から5の数値を返します。

range()関数を使用して数値のリストを作成する

連続した数値のリストが必要な場合は、list()関数を使用してrange()関数の結果をリストに直接変換できます。range()関数をlist()関数で囲むことにより、数値のリストが出力されます。

前の項では連続した数値を単純に出力していました。ここではlist()関数を使用し、同じ数値をリストに変換します。

```python
numbers = list(range(1, 6))
print(numbers)
```

結果はこのようになります。

```
[1, 2, 3, 4, 5]
```

range()関数ではスキップする数を指定できます。range()関数に3番目の引数を指定すると、Pythonは数値を生成するときにその値をスキップする数として使用します。

たとえば、次のように書くと、1から10の間の偶数のリストを作成できます。

even_numbers.py
```python
even_numbers = list(range(2, 11, 2))
print(even_numbers)
```

この例のrange()関数は、2から数えはじめて2ずつ加算します。終了する値（11）に到達するか超えるまで繰り返し2を加算し、次の結果を生成します。

```
[2, 4, 6, 8, 10]
```

range()関数を使用していろいろな数値の集まりを作成できます。例として、最初の10個の平方数（1から10までの整数の2乗）のリストを作成する方法を考えてみましょう。Pythonでは2つのアスタリスク（**）がべき乗を表します。最初の10個の平方数をリストに入れる方法は次のとおりです。

squares.py
```python
squares = []
for value in range(1, 11):
```
❶
```python
    square = value ** 2
```
❷
```python
    squares.append(square)

print(squares)
```

最初にsquaresという名前の空のリストを作成します。次にrange()関数を使用し、1から10までの数値のループを作成します。ループの中で現在の数値の2乗を計算し、変数squareに代入します❶。新しいsquareの値を、リストsquaresに追加します❷。ループが終了したら、最後に平方数のリストを出力します。

```
[1, 4, 9, 16, 25, 36, 49, 64, 81, 100]
```

このコードをより簡潔に書くには、一時的に使用する変数squareを省き、新しい値を直接リストに追加します。

```
squares = []
for value in range(1,11):
    squares.append(value**2)

print(squares)
```

この行は、1つ前のプログラムのforループの中と同じ動作をします。ループ中の各数値の2乗を計算し、結果を直接リストsquaresに追加します。

この2つの手法はより複雑なリストを作成するときにも使用できます。一時的な変数を使用すると、コードが読みやすくなる場合もあれば、コードが不必要に長くなる場合もあります。最初は実行したいことを実現できて、自分自身が理解しやすいコードを書くことに集中しましょう。そのあとでコードをレビューする際に、より効率的な書き方を探しましょう。

数値のリストによる簡単な統計

Pythonには、数値のリストに対して使用できる便利な関数がいくつかあります。たとえば、数値のリストから簡単に最小値、最大値と合計を取得できます。

```
>>> digits = [1, 2, 3, 4, 5, 6, 7, 8, 9, 0]
>>> min(digits)
0
>>> max(digits)
9
>>> sum(digits)
45
```

この項の例では、ページに収まるように短い数値のリストを使用しています。これらの関数は100万以上の数値のリストでも同じように動作します。

第4章 リストを操作する

リスト内包表記

平方数のリストの生成には3行または4行のコードを使用しました。**リスト内包表記**を使用すると、同じリストを1行のコードで生成できます。リスト内包表記は、forループと新しい要素の生成を1行にまとめ、新しい要素をそれぞれリストに自動的に追加します。リスト内包表記は、必ずしも初心者が使わなければならないものではありませんが、あえてここで紹介しています。その理由は、他の人のコードを見るようになると、すぐにこの表記を見かけるからです。

次に示すのは、前述のものと同じ平方数のリストをリスト内包表記を使用して作成したものです。

squares.py
```
squares = [value**2 for value in range(1, 11)]
print(squares)
```

この構文を使用するときには、squaresのようなリストを表すわかりやすい変数名から始めます。次に開き角カッコ（[）を入力し、新しいリストに保存する値を表す式をその後ろに定義します。この例では式がvalue**2なので、元の値の2乗を取得します。その後ろにforループを記述して式に入力する数値を生成し、角カッコ（]）で閉じます。この例のforループはfor value in range(1, 11)となっているため、式value**2に対して1から10の数値を渡します。for文の最後にコロンがないことに注意してください。

出力結果は前に見たものと同じ平方数のリストです。

```
[1, 4, 9, 16, 25, 36, 49, 64, 81, 100]
```

リスト内包表記を書けるようになるには練習が必要ですが、リストの作成が楽になるので覚えておくとよいでしょう。リスト生成時に繰り返し3、4行のコードを書いているなと感じたら、リスト内包表記で書くことを検討してみてください。

やってみよう

4-3. 20まで数える
forループを使用して1から20まで（20も含めます）の数値を出力してください。

4-4. 100万
1から100万までの数値のリストを作成し、forループで各数値を出力します。出力が長すぎる場合は、Ctrl + C キーを押すかウィンドウを閉じると出力を停止できます。

4-5. 100万までの合計

1から100万までの数値のリストを作成し、min()関数とmax()関数を使用してリストが実際に1で始まって100万で終わることを確認してください。また、sum()関数を使用し、Pythonが100万個の数値を素早く合計できることを確認してください。

4-6. 奇数

range()関数の3番目の引数を使用し、1から20までの奇数のリストを作成します。forループを使用し、各数値を出力します。

4-7. 3の倍数

3から30までの3の倍数のリストを作成します。forループでリスト中の各数値を出力します。

4-8. 立方数

ある数値の3乗の数を**立方数**と呼びます。たとえば、2の立方数はPythonで2**3と書きます。最初の10個の立方数（1から10の整数の立方数）のリストを作成し、forループを使用して各立方数を出力してください。

4-9. 立方数の内包表記

リスト内包表記を使用し、最初の10個の立方数のリストを生成してください。

リストの一部を使用する

第3章ではリストの各要素にアクセスする方法を学び、この章ではリストのすべての要素に対して処理を行う方法を学びました。他に、リスト中の特定の要素のグループに対して処理を行う方法があります。Pythonでは、これを**スライス**と呼びます。

リストをスライスする

スライスを作成するには、最初と最後の要素のインデックスを指定します。range()関数と同様に、Pythonは2番目に指定したインデックスの1つ前で終了します。最初の3つの要素をリストからスライスで取得するには、インデックスとして0と3を指定します。すると、インデックスが0、1、2の要素を返します。

次の例は、あるチームの選手名が入ったリストです。

第4章　リストを操作する

```players.py
players = ['charles', 'martina', 'michael', 'florence', 'eli']
print(players[0:3])
```

このコードはリストのスライスを出力します。出力はリストの構造を保っており、リスト中の最初の3人の選手を含んでいます。

```
['charles', 'martina', 'michael']
```

リストから任意のサブセット（部分集合）を生成できます。たとえば、リスト中の2、3、4番目の要素を取得したければ、スライスの開始インデックスに1を、終了インデックスに4を指定します。

```
players = ['charles', 'martina', 'michael', 'florence', 'eli']
print(players[1:4])
```

このスライスでは'martina'から'florence'までのリストを返します。

```
['martina', 'michael', 'florence']
```

スライスの最初のインデックスを省略すると、Pythonはリストの先頭からスライスを開始します。

```
players = ['charles', 'martina', 'michael', 'florence', 'eli']
print(players[:4])
```

開始インデックスがないため、Pythonはリストの先頭からスライスを開始します。

```
['charles', 'martina', 'michael', 'florence']
```

同様の構文は、リストの終わりまでのスライスが必要な場合にも動作します。たとえば、3番目から最後までの全項目を取得したい場合は、最初のインデックスに2を指定し、2番目のインデックスを省略します。

```
players = ['charles', 'martina', 'michael', 'florence', 'eli']
print(players[2:])
```

Pythonはリストの3番目から最後までのすべての項目を返します。

```
['michael', 'florence', 'eli']
```

70

この構文はリスト内の任意の位置から最後までの要素をすべて取得できます。リストの長さは関係ありません。負のインデックスを指定すると、リストの後ろから数えて要素を取得できたことを思い出してください。スライスでも、リストの後ろから数える負のインデックスを使用できます。たとえば、リストの最後の3人の選手を取得したい場合は、players[-3:]というスライスを使用できます。

```
players = ['charles', 'martina', 'michael', 'florence', 'eli']
print(players[-3:])
```

選手名のリストの長さが変わっても常に最後の3人の名前が表示されます。

> **NOTE** スライスのカッコの中には3番目の値を指定できます。3番目の値を指定するとPythonは、指定された範囲の中で要素をその数だけスキップしながら取得します。

スライスによるループ

　リストのサブセットに対してループするには、forループにスライスを使用します。次の例は、最初の3人の選手名をループして選手名簿の一部として名前を出力します。

```
players = ['charles', 'martina', 'michael', 'florence', 'eli']

print("チームの最初の3人の選手です。")
```
❶ `for player in players[:3]:`
```
    print(player.title())
```

選手名のリスト全体をループするのではなく、Pythonは最初の3人だけをループします❶。

```
チームの最初の3人の選手です。
Charles
Martina
Michael
```

　スライスはさまざまな場面でとても便利です。たとえば、ゲームを作成し、プレイヤーがゲームを終了するたびに最終スコアをリストに追加するとします。リストを降順でソートし、スライスで最初の3つのスコアを取得すれば、プレイヤーのトップ3のスコアを生成できます。データを扱うときには、スライスを使用することにより特定サイズの固まりでデータを処理できます。また、Webアプリケーションを構築するときには、スライスを使用することで一連のページにそれぞれ適切な量の情報を表示できます。

第4章 リストを操作する

リストをコピーする

既存のリストをもとに新しいリストを作成したい場合があります。リストのコピーがどのように動作するかを調べ、リストのコピーが便利な状況を確認しましょう。

リストをコピーするには、元のリストに対して両方のインデックスを省略したスライス（[:]）を指定します。このように指定すると、Pythonはリストの最初から最後までの要素のスライスを作成するため、リスト全体のコピーが作成されます。

たとえば、自分が好きな食べ物のリストがすでにあり、友達が好きな食べ物のリストを追加で作成したいとします。この友達はあなたが好きな食べ物はすべて好きなので、リストをコピーして作成します。

foods.py

```
  my_foods = ['ピザ', 'だんご', 'ケーキ']
❶ friend_foods = my_foods[:]

  print("私が好きな食べ物")
  print(my_foods)

  print("\n友達が好きな食べ物")
  print(friend_foods)
```

最初に、自分が好きな食べ物のリストmy_foodsを作成します。次に、friend_foodsという新しいリストも作成します。インデックスを指定せずにmy_foodsをスライスしたので❶、my_foodsのコピーがfriend_foodsに代入されます。各リストを出力すると、同じ食べ物が含まれていることを確認できます。

```
私が好きな食べ物
['ピザ', 'だんご', 'ケーキ']

友達が好きな食べ物
['ピザ', 'だんご', 'ケーキ']
```

2つのリストが別々であることを確認するために、各リストに新しい食べ物を追加します。各リストが各人の好きな食べ物を適切に保存していることを確認します。

```
  my_foods = ['ピザ', 'だんご', 'ケーキ']
❶ friend_foods = my_foods[:]

❷ my_foods.append('チョコレート')
❸ friend_foods.append('アイスクリーム')
```

```
print("私の好きな食べ物")
print(my_foods)

print("\n友達が好きな食べ物")
print(friend_foods)
```

前の例と同様に、my_foodsの全要素をfriends_foodsリストにコピーします❶。次に、新しい食べ物としてmy_foodsには'チョコレート'を❷、friends_foodsには'アイスクリーム'を追加します❸。2つのリストを出力し、好きな食べ物が適切なリストに追加されていることを確認します。

```
私が好きな食べ物
['ピザ', 'だんご', 'ケーキ', 'チョコレート']

友達が好きな食べ物
['ピザ', 'だんご', 'ケーキ', 'アイスクリーム']
```

私が好きな食べ物には'チョコレート'が追加されていますが、'アイスクリーム'は含まれていません。友達の好きな食べ物に'アイスクリーム'はありますが、'チョコレート'はありません。単純にイコールを使用してfriend_foodsにmy_foodsを代入した場合、2つの別々のリストは生成されません。たとえば、スライスを使用せずにリストをコピーしようとすると、次のようになります。

```
my_foods = ['ピザ', 'だんご', 'ケーキ']

# これはコピーとしては正しく動作しません
friend_foods = my_foods

my_foods.append('チョコレート')
friend_foods.append('アイスクリーム')

print("私の好きな食べ物")
print(my_foods)

print("\n友達が好きな食べ物")
print(friend_foods)
```

my_foodsのコピーをfriend_foodsに代入する代わりに、friend_foodsとmy_foodsの間にイコール記号を指定します。この構文で新しい変数friend_foodsは、my_foodsがすでに関連付けられているリストと関連付けられます。そのため、2つの変数はどちらも同じリストを指すようになります。その結果、my_foodsに'チョコレート'を追加すると、friend_foodsでも表示されます。同様に、friend_foodsにのみ'アイスクリーム'を追加しても、両方のリストで表示されます。

出力はどちらのリストも同じ内容となります。これは望んでいる結果と異なります。

```
私が好きな食べ物
['ピザ', 'だんご', 'ケーキ', 'チョコレート', 'アイスクリーム']

友達が好きな食べ物
['ピザ', 'だんご', 'ケーキ', 'チョコレート', 'アイスクリーム']
```

 現時点でこの例の詳細がわからなくても気にしないでください。リストのコピーを使用して予期しない動作が発生した場合は、最初の例のようにスライスを使用してリストをコピーしているかを確認してください。

やってみよう

4-10. スライス
この章で作成したプログラムの1つを使用し、プログラムの最後に次のような行を追加します。

- 「リストの最初の3つの要素です。」とメッセージを出力します。続けて、スライスを使用してプログラム中のリストの最初の3つの要素を出力します。
- 「リストの中央の3つの要素です。」とメッセージを出力します。続けて、スライスを使用してリストの中央の3つの要素を出力します。
- 「リストの最後の3つの要素です。」とメッセージを出力します。スライスを使用してリストの最後の3つの要素を出力します。

4-11. 私のピザ、あなたのピザ
演習問題4-1 (64ページ) のプログラムから始めます。ピザのリストのコピーを作成し、friend_pizzas変数に格納します。そして、次の内容を実行します。

- 元のリストに新しいピザを追加します。
- 別のピザをfriend_pizzasリストに追加します。
- 2つのリストが別々であることを確かめます。

「私が好きなピザ」とメッセージを出力し、続けてforループを使用して最初のリストを出力します。「友達が好きなピザ」とメッセージを出力し、続けてforループを使用して2番目のリストを出力します。それぞれ新しいピザが適切なリストに格納されていることを確認してください。

4-12. より多くのループ
この節のfoods.pyは、スペースを省略するために出力時にforループを使用していません。任意のバージョンのfoods.pyを選び、2つの食べ物のリストの中身を出力するforループを作成してください。

リストはプログラム中で変更できる要素の集まりを格納することに向いています。リストの中身を変更できることは、Webサイトのユーザーの一覧やゲームキャラクターの一覧にリストを使用する際に特に重要です。しかし、要素を変更できないリストを作成したい場合もあります。タプルはそういった用途に使用します。Pythonでは、変更できない値を**イミュータブル**（不変）といい、イミュータブルなリストを**タプル**と呼びます。

タプルを定義する

タプルはリストと似ていますが、角カッコ（[]）の代わりに丸カッコ（()）を使用します。一度タプルを定義すると、リストのようにインデックスを使用して個々の要素にアクセスできます。

たとえば、ある特定のサイズの長方形がある場合、サイズをタプルに入れることによりサイズを変更できなくなります。

dimensions.py
```
dimensions = (200, 50)
print(dimensions[0])
print(dimensions[1])
```

角カッコではなく丸カッコを使用し、タプルdimensionsを定義します。そして、リストで使用したものと同じ構文でタプルの個々の要素を出力します。

```
200
50
```

dimensionsタプル内の要素の1つを変更しようとすると、何が起こるかを見てみましょう。

```
dimensions = (200, 50)
dimensions[0] = 250
```

dimensionsの1番目の値を変更しようとしていますが、PythonはTypeErrorを返します。タプルは変更できないため、Pythonはタプル中の要素に新しい値を代入できないことを通知します。

```
Traceback (most recent call last):
  File "dimensions.py", line 2, in <module>
    dimensions[0] = 250
TypeError: 'tuple' object does not support item assignment
```

これは、長方形のサイズを変更しようとしたときにPythonにエラーを発生させたい場合に便利です。

厳密にいうとタプルはカンマの存在によって定義され、丸カッコは定義をすっきりと読みやすくするためのものです。1つの要素のみのタプルを定義する際も末尾にカンマを記入する必要があります。

```
my_t = (3,)
```

要素が1つだけのタプルを作成することにはあまり意味がありませんが、タプルを自動的に生成するときに発生する可能性があります。

タプルのすべての値でループする

リストと同じようにforループでタプルのすべての値を繰り返し処理できます。

```
dimensions = (200, 50)
for dimension in dimensions:
    print(dimension)
```

Pythonはリストと同じようにタプルの全要素を返します。

```
200
50
```

タプルを上書きする

タプルは変更できませんが、タプルを表す変数に新しい値を代入することは可能です。たとえば、長方形の大きさを変更したい場合は、タプル全体を再定義します。

```
dimensions = (200, 50)
print("元の大きさ")
for dimension in dimensions:
    print(dimension)

dimensions = (400, 100)
print("\n変更した大きさ")
for dimension in dimensions:
    print(dimension)
```

　最初の4行で、もととなるタプルを定義し、最初の大きさを出力します。そして、新しいタプルをdimensions変数に関連付け、新しい値を出力します。この場合、変数の再代入は有効なので、Pythonでエラーは発生しません。

```
元の大きさ
200
50

変更した大きさ
400
100
```

　リストと比較すると、タプルはシンプルなデータ構造です。プログラム全体で変更すべきでないデータの集まりを保存する場合にはタプルを使用します。

やってみよう

4-13. ビュッフェ
5種類の基本的な食べ物だけを提供するビュッフェスタイルのレストランがあります。5つのシンプルな食べ物を考えてタプルに格納してください。

- forループを使用してレストランが提供する各食べ物を出力します。
- 食べ物の1つを変更しようとするとPythonが変更を拒否することを確認します。
- レストランがメニューを変更したので、2つの食べ物を別のものに変更します。タプルを書き換えるコードを追加し、forループで変更されたメニューの各食べ物を出力します。

コードのスタイル

　長いプログラムを書くときに、コードのスタイル（書き方）を保つことはよい考えです。コードはできるだけ読みやすく書いてください。読みやすいコードを書けば、プログラムが何をしているかを追いやすくなり、他の人がコードを理解する助けとなります。

　Pythonのプログラマーは、すべてのコードがほぼ同じ方式で構造化されていることを保証するために、いくつかのコーディング規約に同意しています。一度きれいなPythonコードの書き方を学ぶと、同じガイドラインにしたがっている他の人のPythonコードの全体的な構造を理解できるようになります。いつかプロのプログラマーになりたいのであれば、次のガイドラインをすぐに取り入れ、よい習慣を身につけておくべきです。

スタイルガイド

　誰かがプログラミング言語のPythonに変更を加えようとする場合、**Python Enhancement Proposal**（**PEP：Python拡張提案**）を作成します。もっとも古いPEPの1つである**PEP 8**（ペップエイト）は、Pythonプログラマーに対してコードのスタイル（Pythonスタイルガイド）を指示するものです。PEP 8はかなりの長文ですが、大半の内容はここまで紹介してきた例よりも複雑なコードの構造に関するものです。

　Pythonスタイルガイドは、コードは書くよりも読まれることのほうが多いという考えのもとに書かれています。コードを一度書いたら、次はデバッグを開始してコードを読みはじめます。プログラムに機能を追加する場合は、コードを読むためにさらに時間を費やすことになります。コードを他のプログラマーと共有すれば、共有されたコードは相手に読まれます。

　書きやすいコードと読みやすいコードのどちらかを選ばなければならないとき、Pythonプログラマーは読みやすいコードを書くことが奨励されます。以下のガイドラインはきれいなコードを書くために役立ちます。

インデント

　PEP 8はインデントのレベルごとに4つのスペースを使用することを推奨しています。4つのスペースを使用すると読みやすさが向上し、なおかつ複数レベルのインデントをする余地があります。

　ワープロの文書では、インデントとしてスペースの代わりにタブを使用することがあります。ワープロの文書ではこのやり方でもうまくいきますが、Pythonインタープリターはタブとスペースが混在すると混乱します。多くのテキストエディターは、入力された [Tab] キーを設定された数のスペースに変換する機能を備えています。[Tab] キーは使ったほうがよいものですが、使用の際にはタブでなくスペースがコードに挿入される設定になっているかテキストエディターを確認してください。

ファイルにタブとスペースが混在していると、難しい問題が発生する可能性があります。タブとスペースが混在している場合に、多くのテキストエディターではファイル内のすべてのタブをスペースに変換できます。

1行の長さ

多くのPythonプログラマーは各行の長さを80文字未満にすることを推奨しています。歴史的に見ると、このガイドラインは多くのコンピューターのターミナル画面で1行に79文字しか入らないために作成されました。現在はより長い行を画面に表示できるようになっていますが、79文字を標準とするのは他にも理由があります。プロのプログラマーは1つの画面に複数のファイルを開くことが多いです。標準の行の長さを守っていれば、2、3個のファイルを1画面に並べて表示しても行全体を確認できます。またPEP 8は、1行のコメントを72文字以内とすることを推奨しています。これは、大規模プロジェクトなどで使用される自動文書生成ツールの中にはコメントの先頭に書式指定用の文字列を追加するものがあるからです。

1行の長さに関するPEP 8のガイドラインは変更してはいけないものではなく、上限を99文字にしているチームもあります。学習中はコードの行の長さを必要以上に気にする必要はありませんが、複数人で協力してコードを書くときにはPEP 8のガイドラインを守る必要があります。多くのテキストエディターでは1行の最大文字数を設定でき、画面上に文字数の上限を表す縦線を表示できます。

付録の「B テキストエディターとIDE」（268ページ）に、テキストエディターの環境設定を変更して Tab キーの入力時にスペースを4つ挿入する方法と79文字制限のための縦線を表示する方法を紹介しています。

空行

視覚的にプログラムの一部をグループ化するために空行を使用します。ファイルの中身を整理するには空行を使用する必要がありますが、過度に使用するのは避けてください。本書の例を参考にして適切なバランスを保ちましょう。たとえば、リストを作成する5行のコードとそのあとにリストに対して何かを実行する3行のコードがあるとします。この2つのセクションの間に空行を1つ挿入するのが適切です。セクションの間に3つも4つも空行を入れないでください。

空行はコードの動作に影響を与えませんが、コードの可読性に影響します。Pythonインタープリターは横方向のインデントを使用してコードの意味を解釈しますが、縦方向の空行は無視します。

他のスタイルガイドライン

PEP 8にはスタイルについての推奨項目が多数ありますが、多くのガイドラインは現時点で書いているものより複雑なプログラムのためのものです。より複雑なPythonの構造を学んでいく中で、PEP 8ガイドラインの関連する箇所を紹介していきます。

第4章 リストを操作する

やってみよう

4-14. PEP 8

PEP 8スタイルガイド (https://peps.python.org/pep-0008/) を見てみましょう。現時点で多くは使用しませんが、ざっと目を通すとおもしろいかもしれません。

訳注

PEP 8の日本語訳は「pep8-ja 1.0 ドキュメント」のページ (http://pep8-ja.readthedocs.io/) を参照してください。

4-15. コードレビュー

この章で書いたプログラムを3つ選び、PEP 8に準拠するように修正してください。

- 各インデントレベルに4つのスペースを使用します。まだ設定していなければ、Tab キーを入力すると4つのスペースが挿入されるようにテキストエディターを設定してください (設定方法は**付録**を参照してください)。
- 各行を80文字未満にし、80文字の位置に縦線が表示されるようにテキストエディターを設定します。
- プログラムの中で過度に空行を使用しないようにします。

まとめ

この章では、リスト内の要素を効率的に操作する方法について次のことを学びました。

- forループでリスト全体を繰り返す方法、Pythonがインデントを使用してプログラムを構造化する方法、インデントに関する一般的なエラーを避ける方法
- 簡単な数値のリストを作成する方法、数値のリストに対するいくつかの関数の使い方
- リスト中の要素の一部をスライスで取り出す方法、スライスを使用してリストを適切にコピーする方法
- 変更してはいけない値の集まりを保存するタプルについて
- 複雑なコードにスタイルを設定して読みやすくする方法

第5章では、if文を使用してさまざまな条件に適切に対応する方法を学びます。複雑な条件の組み合わせによって、探している状況や情報に対応できます。また、リストのループの中でif文を使用し、選択した要素に対して特定の処理を実行する方法を学びます。

80

第 5 章

if文

第5章 if文

プ　ログラムでは、いくつかの条件を調べて条件によって動作を決定することがよくあります。Pythonではif文によってプログラムの現在の状態を調べ、その状態によって適切な処理を行えます。

この章では、任意の条件をチェックするための条件テストの書き方を学びます。シンプルなif文の書き方と、より複雑な一連のif文を作成して合致する条件をどのように特定するかを学びます。また、forループの中で条件分岐をリストに適用することにより、リストの要素のうち特定の値を持つものだけを別の方法で処理できるようになります。

簡単な例

次の例は、if文によって特定の状況のときに正しく応答を返す仕組みを示しています。車のリストがあり、それぞれの車の名前を出力したいとします。車の名前は正しい形式で表示します。一般的な車の名前はタイトルケース（先頭を大文字）で出力しますが、'bmw'はすべて大文字で表示すべきです。次のコードでは、車の名前のリストをループし、値が'bmw'のものを探します。値が'bmw'のときには、タイトルケースではなく、すべて大文字にして表示します。

cars.py

```
cars = ['audi', 'bmw', 'subaru', 'toyota']

for car in cars:
❶    if car == 'bmw':
        print(car.upper())
    else:
        print(car.title())
```

この例のループでは最初にcar変数の現在の値が'bmw'かどうかをチェックしています❶。'bmw'であった場合、値を大文字で出力します。carの値が'bmw'以外であれば、タイトルケースで出力します。

```
Audi
BMW
Subaru
Toyota
```

82

この例では、この章で学ぶいくつかの概念を組み合わせて使用しています。まずは、プログラムで条件を調べるために使用できる条件テストの種類を見ていきましょう。

条件テスト

すべてのif文で大事なのは、TrueまたはFalseで評価される式の部分です。ここでは**条件テスト**と呼びます。Pythonは、TrueまたはFalseの値を使用してif文の中のコードを実行するかどうかを決定します。条件テストの結果がTrueであれば、Pythonはif文のあとに続くコードを実行します。結果がFalseであれば、Pythonはif文に続くコードを無視します。

等しいことを確認する

多くの条件テストでは、変数の現在の値と目的とする特定の値を比較します。もっとも単純な条件テストは、変数の値と目的の値が等しいかどうかを確認することです。

```
>>> car = 'bmw'
>>> car == 'bmw'
True
```

最初の行は、これまでと同様に等号を1つ (=) 使用してcar変数に 'bmw' という値を設定しています。次の行は2つの等号 (==) を使用し、car変数の値が 'bmw' かどうかを確認しています。この**等価性の比較演算子**は、演算子の左右の値が一致する場合はTrue、一致しない場合はFalseを返します。この例では値が一致するため、PythonはTrueを返します。

carの値が 'bmw' 以外の場合、この条件テストはFalseを返します。

```
>>> car = 'audi'
>>> car == 'bmw'
False
```

1つの等号は、実際には文です。1行目は「carの値に 'audi' を設定する」と読めます。一方、2つの等号は「carの値は 'bmw' と等しいか?」という質問になります。多くのプログラミング言語で等号はこのように使用されます。

第**5**章 if文

等価性の確認時に大文字小文字を無視する

Pythonでは、文字列を比較するときに大文字と小文字を区別します。たとえば、大文字小文字が異なる2つの値は等しいとみなされません。

```
>>> car = 'Audi'
>>> car == 'audi'
False
```

大文字小文字を見分けたい場合、この動作は好都合です。しかし、変数の値をチェックするときに大文字小文字を同一とみなしたい場合には、比較する前に変数の値を小文字に変換する必要があります。

```
>>> car = 'Audi'
>>> car.lower() == 'audi'
True
```

このテストでは、大文字小文字を区別しないため、変数の値が'Audi'のように先頭が大文字になっていてもTrueを返します。lower()メソッドは、car変数に格納されている元の値を変更せずに小文字の文字列を返すため、元の値に影響を与えずに比較できます。

```
>>> car = 'Audi'
>>> car.lower() == 'audi'
True
>>> car
'Audi'
```

最初にcar変数に、先頭が大文字の文字列'Audi'を代入します。そして、car変数の値を小文字に変換し、その文字列を'audi'と比較します。2つの文字列は一致するため、PythonはTrueを返します。car変数に保存してある値がlower()メソッドの影響を受けていないことを確認します。

Webサイトにユーザーが入力する値も似たような方法でルールが守られるようにできています。たとえば、あるサイトでは、同様の条件テストを使用することで全ユーザーが大文字小文字に関係なく一意なユーザー名を持つことを保証します。誰かが新しいユーザー名を登録するとき、その新しいユーザー名を小文字に変換して既存の全ユーザー名を小文字にしたものと比較します。'john'というユーザー名がすでに利用されている場合、この確認によって'John'のように大文字小文字が違うだけのユーザー名は拒否されます。

条件テスト

等しくないことを確認する

2つの値が等しくないことを確認するには、**不等性の比較演算子**（!=）が使用できます。

別のif文でこの演算子を使ってみましょう。リクエストしたピザのトッピングを変数に格納し、アンチョビが注文されなかった場合はメッセージを表示します。

toppings.py
```
requested_topping = 'マッシュルーム'

if requested_topping != 'アンチョビ':
    print("アンチョビを注文してください！")
```

このコードではrequested_toppingの値と'アンチョビ'を比較します。2つの値が一致しない場合、PythonはTrueを返してif文に続くコードを実行します。2つの値が一致する場合、PythonはFalseを返すためif文に続くコードを実行しません。

requested_toppingの値は'アンチョビ'ではないため、print()関数が実行されます。

```
アンチョビを注文してください！
```

多くの比較演算では等価性のテストを行いますが、不等性のテストのほうが効率がよい場合もあります。

数値の比較

数値の比較はとても簡単です。たとえば、次のコードは、年齢が18歳かどうかを確認します。

```
>>> age = 18
>>> age == 18
True
```

2つの数値が等しくないことのテストも同様です。たとえば、次のコードは、答えが正しくない場合にメッセージを出力します。

magic_number.py
```
answer = 17

if answer != 42:
    print("正しい答えではありません。もう一度挑戦してください！")
```

85

第**5**章　if文

answer（17）は42と等しくないため、条件テストは成功します。テストが成功したため、インデントされたコードブロックが実行されます。

> 正しい答えではありません。もう一度挑戦してください！

条件には、「未満」「以下」「より大きい」「以上」といったさまざまな数学的な比較演算子を使用できます。

```
>>> age = 19
>>> age < 21
True
>>> age <= 21
True
>>> age > 21
False
>>> age >= 21
False
```

それぞれの数学的な比較演算子はif文に含めて使用でき、任意の条件の検出に使用できます。

複数の条件を確認する

一度に複数の条件を確認したい場合があります。たとえば、2つの条件がTrueのときにアクションを実行したい場合です。少なくとも1つの条件がTrueであればよいという場合もあります。キーワードandとorは、このような場合に役立ちます。

andを使って複数の条件を確認する

2つの条件が同時にTrueであるかを確認するには、andキーワードで2つの条件を組み合わせます。両方のテストが成功すると、式全体がTrueと評価されます。片方または両方のテストが失敗した場合、式はFalseと評価されます。

たとえば、次のコードでは、2人の年齢がどちらも21歳以上かを確認しています。

```
   >>> age_0 = 22
   >>> age_1 = 18
❶  >>> age_0 >= 21 and age_1 >= 21
   False
❷  >>> age_1 = 22
   >>> age_0 >= 21 and age_1 >= 21
   True
```

86

最初に2人の年齢をage_0とage_1に定義します。そして、2人とも21歳以上であるかを確認します❶。age_0はテストに成功しますが、age_1はテストに失敗するため、式全体はFalseと評価されます。age_1の値を22に変更します❷。age_1の値が21以上となったため、両方のテストが成功し、式全体がTrueと評価されます。

各テストにカッコをつけてコードを読みやすくすることもできますが、必須ではありません。カッコを使用すると、条件を表す式は次のようになります。

```
(age_0 >= 21) and (age_1 >= 21)
```

orを使って複数の条件を確認する

orキーワードは複数の条件を確認し、片方または両方のテストが成功するとTrueを返します。両方のテストが失敗したときのみFalseを返します。

再度2人の年齢を確認しますが、今回は1人が21歳以上であることを確認します。

```
>>> age_0 = 22
>>> age_1 = 18
>>> age_0 >= 21 or age_1 >= 21
True
>>> age_0 = 18
>>> age_0 >= 21 or age_1 >= 21
False
```

❶ `>>> age_0 >= 21 or age_1 >= 21`

❷ `>>> age_0 = 18`

もう一度2人の年齢の変数を定義します。age_0はテストが成功するので、式全体はTrueと評価されます❶。age_0の値を18に変更します❷。両方ともテストが失敗するので、式全体がFalseと評価されます。

値がリストに存在することを確認する

ある動作を行う前に、リストに特定の値が存在するかを確認することが重要な場合があります。たとえば、Webサイトでユーザー登録を完了する前に、新しいユーザーの名前が既存のユーザー名のリストに存在するかを確認するような場合です。また、地図の作成プロジェクトでは送信された位置情報が既知の場所リストに存在するかを確認します。

特定の値がリストに存在するかを確認するには、inキーワードを使用します。ピザ屋のためのコードを書いてみましょう。顧客の注文したピザのトッピングのリストを作成し、リストに特定のトッピングがあるかを確認します。

第5章 if文

```
>>> requested_toppings = ['マッシュルーム', 'オニオン', 'パイナップル']
>>> 'マッシュルーム' in requested_toppings
True
>>> 'ペパロニ' in requested_toppings
False
```

　inキーワードを指定すると、Pythonはrequested_toppingsリストに'マッシュルーム'と'ペパロニ'が存在するかを確認します。必須の値のリストを作成し、ある値がリスト中の値の1つと一致しているかを簡単に確認できるので、この機能はとても強力です。

値がリストに存在しないことを確認する

　逆に、ある値がリスト中に存在しないことの確認が重要な場合もあります。この場合には、キーワードnot inを使用します。たとえば、掲示板へのコメントの書き込みが禁止されているユーザーのリストがあるとします。あるユーザーがコメントを書き込む前に、そのユーザーがコメントを禁止されているかどうかを確認できます。

banned_users.py
```
banned_users = ['andrew', 'carolina', 'david']
user = 'marie'

if user not in banned_users:
    print(f"{user.title()}はコメントを書き込めます。")
```

　このif文は理解しやすいです。userの値がbanned_usersリストに存在しなければ、PythonはTrueを返してインデントされた行が実行されます。
　ユーザー'marie'はbanned_usersリストの中にないため、コメントを書き込めることを示すメッセージが表示されます。

```
Marieはコメントを書き込めます。
```

ブール式

　プログラムについてもっと学ぶと、**ブール式**という用語が出てくるようになります。ブール式は条件テストの別の呼び名です。**ブール値**はTrueまたはFalseのみの値で、条件テストを評価した結果の値と同じものです。
　ブール値は、ゲームが実行中であるか、Webサイトでユーザーがコンテンツを編集可能かなど、特定の条件を保持するためによく使用されます。

88

条件テスト

```
game_active = True
can_edit = False
```

ブール値を使えば、プログラムの状態やプログラムにおける重要な特定の状態を効率よく保持できます。

やってみよう

5-1. 条件テスト

一連の条件テストを作成してください。各テストの内容と、そのテストで予想される結果を出力します。コードは次のような内容になるでしょう。

```
car = 'subaru'
print("car == 'subaru' の結果を True と予測します。")
print(car == 'subaru')

print("\ncar == 'audi' の結果を False と予測します。")
print(car == 'audi')
```

- 結果を確認し、それぞれの行がTrueまたはFalseと評価される理由を理解してください。
- 10個以上の条件テストを書いてください。そのうち5個はTrue、残りの5個はFalseと評価されるようにしてください。

5-2. より多くの条件テスト

作成する条件テストの数を10個に制限する必要はありません。conditional_tests.pyにたくさんの条件を追加してください。次のそれぞれについて、結果がTrueとFalseになるものを書いてください。

- 文字列の一致と不一致のテスト
- lower()メソッドを使用したテスト
- 数値の一致と不一致、また「未満」「以下」「より大きい」「以上」の各パターン
- andキーワードとorキーワードを使用したテスト
- 要素がリストに存在すること(in)を確認するテスト
- 要素がリストに存在しないこと(not in)を確認するテスト

条件テストについて理解したので、if文を書きはじめましょう。if文にはいくつかの種類があり、何種類の条件をテストするかによってどの形式にするかが決まります。条件テストの節でいくつかif文の例がありましたが、ここではより深く掘り下げます。

単純なif文

if文でもっとも単純な形式は、1つのテストと1つのアクションを持つものです。

```
if 条件テスト:
    何かを実行する
```

1行目に任意の条件テストを記述し、インデントされたブロックにアクションを書きます。条件テストの結果がTrueであれば、Pythonはif文に続くコードを実行します。結果がFalseの場合、Pythonはif文に続くコードを無視します。

人の年齢を表す変数を定義し、その人が選挙権を持っている年齢かを知りたいとします。次のコードは、その人に選挙権があるかを調べるものです。

voting.py
```python
age = 19
if age >= 18:
    print("選挙権がある年齢です！")
```

Pythonはageの値が18以上か調べます。18歳以上の場合、Pythonはインデントされているprint()関数を実行します。

```
選挙権がある年齢です！
```

インデントは、forループのときと同じような役割をif文でも持ちます。if文のあとにあるインデントされたすべての行はテストに成功した場合に実行され、失敗した場合はインデントされたブロックがすべて無視されます。

if文のあとのブロックには複数の行を書くことができます。選挙権を持つ年齢だった場合に、その人が投票したかを確認する行を追加してみましょう。

```
age = 19
if age >= 18:
    print("選挙権がある年齢です！")
    print("投票はしましたか？")
```

条件テストに成功した場合、print()関数は両方ともインデントされているので、2行のメッセージが出力されます。

```
選挙権がある年齢です！
投票はしましたか？
```

age変数の値が18未満だった場合、このプログラムは何も出力しません。

if-else文

条件テストが成功したときにあるアクションを実行し、それ以外のときには別のアクションを実行したいという場合があります。Pythonのif-else構文は、これを可能にします。if-elseブロックはシンプルなif文と似ていますが、条件テストが失敗したときに実行するアクションをelseキーワードによって定義できます。

選挙権を持っている年齢であれば1つ前と同じメッセージを表示し、選挙権がない年齢のときには別のメッセージを表示するようにコードを追加します。

```
    age = 17
❶   if age >= 18:
        print("選挙権がある年齢です！")
        print("投票はしましたか？")
❷   else:
        print("申し訳ありません、投票するには若すぎるようです。")
        print("18歳になったら投票してください！")
```

条件テスト❶が成功すると最初のブロックのprint()関数が実行されます。条件テストがFalseと評価された場合は、elseブロック❷が実行されます。この場合は、ageの値が18未満であるため条件テストは失敗し、elseブロック内のコードが実行されます。

```
申し訳ありません、投票するには若すぎるようです。
18歳になったら投票してください！
```

第5章 if文

このコードは評価の結果として2種類の状況しかないため、正しく動作します。2種類というのは、選挙権がある年齢と選挙権がない年齢のことです。if-elseの構造は、Pythonに2つのアクションのうち必ずどちらかを実行させたいときにうまく機能します。単純なif-elseでは、2つのアクションのうち必ず1つが実行されます。

if-elif-else文

2つより多くの状況をテストする必要があるとき、Pythonではif-elif-elseの構文を使用します。Pythonは一連のif-elif-elseの中で1つのブロックだけを実行します。最初にTrueになるところまで順番に各条件テストを実行します。テストに成功するとそのテストに続くコードを実行し、Pythonは残りのテストを飛ばします。

現実世界の多くの状況では、2つより多くの状態が可能性として考えられます。たとえば、入場料金が年齢によって異なる遊園地を考えてみます。

- 4歳未満は入場無料
- 4歳以上、18歳未満の入場料金は2500円
- 18歳以上は4000円

if文を使用して入場料金を決めるにはどうするとよいでしょうか? 次のコードは、年齢を確認するテストを実行して入場料金についてのメッセージを出力します。

amusement_park.py

```
    age = 12
❶   if age < 4:
        print("入場料金は0円です。")
❷   elif age < 18:
        print("入場料金は2500円です。")
❸   else:
        print("入場料金は4000円です。")
```

最初のif文❶で4歳未満かどうかを確認します。テストが成功すると、適切なメッセージを出力してPythonは残りの処理を飛ばします。elifの行❷は1つ前のif文がFalseとなったときに実行され、異なる条件をテストします。この時点で一連の処理の最初のテストが失敗しているため、年齢が4歳以上であることがわかります。年齢が18歳未満であれば適切なメッセージを表示し、Pythonはelseブロックを飛ばします。ifとelifがどちらもFalseとなった場合、Pythonはelseブロック❸のコードを実行します。

この例ではifテスト❶がFalseとなるため、このブロックは実行されません。しかし、elifテストはTrue（12は18未満のため）と評価され、コードが実行されます。出力としては、入場料金を知らせる1つの文が表示されます。

```
入場料金は2500円です。
```

ageが18以上だと、最初の2つのテストはFalseとなります。その場合elseブロックが実行され、入場料金は4000円になります。

if-elif-elseブロックの中で入場料金を出力するよりも、if-elif-elseの中で料金の設定のみを行い、そのあとで1つのprint()関数で出力するほうがより簡潔になります。

```
age = 12

if age < 4:
    price = 0
elif age < 18:
    price = 2500
else:
    price = 4000

print(f"入場料金は{price}円です。")
```

インデントされたそれぞれの行では、年齢層に合わせてprice変数に入場料金の値を設定します。if-elif-elseの中で料金を設定したあとに、インデントされていないprint()関数で、変数の値を使用して入場料金についてのメッセージを表示します。

このコードは1つ前の例と同じ出力ですが、if-elif-elseの目的はより狭い範囲です。入場料金を決定してメッセージを出力する代わりに、入場料金のみを決定しています。さらに、この改訂されたコードは元のコードよりも変更が簡単で効率的です。出力メッセージの文章を変更するには、3つの別々のprint()関数ではなく、1つのprint()関数のみを書き換えればよいのです。

複数のelifブロックを使用する

コードには複数のelifブロックを使用できます。たとえば、遊園地がシニアに対して割引を実施した場合、割引の資格があるかを確認するためのコードを追加することで判断できるようになります。65歳以上のシニアは一般料金の半額の2000円にしてみましょう。

```
age = 12
```

第**5**章 if文

```
if age < 4:
    price = 0
elif age < 18:
    price = 2500
elif age < 65:
    price = 4000
else:
    price = 2000

print(f"入場料金は{price}円です。")
```

　コードの大部分は変更されていません。2番目のelifブロックで65歳未満であることを確認し、入場料金に4000円を設定します。elseブロックに該当する人は65歳以上なので、入場料金を2000円に変更しています。

elseブロックを省略する

　Pythonでは、if-elifの最後のelseブロックは必須ではありません。elseブロックが便利な場合もあります。追加のelif文を使用することによって、条件を明確にできる場合もあります。

```
age = 12

if age < 4:
    price = 0
elif age < 18:
    price = 2500
elif age < 65:
    price = 4000
elif age >= 65:
    price = 2000

print(f"入場料金は{price}円です。")
```

　追加したelifブロックは、年齢が65歳以上のときに料金に2000円を代入します。elseブロックを使うよりもコードが少しわかりやすくなります。この変更により、コードのすべてのブロックは動作する前に特定のテストでTrueとなる必要が生じます。

　elseブロックは包括的な文です。このブロックは、他のifやelifの条件にマッチしない場合に処理されます。しかし、入力されたデータが無効または悪意のあるものである場合もあります。最終的に特定したい条件がある場合には、最後にelifブロックを使用してelseブロックを省略することを検討してください。そうすることでコードは正しい条件のもとでのみ動作し、信頼性が高まります。

94

複数の条件をテストする

if-elif-elseは強力ですが、1つのテストでのみTrueとしたい場合にしか使用できません。Pythonは、Trueとなるテストを1つ見つけると、残りのテストはすべて飛ばします。この動作は、1つの特定の条件だけを処理したい場合には便利です。

しかし、すべての条件をチェックすることが重要な場合もあります。その場合には、elifやelseブロックがない、単純なif文を連続で使用すべきです。この手法は、複数の条件でTrueになる可能性があり、Trueとなったすべての条件に対して何らかの処理を実行させたい場合に意味があります。

ピザ屋の例を再度考えてみます。ピザに2つのトッピングを注文した場合、必ず両方のトッピングをピザに乗せる必要があります。

toppings.py

```python
requested_toppings = ['マッシュルーム', 'エクストラチーズ']

if 'マッシュルーム' in requested_toppings:
    print("マッシュルームを追加する。")
❶ if 'ペパロニ' in requested_toppings:
    print("ペパロニを追加する。")
if 'エクストラチーズ' in requested_toppings:
    print("エクストラチーズを追加する。")

print("\nピザができました！")
```

まず注文されたトッピングを格納したリストを作成します。最初のif文で、トッピングにマッシュルームが注文されたかどうかを確認します。注文されていればトッピングの確認メッセージを表示します。elifやelseではなく、別の単純なif文❶でペパロニのトッピングを確認します。このコードは、1つ前のテスト（マッシュルーム）がTrueかFalseかに関係なく実行されます。そして、最後のif文は、最初の2つのテストの結果に関係なくエクストラチーズのトッピングがあるかを確認します。この3つの独立したif文はプログラム実行時に常に実行されます。

この例では、すべてのテストの評価が行われ、マッシュルームとエクストラチーズの両方がピザに追加されます。

```
マッシュルームを追加する。
エクストラチーズを追加する。

ピザができました！
```

このコードにif-elif-elseブロックを使用すると、1つのブロックを実行したあとは他のブロックを飛ばすため正しく動作しません。次のように変更したとします。

```
requested_toppings = ['マッシュルーム', 'エクストラチーズ']

if 'マッシュルーム' in requested_toppings:
    print("マッシュルームを追加する。")
elif 'ペパロニ' in requested_toppings:
    print("ペパロニを追加する。")
elif 'エクストラチーズ' in requested_toppings:
    print("エクストラチーズを追加する。")

print("\nピザができました！")
```

最初の'マッシュルーム'のテストに成功し、ピザにマッシュルームが追加されます。しかし、if-elif-elseの中で最初のテストに成功すると他は飛ばされるため、'エクストラチーズ'と'ペパロニ'はチェックされません。最初のトッピングは追加されましたが、他のトッピングは追加されません。

```
マッシュルームを追加する。

ピザができました！
```

まとめると、1つのコードブロックだけを実行したい場合はif-elif-elseを使用します。複数のコードブロックを実行したい場合は、個別のif文を使用します。

やってみよう

5-3. エイリアンの色 (その1)
今ゲームでエイリアンを撃ち落としたとします。alien_colorという変数を作成し、値として'緑'、'黄'、'赤'
のいずれかを代入します。

- エイリアンの色が緑色であることをテストするif文を書きます。緑だった場合はプレイヤーが5点を獲得したというメッセージを表示します。
- このif文の条件テストが成功するプログラムを書きます。
- また、条件テストが失敗するプログラムを作成します (このバージョンではFalseのときは何も出力されません)。

5-4. エイリアンの色（その2）

演習問題5-3のようにエイリアンの色を1つ選び、if-else文を書きます。

- エイリアンの色が緑色の場合、エイリアンを撃つとプレイヤーが5点を獲得したというメッセージを表示します。
- エイリアンの色が緑色以外の場合、プレイヤーが10点を獲得したというメッセージを表示します。
- ifブロックが実行されるプログラムと、elseブロックが実行されるプログラムを作成します。

5-5. エイリアンの色（その3）

演習問題5-4で作成したif-elseのプログラムをif-elif-elseに書き換えます。

- エイリアンが緑色なら、プレイヤーが5点を獲得したというメッセージを表示します。
- エイリアンが黄色なら、プレイヤーが10点を獲得したというメッセージを表示します。
- エイリアンが赤なら、プレイヤーが15点を獲得したというメッセージを表示します。
- 3種類のプログラムを作成し、エイリアンのそれぞれの色に対応したメッセージを表示します。

5-6. ライフステージ

ライフステージを判断するif-elif-elseを書きます。変数ageに値を設定します。

- 年齢が2歳未満の場合、その人が「赤ちゃん」であるというメッセージを表示します。
- 年齢が2歳以上4歳未満の場合、「幼児」であるというメッセージを表示します。
- 年齢が4歳以上13歳未満の場合、「子ども」であるというメッセージを表示します。
- 年齢が13歳以上20歳未満の場合、「ティーンエイジャー」であるというメッセージを表示します。
- 年齢が20歳以上65歳未満の場合、「大人」であるというメッセージを表示します。
- 年齢が65歳以上の場合、「高齢者」であるというメッセージを表示します。

5-7. 好きな果物

好きな果物のリストを作成し、リストに特定の果物が含まれているかをチェックする独立したif文を連続で書きます。

- 3種類の好きな果物のリストを格納したfavorite_fruits変数を作成します。
- 5つのif文を書きます。ある種類の果物がリストの中に含まれているかをチェックします。その果物がリストの中にある場合、if文のブロックで「あなたは本当にバナナが好きですね！」といったメッセージを出力します。

第**5**章 if文

リストとif文を使用する

リストとif文を組み合わせると興味深い動作ができます。リスト中の他の値とは異なる特別な値に注目できます。レストランのスタッフのシフトなど、変化する条件を効率的に管理できます。また、考えられるすべての状況でコードが期待どおりに動作するかを確認できます。

◤ 特別な要素を確認する

この章の冒頭では、リスト中の 'bmw' のような特別な値とそれ以外の値を異なる形式で表示するという単純な例を紹介しました。条件テストとif文の基本的な知識についてはここまでで説明したので、リスト中の特別な値を適切に処理する方法について詳しく見てみましょう。

ピザ屋の例を続けます。ピザ屋はピザにトッピングを追加するごとにメッセージを表示します。お客さんが注文したトッピングのリストをループで1つずつピザにトッピングすることで、とても効率的にコードを書けます。

toppings.py
```python
requested_toppings = ['マッシュルーム', 'ピーマン', 'エクストラチーズ']

for requested_topping in requested_toppings:
    print(f"ピザに{requested_topping}を追加します。")

print("\nピザができました！")
```

このコードはシンプルなforループなので、出力は単純です。

```
ピザにマッシュルームを追加します。
ピザにピーマンを追加します。
ピザにエクストラチーズを追加します。

ピザができました！
```

しかし、ピーマンが品切れだったらどうなるでしょうか？ forループの中のif文によってこのような状況を適切に処理できます。

98

```
requested_toppings = ['マッシュルーム', 'ピーマン', 'エクストラチーズ']

for requested_topping in requested_toppings:
    if requested_topping == 'ピーマン':
        print("申し訳ありません、ピーマンは品切れです。")
    else:
        print(f"ピザに{requested_topping}を追加します。")

print("\nピザができました！")
```

　今回はピザに追加する前にトッピングの要素を確認しています。if文でトッピングがピーマンであるかを確認します。ピーマンの場合は、ピーマンが品切れであることを示すメッセージを出力します。elseブロックでは、他の種類のトッピングをピザに追加します。

　出力を見てみると、トッピングごとに適切に処理されていることがわかります。

```
ピザにマッシュルームを追加します。
申し訳ありません、ピーマンは品切れです。
ピザにエクストラチーズを追加します。

ピザができました！
```

■ リストが空でないことを確認する

　ここまでの例では、使用したリストに対して簡単な仮定をしていました。それは、各リストに1つ以上の要素が含まれているというものです。ユーザーが提供した情報をリストに保存して使用する場合、ループを実行するときにリストに要素が存在するかどうかは不明です。このような場合は、forループを実行する前にリストが空かどうかをチェックするとよいでしょう。

　例として、ピザを作る前にトッピングのリストが空ではないかをチェックしてみましょう。リストが空の場合は、ユーザーに対して本当にプレーンピザでよいのかを確認します。リストが空でない場合は今までの例と同様にピザを作ります。

```
requested_toppings = []

if requested_toppings:
    for requested_topping in requested_toppings:
        print(f"トッピングに{requested_topping}を追加します。")
    print("\nピザができました！")
else:
    print("プレーンピザでよろしいですか？")
```

第**5**章　if文

今回は最初に空のトッピングリストを定義します。forループに入る前に、リストを素早く確認します。if文にリストの変数名を指定すると、Pythonはリストに1つ以上の値がある場合にTrue、空のリストの場合にFalseを返します。requested_toppingsが条件テストに成功した場合は、以前の例と同じようにforループが実行されます。条件テストに失敗した場合は、顧客にトッピングのないプレーンピザがほしいのかを尋ねるメッセージを表示します。

この例のリストは空のため、プレーンピザでよいかを尋ねるメッセージが表示されます。

```
プレーンピザでよろしいですか？
```

リストが空でない場合は、ピザに各トッピングを追加するメッセージが表示されます。

■ 複数のリストを使用する

人はさまざまなトッピングのピザを注文します。もしお客さんがフライドポテトをトッピングしたピザを注文したらどうしますか？ リストとif文を使用することで、処理を実行する前に入力された内容が正しいかを確認できます。

ピザを作りはじめる際には、変わったトッピングの注文に注意しましょう。次の例では、2つのリストを定義しています。1つ目はこのピザ屋で注文できるトッピングのリストで、2つ目はユーザーが注文したトッピングのリストです。ここでは、ピザにトッピングを追加する前にrequested_toppingsの各トッピングが注文可能なトッピングのリストに存在するかをチェックします。

```python
available_toppings = ['マッシュルーム', 'オリーブ', 'ピーマン',
                      'ペパロニ', 'パイナップル', 'エクストラチーズ']

❶    requested_toppings = ['マッシュルーム', 'フライドポテト', 'エクストラチーズ']

for requested_topping in requested_toppings:
❷     if requested_topping in available_toppings:
          print(f"ピザに{requested_topping}を追加します。")
❸     else:
          print(f"申し訳ありません、{requested_topping}はありません。")

print("\nピザができました！")
```

最初にこのピザ屋で注文可能なトッピングのリストを定義します。トッピングの種類が常に変わらない場合はタプルでの定義も可能です。次に、顧客が注文したトッピングのリストを定義します。この例では変わったトッピングの注文'フライドポテト'が含まれています❶。次に、注文したトッピングのリストをループで処理します。ループの中では最初に、注文可能なトッピングのリストの中に各トッピングが存在するかを確認します

100

リストとif文を使用する

❷。リストに存在する場合は、ピザにトッピングを追加します。指定されたトッピングが注文可能なトッピングのリストに存在しなかった場合は、elseブロックが実行されます❸。elseブロックは、どのトッピングが注文できないかを示すメッセージを表示します。

このコードは有益な情報を出力します。

```
ピザにマッシュルームを追加します。
申し訳ありません、フライドポテトはありません。
ピザにエクストラチーズを追加します。

ピザができました！
```

数行のコードで現実世界の状況を効率的に管理できるようになりました！

やってみよう

5-8. こんにちは Admin

'admin'という名前を含む5つ以上のユーザー名のリストを作成します。Webサイトにログインしたときにユーザーにあいさつのメッセージを出力するコードを書きます。リストをループし、各ユーザーにあいさつを出力します。

- ユーザー名が'admin'の場合には「こんにちはadmin、状況のレポートを見ますか？」のような特別なメッセージを出力します。
- それ以外では「こんにちはJaden、またログインしてくれてありがとう。」のような一般的なメッセージを出力します。

5-9. ユーザーがいない

1つ前の演習問題のプログラムにif文を追加し、ユーザー名のリストが空かどうかを確認します。

- リストが空の場合は「ユーザー募集中です！」というメッセージを出力します。
- リストからすべてのユーザー名を削除し、正しいメッセージが表示されることを確認します。

5-10. ユーザー名を確認する

Webサイトで全ユーザーが一意なユーザー名を取得できるように、次の手順を実行するプログラムを作成します。

101

- 5人以上のユーザー名を含んだcurrent_usersというリストを作成します。
- 5人のユーザー名を含んだnew_usersというリストを作成します。1つまたは2つの新しいユーザー名はすでにcurrent_usersリストに存在しているものにします。
- new_usersリストをループし、新しいユーザーのユーザー名が使用済みかどうかを確認します。すでに使用されている場合は、別のユーザー名を入力することを促すメッセージを出力します。使用されていない場合は、そのユーザー名が利用可能であることを伝えます。
- ユーザー名の比較では大文字小文字を無視します。'John'がすでに使用されている場合、'JOHN'は受理されません（そのためには、既存の全ユーザー名を含むcurrent_usersの中身を小文字にしたコピーを作成する必要があります）。

5-11. 序数

1st、2ndといった序数によってリスト中の位置を示します。多くの序数は最後にthがつきますが、1、2、3の場合は異なります。

- リストに1から9の数値を格納します。
- リストをループします。
- if-elif-elseを使用して各数値に対応する序数を出力します。1st、2nd、3rd、4th、5th、6th、7th、8th、9thという結果が順番に各行に出力されます。

if文のスタイル

この章の例はすべて適切なコーディングスタイルで書かれています。PEP 8では、比較演算子（==、>=、<=など）の左右にスペースを1つ入れることが推奨されています。

たとえば、次のようなコードでは、前者のような書き方のほうがよいでしょう。

```
if age < 4:
```

```
if age<4:
```

スペースの有無はPythonのコードの解釈に影響を与えません。スペースを入れるのは、他の人がコードを読みやすくするためです。

まとめ

やってみよう

5-12. if文のコードスタイル
この章で書いたプログラムを見直し、条件テストを適切なスタイルに修正します。

5-13. あなたのアイデア
あなたは現時点で、この本を読みはじめたときよりも優れたプログラマーになっています。現実世界の状況をより適切にプログラム上で表現する方法を理解し、プログラムで解決できる問題を考えているかもしれません。プログラミングスキルの向上に合わせ、解決したい問題についてのアイデアを記録してください。作成したいゲーム、探索したいデータセット、作成したいWebアプリケーションを考えてみましょう。

まとめ

この章では、次のことについて学びました。

- 条件テストの書き方と、テストが常にTrueかFalseで評価されること
- 単純なif文とif-else、if-elif-elseの書き方
- これらの構造を使用して特定の条件を識別し、プログラムで条件に合致する場合を調べられること
- forループを使用し、リスト中の特定の要素とそれ以外の要素を見分けて処理する方法
- 複雑なプログラムを読みやすく理解しやすくするためのPythonのスタイル

第6章では、Pythonの辞書について学びます。辞書はリストに似たもので、情報を関連付けます。辞書の作り方、辞書のループ、リストやif文と組み合わせて使用する方法を学びます。辞書を学べば、よりさまざまな現実世界の状況をプログラム上で表現できるようになります。

103

第6章

辞書

第**6**章　辞書

この章では、Pythonの辞書を使用して関連する情報同士をつなげる方法を学びます。また、辞書の中にある情報にアクセスする方法と、情報を変更する方法についても学びます。辞書には大量の情報を格納できるため、辞書中のデータをループ処理する方法についても説明します。加えて、リストの中の辞書、辞書の中のリスト、辞書の中の辞書といった入れ子のデータ構造についても説明します。

辞書を理解すると、現実世界のオブジェクトを正確に定義できるようになります。たとえば、人を表す辞書を作成し、その人に関する情報を必要なだけ格納できます。名前、年齢、住所、職業といった特徴などです。他にも、単語とその意味のリスト、人々の名前と好きな数字のリスト、山とその標高のリストなど、2種類の情報を関連付けて保存できます。

シンプルな辞書

エイリアンの色ごとに点数が異なるという特徴を持つゲームを考えてみましょう。次のシンプルな辞書にエイリアンごとの情報を格納します。

alien.py
```
alien_0 = {'color': 'green', 'points': 5}

print(alien_0['color'])
print(alien_0['points'])
```

alien_0という辞書にエイリアンの色と点数が格納されています。最後の2行でそれぞれの情報にアクセスして出力します。

```
green
5
```

多くの新しいプログラミングの概念と同じように、辞書を使うには練習が必要です。辞書を少し使ってみると、現実世界の状況を効率的にモデル化できることがわかります。

辞書を操作する

辞書を操作する

Pythonの**辞書**は**キーと値のペア**の集まりです。各**キー**は値と関連付けられ、キーを使用してそのキーに関連付けられた値にアクセスできます。値には、数値、文字列、リストや他の辞書などを使用できます。つまり、Pythonのさまざまなオブジェクトを辞書の値として使用できます。

Pythonでは、辞書を波カッコ（{}）で囲み、その中にキーと値のペアを書きます。

```
alien_0 = {'color': 'green', 'points': 5}
```

キーと値のペアは互いに関連付けられています。キーを与えると、Pythonはそのキーに関連付けられた値を返します。すべてのキーはコロン（:）で値と関連付けられ、キーと値の個々のペアはカンマ（,）で区切られます。辞書にはたくさんのキーと値のペアを格納できます。

もっともシンプルな辞書は、次の例に示すalien_0のように1つのキーと値のペアを持ちます。

```
alien_0 = {'color': 'green'}
```

この辞書には、alien_0についての1つの情報（エイリアンの色）が格納されています。文字列'color'はこの辞書のキーで、'green'という値が関連付けられています。

辞書の値にアクセスする

キーに関連付けられた値を取得するには、辞書の名前の後ろに角カッコ（[]）を書き、その中にキーを指定します。

alien.py
```
alien_0 = {'color': 'green'}
print(alien_0['color'])
```

辞書alien_0からキー'color'に関連付けられた値が返ります。

```
green
```

107

辞書には、キーと値のペアを無数に格納できます。たとえば、元のalien_0には、2つのキーと値のペアがありました。

```
alien_0 = {'color': 'green', 'points': 5}
```

この辞書では、alien_0の色または点数の値にアクセスできます。プレイヤーがエイリアンを撃ち落としたときに獲得する点数を取得するには、次のようなコードを書きます。

```
alien_0 = {'color': 'green', 'points': 5}

new_points = alien_0['points']
print(f"{new_points}点獲得しました！")
```

辞書を定義したら、その辞書からキー 'points' に関連付けられた値を取得します。この値をnew_points変数に代入します。最後の行で、プレイヤーが獲得した点数を示すメッセージを出力します。

```
5点獲得しました！
```

エイリアンを撃ち落とすたびにこのコードを実行することで、エイリアンの点数の値を取得できます。

新しいキーと値のペアを追加する

辞書は動的な構造であり、いつでも辞書に新しいキーと値のペアを追加できます。新しいキーと値のペアを追加するには、辞書の後ろに新しいキーを角カッコ（[]）で囲んで指定すると、新しい値と関連付けることができます。

辞書alien_0に2つの新しい情報、エイリアンのX座標とY座標を追加しましょう。この情報は、画面の特定の位置にエイリアンを表示するために使用します。エイリアンを画面の左端で上端から25ピクセル下の位置に配置しましょう。画面の座標は通常左上の角が基準となるため、X座標は画面の左端を示す0、Y座標は上から25ピクセル下の位置を示す25となります。

alien.py
```
alien_0 = {'color': 'green', 'points': 5}
print(alien_0)

alien_0['x_position'] = 0
alien_0['y_position'] = 25
print(alien_0)
```

まず、先ほどと同じ内容の辞書を定義します。確認のために、現在の辞書の中身を出力します。次に、辞書に新しいキーと値のペアとして、キー'x_position'と値0を追加します。同様にキー'y_position'を追加します。変更された辞書を出力し、2つのキーと値のペアが追加されていることを確認します。

```
{'color': 'green', 'points': 5}
{'color': 'green', 'points': 5, 'x_position': 0, 'y_position': 25}
```

最終的な辞書には4つのキーと値のペアが含まれています。元の2つが色と点数の値で、追加の2つの情報がエイリアンの位置を指定します。

辞書は定義時の順番を保持します。辞書を出力したり、各要素をループで処理したりすると、辞書への追加時と同じ順番で各要素が出現します。

空の辞書から開始する

空の辞書を定義し、あとから値を追加するほうが便利な場合もあります。空の辞書から開始して値を入れるには、辞書を空の波カッコ（{}）で定義し、キーと値のペアを追加します。次に示すのは、alien_0を空の辞書から作成する例です。

```
alien.py
alien_0 = {}

alien_0['color'] = 'green'
alien_0['points'] = 5

print(alien_0)
```

はじめにalien_0を空の辞書で定義し、そのあとに色と点数の値を追加しています。最終的な辞書の中身は前の例と同様です。

```
{'color': 'green', 'points': 5}
```

空の辞書は通常、ユーザーが提供するデータを辞書に格納する場合や、大量のキーと値のペアを自動的に生成する場合に使用します。

第**6**章 辞書

辞書の値を変更する

辞書の値を変更するには、辞書の変数名の後ろに角カッコ（[]）で囲んでキーを指定し、そのキーに関連付ける新しい値を指定します。たとえば、ゲームの進行によってエイリアンの色が緑から黄色に変化するとします。

alien.py

```
alien_0 = {'color': 'green'}
print(f"エイリアンは{alien_0['color']}です。")

alien_0['color'] = 'yellow'
print(f"エイリアンは{alien_0['color']}になりました。")
```

最初に、エイリアンの色の情報だけを格納した辞書alien_0を定義します。そして、キー 'color' に関連付けた値を 'yellow' に変更します。出力は、エイリアンが緑から黄色に変わったことを表しています。

```
エイリアンはgreenです。
エイリアンはyellowになりました。
```

より興味深い例として、異なるスピードで移動するエイリアンの位置の追跡を考えてみましょう。エイリアンの現在のスピードを表す値を格納し、エイリアンが右にどのくらい移動するかの計算にその値を使用します。

```
alien_0 = {'x_position': 0, 'y_position': 25, 'speed': 'medium'}
print(f"最初のX座標: {alien_0['x_position']}")

# エイリアンは右に移動します。
# 現在のスピードによってエイリアンの移動距離を決定します。
❶ if alien_0['speed'] == 'slow':
    x_increment = 1
elif alien_0['speed'] == 'medium':
    x_increment = 2
else:
    # 素早いエイリアン
    x_increment = 3

# 新しい位置は元の位置に移動距離を加算します。
❷ alien_0['x_position'] = alien_0['x_position'] + x_increment

print(f"新しいX座標: {alien_0['x_position']}")
```

最初に、エイリアンのX座標とY座標を設定し、スピードを 'medium' で定義します。コードを単純にするために色と点数は省略していますが、それらのキーと値のペアが辞書に格納されていても同様に動作します。エ

110

イリアンがどれだけ右に移動したかを確認するために、最初のX座標（x_position）の値を出力します。

　if-elif-elseの条件分岐でエイリアンが右に動く距離を決定し、変数x_incrementに代入します❶。エイリアンのスピードが'slow'の場合は1右に移動し、'medium'の場合は2、'fast'の場合は3移動します。決定した移動距離をx_positionの値に加算し、その結果を辞書のx_positionに格納します❷。

　この例ではエイリアンは中くらい（medium）のスピードなので、エイリアンの位置は右に2移動します。

```
最初のX座標: 0
新しいX座標: 2
```

　この方法は、エイリアンの辞書の値を変更することで全体の動作を変えられるため便利です。たとえば、中くらいのスピードのエイリアンを素早いエイリアンに変えるには、次の行を追加します。

```
alien_0['speed'] = 'fast'
```

　もう一度コードを実行すると、if-elif-elseブロックはx_incrementにより大きい値である3を代入します。

キーと値のペアを削除する

　辞書に格納されている情報の一部が不要になった場合は、del文を使用してキーと値のペアを完全に削除できます。del文には、辞書の変数名と削除対象のキーを指定します。

　例として、辞書alien_0からキー'points'と関連付けられた値を削除してみましょう。

alien.py
```
alien_0 = {'color': 'green', 'points': 5}
print(alien_0)

❶ del alien_0['points']
print(alien_0)
```

　del文により、Pythonは辞書alien_0からキー'points'とキーに関連付けられた値を削除します❶。辞書からキー'points'と値5が削除されていることを出力結果で確認できます。辞書の他の要素には影響を与えません。

```
{'color': 'green', 'points': 5}
{'color': 'green'}
```

　削除されたキーと値のペアが完全に消去されることに注意してください。

似たようなオブジェクトを格納した辞書

ここまでの例で辞書に格納したのは、1つのオブジェクト（ゲーム内のエイリアン）に関するさまざまな情報でした。辞書には1種類の情報を大量に格納することもできます。たとえば、好きなプログラミング言語を複数の人に質問して人気投票をしたとします。単純な投票結果を格納する際、次のように辞書を利用できます。

favorite_languages.py
```
favorite_languages = {
    'jen': 'python',
    'sarah': 'c',
    'edward': 'rust',
    'phil': 'python',
    }
```

このように、大きい辞書は複数行で記述できます。各キーは投票した人の名前で、値は選んだ言語を示しています。辞書の定義に複数の行が必要な場合は、開き波カッコ（{）の後ろで Enter キーを押します。次の行は1レベル（スペース4つ分）インデントし、1番目のキーと値のペアを入力して最後にカンマ（,）をつけます。ここでのポイントは、テキストエディターによっては Enter キーを入力すると、自動的にキーと値のペアはインデントされ、他のすべてのキーと値のペアとインデントが揃うということです。

辞書の定義が完了したら、最後のキーと値のペアの後ろで改行し、閉じ波カッコ（}）を記述します。このカッコもインデントして辞書のキーと合わせます。最後のキーと値のペアの後ろにもカンマ（,）をつけることをおすすめします。そのようにすることで、新しいキーと値のペアを次の行に追加しやすくなります。

NOTE 多くのテキストエディターにはこの例のように、リストや辞書を拡張するときに適切にフォーマットする機能があります。長い辞書を記述する方法はいくつかあり、一部のテキストエディターやソースコードでは書式が異なる場合があります。

この辞書を使用すると、投票した人の名前から好きな言語を簡単に知ることができます。

favorite_languages.py
```
favorite_languages = {
    'jen': 'python',
    'sarah': 'c',
    'edward': 'rust',
    'phil': 'python',
    }
```
❶ `language = favorite_languages['sarah'].title()`
`print(f"Sarahの好きなプログラミング言語は{language}です。")`

Sarahが選んだプログラミング言語は次のコードで取得できます。

```
favorite_languages['sarah']
```

この構文を使用し、Sarahの好きな言語を辞書から取り出してlanguage変数に代入します❶。ここで新しい変数を作成することで、print()がより見やすくなります。出力にはSarahの好きな言語が表示されます。

```
Sarahの好きなプログラミング言語はCです。
```

同じ構文を使用し、辞書のそれぞれの値を取得できます。

get()を使用して値にアクセスする

辞書の中から目的とする値を取り出す際に角カッコ（[]）の中にキーを指定すると、問題が発生する場合があります。存在しないキーを指定すると、エラーが発生します。

エイリアンの辞書に設定されていない点数の値を取得しようとすると、何が起こるかを見てみましょう。

alien_no_points.py
```
alien_0 = {'color': 'green', 'speed': 'slow'}
print(alien_0['points'])
```

実行結果はトレースバックを出力し、KeyErrorが発生したことを示します。

```
Traceback (most recent call last):
  File "alien_no_points.py", line 2, in <module>
    print(alien_0['points'])
          ~~~~~~~^^^^^^^^^^
KeyError: 'points'
```

このようなエラーを扱う一般的な方法については**第10章**の「ファイルと例外」で学びます。辞書には特別なget()メソッドがあり、このメソッドを使用すると要求したキーが存在しない場合に返すデフォルト値を設定できます。

get()メソッドの第1引数は必須で、キーを指定します。第2引数はオプションで、辞書にキーが存在しない場合に返却する値を指定できます。

```
alien_0 = {'color': 'green', 'speed': 'slow'}

point_value = alien_0.get('points', '点数は設定されていません。')
print(point_value)
```

第6章 辞書

　辞書にキー 'points' が存在すれば、キーに対応した値を取得できます。キーが存在しない場合は、デフォルト値を取得します。この例では 'points' が存在しないので、エラーを発生させる代わりにわかりやすいメッセージを返します。

```
点数は設定されていません。
```

　問い合わせるキーが存在しない可能性がある場合は、角カッコを使用する記法の代わりにget()メソッドを使用することを検討してください。

 get()メソッドを呼び出した際に2番目の引数を指定せず、そのキーが存在しなかった場合、Pythonは値としてNoneを返します。Noneは特別な値で、「値が存在しない」ことを意味します。これはエラーではありません。この特別な値は、値がないことを示します。第8章の「関数」でNoneのより詳しい使い方について説明します。

やってみよう

6-1. 人の情報
知り合いの情報を辞書に格納します。姓、名、年齢、住んでいる都市を格納します。キーとしてlast_name、first_name、age、cityを使用します。辞書に格納されたそれぞれの情報を出力してください。

6-2. 好きな数字
辞書に複数の人の好きな数字を格納します。5人の名前を考え、その名前を辞書のキーに使用します。それぞれの人の好きな数字を考え、辞書の値として格納します。一人一人の名前と好きな数字を出力します。実際に友達に好きな数字を聞いてプログラムに使用すれば、よりいっそう楽しめるでしょう。

6-3. 用語辞典
Pythonの辞書は実際の辞書をモデル化できます。しかし、まぎらわしいのでここでは用語辞典 (glossary) と呼びます。

- 前の章までに学習したプログラミングに関する用語を5つ考えます。これらの用語を用語辞典のキーに使用し、その意味を値として格納します。
- それぞれの用語と意味をきれいなフォーマットで出力します。たとえば、用語のあとにコロン (:) をつけて意味を出力したり、用語を1行目に出力して次の行に意味をインデントして出力したりします。改行文字 (\n) を使用し、用語と意味のペアの間に空行を挿入してください。

辞書をループする

辞書をループする

1つのPythonの辞書には、キーと値のペアを数個でも数百万個でも格納できます。辞書には大量のデータを格納できるので、Pythonは辞書をループ処理できるようになっています。辞書にはさまざまな方法で情報を格納できます。そのため、ループの方法にはいくつか種類があります。辞書のキーと値の全ペアや、キーのみ、値のみといったループができます。

すべてのキーと値のペアをループする

ループのさまざまな手法を調べる前に、Webサイトのユーザー情報を格納する新しい辞書を考えてみましょう。この辞書には、1人のユーザーのユーザー名と、名と姓が格納されています。

```
user_0 = {
    'username': 'efermi',
    'first': 'enrico',
    'last': 'fermi',
    }
```
user.py

この章ですでに学んだ方法を使えば、user_0の個別の情報にアクセスできます。では、このユーザーの辞書に格納されているすべての情報を取得したい場合にはどうすればよいでしょうか？ その場合は、forループに辞書を指定することで繰り返し処理を行えます。

```
user_0 = {
    'username': 'efermi',
    'first': 'enrico',
    'last': 'fermi',
    }

for key, value in user_0.items():
    print(f"\nキー: {key}")
    print(f"値: {value}")
```

辞書のforループを作成するには、それぞれのペアについてキーと値を格納する2つの変数を指定します。2つの変数には任意の名前を指定できます。このコードは次のように省略した変数名を使用しても動作します。

6
辞書

115

第**6**章　辞書

```
for k, v in user_0.items()
```

　for文の後半は辞書の名前の後ろにitems()メソッドがついています。このメソッドは、一連のキーと値の
ペアを返します。forループはそれぞれのキーと値のペアを指定された2つの変数に代入します。この例では、
代入されたキーを出力し、そのあとにキーに関連付けられた値を出力しています。最初のprint()関数に"\n"
を含めることにより、キーと値の各ペアを出力する前に空行を挿入しています。

```
キー: username
値: efermi

キー: first
値: enrico

キー: last
値: fermi
```

　すべてのキーと値のペアをループすることは、112ページのfavorite_languages.pyのように同じ種類の
データを異なるキーで格納している辞書において特に便利です。辞書favorite_languagesをループし、辞書
に格納されている各人の名前と好きなプログラミング言語を取得してみます。常にキーには人の名前、値には
言語名が格納されているので、変数名としてkeyとvalueの代わりにnameとlanguageを使用します。このよう
にすると、ループの中で何を行っているかがわかりやすくなります。

favorite_languages.py
```
favorite_languages = {
    'jen': 'python',
    'sarah': 'c',
    'edward': 'rust',
    'phil': 'python',
    }

for name, language in favorite_languages.items():
    print(f"{name.title()}の好きなプログラミング言語は{language.title()}です。")
```

　このコードにより、Pythonは辞書に含まれるすべてのキーと値のペアをループ処理します。各ペアのキー
はname変数、値はlanguage変数に代入されます。このように中身を表した変数名によって、print()関数で
どのような文章を出力するかがわかりやすくなります。

　この数行のコードで全員の投票結果を表示できます。

116

```
Jenの好きなプログラミング言語はPythonです。
Sarahの好きなプログラミング言語はCです。
Edwardの好きなプログラミング言語はRustです。
Philの好きなプログラミング言語はPythonです。
```

この形式のループは、辞書に数千や数百万人分の投票結果が格納されていても正しく動作します。

辞書のすべてのキーをループする

keys()メソッドは、辞書のすべての値について処理する必要がない場合に便利です。辞書favorite_languagesをループし、投票した全員の名前を出力してみましょう。

```
favorite_languages = {
    'jen': 'python',
    'sarah': 'c',
    'edward': 'rust',
    'phil': 'python',
    }

for name in favorite_languages.keys():
    print(name.title())
```

このforループで、Pythonは辞書favorite_languagesからすべてのキーを取得し、1つずつname変数に代入します。出力では投票した全員の名前が次のように表示されます。

```
Jen
Sarah
Edward
Phil
```

キー名を取得するループは辞書のデフォルトの挙動なので、このコードを次のように書き換えても同じ結果になります。

```
for name in favorite_languages:
```

次の書き方よりも、keys()メソッドを省略するほうがおすすめです。

```
for name in favorite_languages.keys():
```

第**6**章　辞書

keys()メソッドをつけてコードを読みやすくしてもよいですし、省略してもかまいません。

　ループの中で現在のキーを使用すると、任意のキーに関連付けられた値にアクセスできます。数人の友達が選んだプログラミング言語についてのメッセージを出力してみましょう。辞書に格納された名前をループし、名前が友達のものだった場合は、好きなプログラミング言語についてのメッセージを出力します。

```
favorite_languages = {
    --省略--
    }

friends = ['phil', 'sarah']
for name in favorite_languages.keys():
    print(f"こんにちは{name.title()}。")

    if name in friends:
        language = favorite_languages[name].title()
        print(f"\t{name.title()}、あなたの好きなプログラミング言語は{language}ですね！")
```

❶
❷

　最初にメッセージを出力したい友達のリストを作成します。ループの中で各人の名前を出力します。次に、現在のnameの値がfriendsリストにあるかを調べます❶。リストに存在する場合は、辞書の名前の後ろにnameの現在の値をキーとして指定し、その人の好きな言語を特定します❷。そして、その人の選択したプログラミング言語を含めた特別なメッセージを出力します。

　名前は全員の分が出力されますが、特別なメッセージが表示されるのは友達だけです。

```
こんにちはJen。
こんにちはSarah。
    Sarah、あなたの好きなプログラミング言語はCですね！
こんにちはEdward。
こんにちはPhil。
    Phil、あなたの好きなプログラミング言語はPythonですね！
```

　keys()メソッドは、特定の人が投票済みかを確認する用途にも使用できます。ここでは、Erinが投票しているかどうかを確認しています。

```
favorite_languages = {
    --省略--
    }

if 'erin' not in favorite_languages.keys():
    print("Erin、投票してください！")
```

118

keys()メソッドはループ以外にも使用できます。このメソッドは辞書のキーのシーケンスを返し、if文でそのシーケンスに'erin'が存在するかを確認しています。彼女の名前は一覧に存在しないため、投票を促すメッセージが出力されます。

```
Erin、投票してください！
```

辞書のキーを特定の順番でループする

辞書のループで返ってくる要素の順番は、挿入時の順番と同じです。しかし、それとは異なる順番で辞書のループを実行したい場合があります。

方法の1つは、forループの中で辞書が返すキーをソートすることです。sorted()関数を使用すると、ソートしたキーを取得できます。

```
favorite_languages = {
    'jen': 'python',
    'sarah': 'c',
    'edward': 'rust',
    'phil': 'python',
    }

for name in sorted(favorite_languages.keys()):
    print(f"{name.title()}、投票ありがとう。")
```

このfor文は今まで出てきたfor文と似ていますが、辞書のkeys()メソッドをsorted()関数で囲んでいます。Pythonはループの前に辞書のすべてのキーを取得してアルファベット順でソートします。出力結果では、人の名前がアルファベット順で表示されます。

```
Edward、投票ありがとう。
Jen、投票ありがとう。
Phil、投票ありがとう。
Sarah、投票ありがとう。
```

辞書のすべての値をループする

辞書に格納されている値の方に関心がある場合は、values()メソッドを使用することでキーではなく、値の一覧を取得できます。たとえば、誰が投票したかは出力せず、選ばれた全プログラミング言語だけを単純に出力したいとします。

第6章 辞書

```python
favorite_languages = {
    'jen': 'python',
    'sarah': 'c',
    'edward': 'rust',
    'phil': 'python',
    }

print("以下の言語が投票されました。")
for language in favorite_languages.values():
    print(language.title())
```

for文で辞書から各値を取得し、language変数に代入します。投票されたプログラミング言語の一覧が次のように出力されます。

```
以下の言語が投票されました。
Python
C
Rust
Python
```

この手法は、値の重複を確認せずに辞書からすべての値を取得します。値の数が少ない場合には問題ありませんが、投票結果が大量にある場合には表示が冗長になります。選ばれた言語を重複なしで表示したい場合は、集合を使用します。**集合（set）** は各要素が一意なデータの集まりです。

```python
favorite_languages = {
    --省略--
    }

print("以下の言語が投票されました。")
for language in set(favorite_languages.values()):
    print(language.title())
```

同じ要素を複数含んでいる値の集まりをset()で囲むと、Pythonはその集まりの中の一意な要素だけで集合を作成します。set()を使用することでfavorite_languages.values()から一意な言語だけを取得します。

結果は、投票された言語のリストから重複を除いて出力されます。

```
以下の言語が投票されました。
Python
C
Rust
```

120

Pythonの学習を続けていくと、必要なデータを生成するために役立つ組み込みの機能に気づくことがしばしばあります。

 集合を直接作成するには、複数の要素をカンマで区切り、波カッコ（{}）で囲みます。

```
>>> languages = {'python', 'rust', 'python', 'c'}
>>> languages
{'rust', 'python', 'c'}
```

集合と辞書は、どちらも要素を波カッコで囲むので間違いやすいです。波カッコで囲んでいてもキーと値のペアがない場合は集合のはずです。リストや辞書と異なり、集合は要素の順番を保持しません。

やってみよう

6-4. 用語辞典2
ここまでの内容で辞書をループする方法を学んだので、演習問題6-3（114ページ）のコードにあるprint()関数の一連の呼び出しを辞書のキーと値のループに書き換えてきれいにしてください。ループが正しく動作したら、5つのPythonの用語を用語辞典に加えます。プログラムを再度実行すれば、自動的に新しい用語とその意味が出力されます。

6-5. 川
3つの有名な川とその川が流れる国を含んだ辞書を作成します。1つのキーと値のペアは'nile': 'egypt'のようになります。

- ループを使用し、「NileはEgyptを流れている。」というような文を出力します。
- ループを使用し、辞書に含まれるそれぞれの川の名前を出力します。
- ループを使用し、辞書に含まれるそれぞれの国の名前を出力します。

6-6. 投票
favorite_languages.py（112ページ）のコードを使用します。

- 好きなプログラミング言語に投票する必要がある人の名前のリストを作成します。いくつかの名前はすでに辞書に含まれており、いくつかは含まれていません。
- 投票する必要がある人のリストをループします。すでに投票済みの場合は、投票に感謝するメッセージを出力します。未投票の場合は、投票を促すメッセージを出力します。

複数の辞書をリストに格納したり、辞書の値にリストを格納したい場合があります。このようなデータを**入れ子**（nesting）と呼びます。リストの中に辞書を、辞書の中にリストを入れ子にでき、さらには辞書の中に別の辞書を入れ子にすることもできます。入れ子は強力な機能です。いくつかの利用例を次に示します。

複数の辞書によるリスト

辞書alien_0は、あるエイリアンについての各種情報を格納しています。しかし、画面上の他のエイリアンの情報を格納することはできません。エイリアンの艦隊はどのように管理すればよいでしょうか？1つの方法として挙げられるのは、エイリアンのリストを作成し、各エイリアンはそのエイリアンについての情報の辞書とすることです。たとえば、次のコードは、3匹のエイリアンのリストを作成しています。

aliens.py
```
alien_0 = {'color': 'green', 'points': 5}
alien_1 = {'color': 'yellow', 'points': 10}
alien_2 = {'color': 'red', 'points': 15}

❶ aliens = [alien_0, alien_1, alien_2]

for alien in aliens:
    print(alien)
```

最初に、異なるエイリアンを表す3つの辞書を作成します。この3つの辞書をaliensというリストに格納します❶。最後にリストをループして、各エイリアンの情報を出力します。

```
{'color': 'green', 'points': 5}
{'color': 'yellow', 'points': 10}
{'color': 'red', 'points': 15}
```

より現実的な例として、3匹より多くのエイリアンを自動的に生成します。次の例では、range()関数を使用して30匹のエイリアンの艦隊を作成します。

入れ子

```
# エイリアンを格納する空のリストを作成する
aliens = []

# 30匹のエイリアンを生成する
❶ for alien_number in range(30):
❷     new_alien = {'color': 'green', 'points': 5, 'speed': 'slow'}
❸     aliens.append(new_alien)

# 最初の5匹のエイリアンの情報を出力する
❹ for alien in aliens[:5]:
      print(alien)
print("...")

# 生成されたエイリアンの数を出力する
print(f"全エイリアンの数: {len(aliens)}")
```

この例では、空のリストを最初に作成して、その中に生成したエイリアンを格納します。range()関数❶は連続した数値を返しますが、ここではPythonに対してループの繰り返し回数を指定するために使用します。ループが実行されるたびに新しいエイリアンを生成し❷、その新しいエイリアンをリストaliensに追加します❸。スライスを使用して最初の5匹のエイリアンの情報を表示します❹。最後にリストの長さを出力することによって、30匹のエイリアンによる艦隊を作成したことを確認します。

```
{'color': 'green', 'points': 5, 'speed': 'slow'}
{'color': 'green', 'points': 5, 'speed': 'slow'}
{'color': 'green', 'points': 5, 'speed': 'slow'}
{'color': 'green', 'points': 5, 'speed': 'slow'}
{'color': 'green', 'points': 5, 'speed': 'slow'}
...
全エイリアンの数: 30
```

これらのエイリアンはすべて同じ特徴を持ちますが、Pythonはそれぞれを別のオブジェクトとして認識しており、各エイリアンの情報を個別に変更できます。

このようなエイリアンの集まりをどのように扱うのでしょうか? ゲームの進行状況により、一部のエイリアンの色が変わって素早く動くようになるとします。forループとif文を使用してエイリアンの色を変えることができます。たとえば、次のコードは、最初の3匹のエイリアンを中くらいのスピードで動く10点の黄色いエイリアンに変更します。

```
# エイリアンを格納する空のリストを作成する
aliens = []
```

6

辞書

123

第**6**章　辞書

```python
# 30匹の緑のエイリアンを生成する
for alien_number in range (30):
    new_alien = {'color': 'green', 'points': 5, 'speed': 'slow'}
    aliens.append(new_alien)

for alien in aliens[:3]:
    if alien['color'] == 'green':
        alien['color'] = 'yellow'
        alien['speed'] = 'medium'
        alien['points'] = 10

# 最初の5匹のエイリアンの情報を出力する
for alien in aliens[:5]:
    print(alien)
print("...")
```

　最初の3匹のエイリアンを変更したいので、スライスを使用して最初の3匹だけをループします。現時点では全エイリアンが緑色ですが、必ずしも常にそうとは限りません。そこで、if文を使い、緑色のエイリアンだけを変更します。エイリアンが緑なら、色を'yellow'、速度を'medium'、点数を10に変更します。結果は次のようになります。

```
{'color': 'yellow', 'points': 10, 'speed': 'medium'}
{'color': 'yellow', 'points': 10, 'speed': 'medium'}
{'color': 'yellow', 'points': 10, 'speed': 'medium'}
{'color': 'green', 'points': 5, 'speed': 'slow'}
{'color': 'green', 'points': 5, 'speed': 'slow'}
...
```

　このループにelifブロックを追加し、黄色いエイリアンを素早く動く15点の赤いエイリアンに変更するように拡張します。プログラム全体は示しませんが、ループ部分は次のようになります。

```python
for alien in aliens[0:3]:
    if alien['color'] == 'green':
        alien['color'] = 'yellow'
        alien['speed'] = 'medium'
        alien['points'] = 10
    elif alien['color'] == 'yellow':
        alien['color'] = 'red'
        alien['speed'] = 'fast'
        alien['points'] = 15
```

入れ子

1つのオブジェクトに関する複数の情報を各辞書に格納している場合、複数の辞書をリストに格納することがよく行われます。たとえば、115ページのuser.pyのようなWebサイト上の各ユーザーの情報を辞書に格納し、個々の辞書をusersリストに格納するなどです。リスト中のすべての辞書が同一の構造を持っていれば、リストをループすることで各辞書のオブジェクトを同じ方法で操作できます。

辞書の値にリストを入れる

リストの中に辞書を入れるよりも、辞書の中にリストを入れるほうが便利な場合があります。たとえば、誰かが注文したピザをプログラムで表現するとします。リストだけを使った場合、リストにはピザのトッピングに関する情報しか格納できません。辞書を使用した場合、トッピングのリストはピザの注文についての要素の1つでしかありません。

次の例では、ピザの注文について生地の種類とトッピングのリストという2種類の情報を格納しています。トッピングのリストはキー 'toppings' に関連付けられた値となります。このリストを使用するには、辞書の名前とキー 'toppings' を指定して辞書から値を取り出します。単一の値を取得する代わりにトッピングのリストを取得します。

pizza.py

```
# ピザの注文に関する情報を格納する
pizza = {
    'crust': 'レギュラー',
    'toppings': ['マッシュルーム', 'エクストラチーズ'],
    }

# 注文の要約
❶ print(f"あなたが注文したのは{pizza['crust']}生地のピザで、"
    "トッピングは以下のとおりです。")

❷ for topping in pizza['toppings']:
    print(f"\t{topping}")
```

まず、注文されたピザの情報を格納する辞書を定義します。1番目のキーは 'crust' で、文字列 'レギュラー' を値として関連付けます。2番目のキーは 'toppings' で、注文されたトッピングを格納したリストを値として関連付けます。ピザを作る前に注文の要約を出力します❶。print()関数の中で長い行を折り返したい場合は、任意の場所で出力したい行を分割し、その行の終わりにクォーテーションを書きます。次の行はインデントし、クォーテーションのあとに文字列を続けます。Pythonは丸カッコの中にあるすべての文字列を自動的に結合します。トッピングを出力するためのforループを書きます❷。トッピングのリストにアクセスするには、キー 'toppings' を指定して辞書からトッピングのリストを取得します。

125

第**6**章　辞書

ピザの注文の要約は、次のような出力になります。

```
あなたが注文したのはレギュラー生地のピザで、トッピングは以下のとおりです。
    マッシュルーム
    エクストラチーズ
```

辞書で1つのキーに複数の値を関連付けたい場合は、辞書の中にリストを入れ子にします。好きなプログラミング言語の例では、各人の回答をリストにすることで2つ以上の言語を選択できるようになります。辞書をループする際、各人に関連付けられた値は1つの言語ではなく、言語のリストとなります。辞書のforループの中で別のforループを使用し、言語のリストを処理します。

favorite_languages.py

```python
favorite_languages = {
    'jen': ['python', 'rust'],
    'sarah': ['c'],
    'edward': ['rust', 'go'],
    'phil': ['python', 'haskell'],
    }

❶ for name, languages in favorite_languages.items():
    print(f"\n{name.title()}の好きな言語")
❷    for language in languages:
        print(f"\t{language.title()}")
```

辞書favorite_languagesのそれぞれの人の名前に関連付けられた値が、リストになっています。好きな言語が1つだけの人もいれば、複数の言語を挙げる人もいることに注意してください。辞書をループし❶、取得した値をlanguages変数に格納します。値はリストであるため、変数名を複数形にします。メインの辞書のループの中で別のforループを使用し❷、好きな言語のリストを処理します。それぞれの人の複数の好きな言語のリストが出力されます。

```
Jenの好きな言語
    Python
    Rust

Sarahの好きな言語
    C

Edwardの好きな言語
    Rust
    Go
```

入れ子

```
Philの好きな言語
    Python
    Haskell
```

　このプログラムをより洗練させるために、辞書のforループの直後にif文を追加し、好きな言語の数が2つ以上かどうかをlen(languages)で確認します。好きな言語が2つ以上の場合の出力は先ほどと同じにします。好きな言語が1つの場合は、メッセージを「Sarahの好きな言語はCです。」のように変更できます。

辞書の値に辞書を入れる

　辞書の中に別の辞書を入れ子にすることもできますが、コードが少し複雑になります。たとえば、Webサイトに複数のユーザーがいて各ユーザー名が一意である場合には、ユーザー名を辞書のキーとして使用できます。そして、ユーザー名に関連付けられた値に辞書を使用し、各ユーザーについての情報を格納できます。次の例では、各ユーザーに関する3つの情報（名、姓、場所）を格納しています。辞書をループすることにより、キーとなるユーザー名とユーザー名に関連付けられたユーザーに関する情報にアクセスできます。

many_users.py

```
users = {
    'aeinstein': {
        'first': 'albert',
        'last': 'einstein',
        'location': 'princeton',
        },

    'mcurie': {
        'first': 'marie',
        'last': 'curie',
        'location': 'paris',
        },

    }

❶  for username, user_info in users.items():
❷      print(f"\nユーザー名: {username}")
❸      full_name = f"{user_info['first']} {user_info['last']}"
        location = user_info['location']

❹      print(f"\t氏名: {full_name.title()}")
        print(f"\t場所: {location.title()}")
```

127

第**6**章　辞書

　まず、2つのユーザー名'aeinstein'と'mcurie'をキーに持つ辞書usersを定義します。各キーと関連付けられた値は、各ユーザーの名（first）、姓（last）、場所（location）を格納した辞書です。そして、辞書usersをループします❶。Pythonはキーをusername変数に代入し、ユーザー名に関連付けられた辞書をuser_infoに代入します。辞書のループの中でユーザー名を出力します❷。

　次に、内側の辞書にアクセスします❸。ユーザー情報の辞書を格納したuser_info変数には、3つのキー（'first'、'last'、'location'）が存在します。辞書のキーを使用して各ユーザーの氏名と場所の情報を取得し、各ユーザーの情報として出力します❹。

```
ユーザー名: aeinstein
    氏名: Albert Einstein
    場所: Princeton

ユーザー名: mcurie
    氏名: Marie Curie
    場所: Paris
```

　この例では、各ユーザーの辞書の構造が同一であることに注意してください。Pythonでは必須ではありませんが、そのような構造にすることで入れ子の辞書が扱いやすくなります。各ユーザーの辞書のキーが異なる場合、forループの中のコードはより複雑になります。

やってみよう

6-7. 人々
演習問題6-1（114ページ）のプログラムから始めます。人を表す辞書を新たに2つ作成し、3つの辞書をpeopleというリストに格納します。そして、peopleのリストをループします。リストのループの中で各人についての全情報を出力します。

6-8. ペット
異なるペットを表す複数の辞書を作成します。各辞書には動物の種類と飼い主の名前を格納します。すべての辞書をpetsというリストに格納します。次に、petsのリストをループし、それぞれのペットについての全情報を出力します。

6-9. 好きな場所
favorite_placesという名前の辞書を作成します。3人の名前を考えて辞書のキーとして使用し、各人の好きな場所を1～3か所考えて値として格納します。実際に友達に好きな場所を聞いてみると、この演習問題がよりおもしろくなるでしょう。辞書をループし、人の名前とそれぞれが好きな場所を出力します。

128

6-10. 好きな数字

演習問題6-2 (114ページ) のプログラムを変更し、それぞれ2つ以上の好きな数字を格納します。各人の名前と好きな数字を出力します。

6-11. 都市

citiesという名前の辞書を作成します。3つの都市を辞書のキーとして使用します。それぞれの都市についての情報を格納する辞書を作成し、その都市がある国、おおよその人口、特徴を格納します。辞書のキーはそれぞれ'country'、'population'、'fact'といった文字列にします。各都市名とその都市に関する全情報を出力してください。

6-12. 拡張

ここまで複雑な例を扱ってきたので、さまざまな拡張のしかたが考えられるでしょう。この章で紹介したプログラムから1つを選び、新しいキーと値を追加して拡張してください。そして、プログラムの形式を変更したり、出力のフォーマットを改良したりしてみてください。

まとめ

この章では、次のことについて学びました。

- 辞書を定義する方法と、辞書に情報を格納する方法
- 辞書の中の個別の要素にアクセスして変更を加える方法
- 辞書中の全データをループする方法
- 辞書のキーと値のペアや、キーのみ、値のみをループする方法
- リストに複数の辞書を入れ子にしたり、辞書にリストを入れ子にしたり、辞書の中に辞書を入れ子にしたりする方法

第7章では、whileループとプログラムでユーザーの入力を受け取る方法を学習します。すべてのプログラムを対話型にし、ユーザーの入力に反応させることができるようになるので、ワクワクする章です。

第7章

ユーザー入力と
whileループ

第**7**章　ユーザー入力とwhileループ

た　　いていのプログラムはユーザーの問題を解決するために書かれています。そのため、
　　　通常はユーザーから情報を受け取る必要があります。たとえば、誰かが投票できる
年齢になっているかを知りたいとします。この質問に答えるプログラムを書くには、回答を
出す前にユーザーの年齢を知る必要があります。プログラムはユーザーに対して年齢の**入
力**を求める必要があります。プログラムに入力があると、入力された値を選挙権がある年齢
と比較して、ユーザーに選挙権があるかないかを判断して結果を出力します。

この章では、ユーザーからの入力を受け取ってプログラムの中で扱う方法を学びます。プロ
グラム中で名前が必要な場合は、ユーザーに名前の入力を促せるようになります。プログ
ラムに名前のリストが必要な場合は、ユーザーに一連の名前の入力を促すことができます。
これを行うにはinput()関数を使います。

また、ユーザーが必要な数の情報を入力する間、プログラムを動かし続ける方法について
も学びます。プログラムは入力された情報を使用して動作します。Pythonのwhileルー
プを使用すると、ある条件が満たされている間、プログラムを動かし続けることができま
す。

ユーザーの入力とプログラムの継続を制御できるようになると、完全な対話型のプログラム
を作成できます。

input()関数の働き

input()関数は、プログラムを一時停止してユーザーからのテキスト入力を待ちます。ユーザーからの入力
があると、作業がしやすいようにPythonはこれを変数に代入します。

たとえば次のプログラムは、ユーザーにテキストを入力させたあとそのメッセージをそのまま表示します。

parrot.py
```
message = input("何か書いてください。繰り返してお返事します: ")
print(message)
```

input()関数には1つの引数として**入力プロンプト**または指示を指定します。これは、ユーザーに何をすべき
かを知らせるためのものです。この例では、Pythonが1行目を実行したときにユーザーは「何か書いてくだ
さい。繰り返してお返事します: 」という入力プロンプトを目にします。プログラムは、ユーザーが何かを入力

132

して応答するのを待ち、Enterキーが押されると次に進みます。ユーザーの応答は変数messageに代入され、入力された内容はprint(message)によってユーザーに表示されます。

```
何か書いてください。繰り返してお返事します: みなさんこんにちはー
みなさんこんにちはー
```

テキストエディターの中には、ユーザーに入力を求めるプログラムを実行できないものがあります。このようなテキストエディターを使って入力プロンプトを扱うプログラムを作成することはできますが、実行はターミナル画面から行う必要があります。12ページの「Pythonのプログラムをターミナルで実行する」を参照してください。

わかりやすい入力プロンプトを書く

input()関数を使う際には、求めている情報の種類がユーザーに明確に伝わるわかりやすいプロンプトを示すことが大事です。次のように、ユーザーが何を入力すべきかを指示する文章を指定します。

```
greeter.py
name = input("名前を入力してください: ")
print(f"\nこんにちは、{name}！")
```

入力プロンプトの後ろ（この例ではコロンのあと）にスペースを加えることで、ユーザーの応答と入力プロンプトが区別され、ユーザーがテキストを入力する場所が明確になります。

```
名前を入力してください: エリック

こんにちは、エリック！
```

2行以上の入力プロンプトを書きたい場合もあります。たとえば、ユーザーに特定の入力を求める理由を伝えたい場合です。プロンプトを変数に代入し、その変数をinput()関数に渡すことができます。これにより数行にわたる入力プロンプトを作成でき、よりわかりやすいinput()文にできます。

```
greeter.py
prompt = "あなたの名前を教えてくれたら、あなた向けのあいさつをします。"
prompt += "\nあなたの名前は？ "

name = input(prompt)
print(f"\nこんにちは、{name}！")
```

第**7**章　ユーザー入力とwhileループ

　この例では、複数行の文字列を作成する方法の1つを挙げています。1行目では、prompt変数にメッセージの前半部分を代入します。2行目では、prompt変数に代入された文字列の後ろに+=演算子が新しい文字列を追加します。

　これで入力プロンプトは2行にまたがるようになりました。繰り返しになりますが、疑問符の後ろにはスペースを入れてプロンプトを区別します。

```
あなたの名前を教えてくれたら、あなた向けのあいさつをします。
あなたの名前は? エリック

こんにちは、エリック！
```

int()関数を使用して数値を受け取る

　input()関数を使用すると、Pythonはユーザーからのあらゆる入力を文字列として解釈します。対話モードでユーザーに年齢を尋ねる例を考えてみましょう。

```
>>> age = input("何歳ですか? ")
何歳ですか? 21
>>> age
'21'
```

　ユーザーは21という数値を入力しますが、ageの値を確認すると、Pythonは入力された数値の文字列表現 '21' を返します。数字がシングルクォーテーションで囲まれているため、Pythonが入力を文字列として解釈していることがわかります。入力値を表示するだけであればこのままでうまくいきます。しかし、この入力値を数値として扱おうとするとエラーが発生します。

```
>>> age = input("何歳ですか? ")
何歳ですか? 21
❶ >>> age >= 18
Traceback (most recent call last):
  File "<stdin>", line 1, in <module>
❷ TypeError: '>=' not supported between instances of 'str' and 'int'
```

　入力された値を数値の比較に使用すると、Pythonは文字列と整数を比較できないためエラーになります❶。ageに代入された '21' は文字列なので、数値の18とは比較できません❷。

　この問題はint()関数を使うことで解決できます。この関数は、入力された文字列を数値に変換します。これにより、比較がうまくいくようになります。

134

```
>>> age = input("何歳ですか？ ")
何歳ですか？ 21
❶ >>> age = int(age)
>>> age >= 18
True
```

　この例でもPythonはプロンプトに入力された21を文字列として解釈しますが、そのあとでこの値はint()により数値表現に変換されます❶。その結果、Pythonは条件テストを行えるようになります。age（今は数値の21が入っています）と18を比べ、ageが18以上かを確認します。このテストはTrueと評価されます。

　実際のプログラムの中でint()関数はどのように使われるのでしょうか？ ジェットコースターに乗れる身長かどうかを調べるプログラムを考えてみましょう。

rollercoaster.py
```
height = input("身長は何センチ？ ")
height = int(height)

if height >= 90:
    print("\n乗ってもいいですよ！")
else:
    print("\nもうちょっと大きくなったらね。")
```

　プログラムはheightを90と比較できます。比較を実行する前にheight = int(height)の行で入力値を数値表現に変換しているからです。入力された数が90以上であれば、ユーザーに乗車可能であることを伝えます。

```
身長は何センチ？ 120

乗ってもいいですよ！
```

　数値入力を計算や比較に使うときには、まず入力値を数値表現に変換することを忘れないでください。

剰余演算子

　数を取り扱う際に便利なのが**剰余演算子**（%）です。この演算子は、ある数値を別の数値で割り算したときの余りを返します。

```
>>> 4 % 3
1
>>> 5 % 3
```

第**7**章 ユーザー入力と while ループ

```
2
>>> 6 % 3
0
>>> 7 % 3
1
```

ある数が別の数で割り切れる場合、余りは0なので剰余演算子は常に0を返します。これは、ある数が奇数か偶数かの判断に利用できます。

even_or_odd.py
```
number = input("何か数を入力してください。奇数か偶数かを判定します: ")
number = int(number)

if number % 2 == 0:
    print(f"\n数{number}は偶数です。")
else:
    print(f"\n数{number}は奇数です。")
```

偶数は常に2で割り切れるので、ある数を2で割ったときの余りが0(if number % 2 == 0の箇所)の場合、その数は偶数です。そうでなければ奇数です。

```
何か数を入力してください。奇数か偶数かを判定します: 42

数42は偶数です。
```

やってみよう

7-1. レンタカー
どんな種類の車を借りたいかを質問するプログラムを書きます。入力された車について「スバルを準備できるかどうか調べます。」のようなメッセージを出力してください。

7-2. レストランの席
ディナーに何人参加するかを質問するプログラムを書きます。もし回答が8名より多いなら、席につくまで少し待たせることを伝えるメッセージを出力します。それ以外の場合は、テーブルの準備ができていることを伝えます。

7-3. 10の倍数
ユーザーに数字を尋ね、その数が10の倍数かどうかを報告します。

136

whileループの紹介

forループは、要素の集まりを対象に、集まりの中の各要素について1度ずつコードブロックを実行します。これとは対照的にwhileループは、ある条件が真の間ずっと、言い換えれば「そうしている間（while）」実行します。

whileループの動作

whileループを使用することにより、数字を順番にカウントアップできます。たとえば次のwhileループでは、1から5までを数えます。

counting.py
```python
current_number = 1
while current_number <= 5:
    print(current_number)
    current_number += 1
```

最初の行でcurrent_numberの値に1を代入することにより、数字のカウントが1から始まります。続いて、current_numberの値が5以下の間はコードを実行し続けるようにwhileループを設定します。ループ内のコードでは、まずcurrent_numberの値を出力し、次にcurrent_number += 1の文でcurrent_numberの値に1を加えています（+=演算子はcurrent_number = current_number + 1の省略形です）。

Pythonは、条件current_number <= 5の結果が真（true）である限りループを繰り返します。1は5より小さいので、Pythonは1を出力して1を加え、現在の数を2にします。2は5より小さいので、Pythonは2を出力して1を加え、現在の数を3にします。同様の処理を続けてcurrent_numberが5を超えると、ループが停止してプログラムは終了します。

```
1
2
3
4
5
```

日々利用する多くのプログラムにwhileループが含まれています。たとえば、ユーザーがゲームを好きなだけプレイし続け、やめたくなったらすぐに終了できるようにするには、whileループが必要です。指示していな

7　ユーザー入力とwhileループ

第**7**章　ユーザー入力とwhileループ

いのに勝手に停止したり、終了したのに止まらなかったりするプログラムは使っていて楽しくないでしょう。このような場合に、whileループはとても便利です。

いつ停止するかをユーザーに選ばせる

parrot.pyプログラムの主要な部分をwhileループの中に入れることで、ユーザーが望む間だけ動作するようにできます。**終了させる値**を定義し、ユーザーがその値を入力するまでプログラムを実行し続けます。

parrot.py
```
prompt = "\n何か書いてください。繰り返してお返事します。"
prompt += "\nプログラムを止めるには '終了' と入力してください。 "
message = ""
while message != '終了':
    message = input(prompt)
    print(message)
```

はじめに、2つの選択ができることをユーザーに伝える入力プロンプトを定義します。選択できるのは、メッセージを入力するか、終了させる値（この場合は'終了'）を入力するかのいずれかです。次に、ユーザーが入力する値を記録するために変数messageを設定します。変数messageは空の文字列""として定義します。これは、Pythonが最初にwhileの行に入ったときにも条件を評価できるようにするためです。プログラムを起動してはじめてwhile文に到達したとき、Pythonはmessageの値が'終了'と等しいかどうかを比較しますが、この時点では何も入力されていません。もし比較できるものがなかったら、Pythonはプログラムを実行し続けることができません。この問題を解決するためにmessageに初期値を設定する必要があります。ここで設定しているのは空の文字列ですがPythonにとっては意味があり、これによってwhileループを動かすための比較ができるようになります。このwhileループは、messageの値が'終了'でない限りコードを実行し続けます。

最初にループを通るときmessageは空の文字列なので、Pythonはループに入ります。message = input(prompt)の行でPythonは入力プロンプトを表示し、ユーザーからの入力を待ちます。入力された内容はmessageに代入され、出力されます。そして、Pythonはwhile文の条件を再度評価します。ユーザーが'終了'と入力しない限り、入力プロンプトが再び表示されてPythonは次の入力を待ちます。最終的にユーザーが'終了'を入力したときにPythonはwhileループの実行を停止し、プログラムは終了します。

何か書いてください。繰り返してお返事します。
プログラムを止めるには'終了'と入力してください。 **こんにちはみなさん！**
こんにちはみなさん！

何か書いてください。繰り返してお返事します。
プログラムを止めるには'終了'と入力してください。 **もう一回、こんにちは**
もう一回、こんにちは

> 何か書いてください。繰り返してお返事します。
> プログラムを止めるには'終了'と入力してください。 **終了**
> 終了

'終了'という単語を実際のメッセージとして出力してしまう点を除き、このプログラムはよくできています。単純なifによるテストでこの点を修正します。

```python
prompt = "\n何か書いてください。繰り返してお返事します。"
prompt += "\nプログラムを止めるには '終了' と入力してください。 "

message = ""
while message != '終了':
    message = input(prompt)

    if message != '終了':
        print(message)
```

プログラムはメッセージを出力する前に簡単なチェックを行い、メッセージが'終了'と一致しなければ出力します。

> 何か書いてください。繰り返してお返事します。
> プログラムを止めるには'終了'と入力してください。 **こんにちはみなさん！**
> こんにちはみなさん！
>
> 何か書いてください。繰り返してお返事します。
> プログラムを止めるには'終了'と入力してください。 **もう一回、こんにちは**
> もう一回、こんにちは
>
> 何か書いてください。繰り返してお返事します。
> プログラムを止めるには'終了'と入力してください。 **終了**

フラグを使う

1つ前の例は、与えられた条件が真の間だけ特定のタスクを行うプログラムでした。しかし、多くの異なるイベントがプログラムを終了させるきっかけとなるような、より複雑なプログラムの場合はどうでしょうか?

たとえば、ゲームではいくつかの異なるイベントがゲームの終了につながります。宇宙船がなくなったとき、時間切れとなったとき、守るべき街が壊滅したときなどにゲームは終了するはずです。これらのイベントのうちのどれか1つが発生したら、ゲームを終了させる必要があります。プログラムを停止させるイベントが多数発生する場合、それらの条件すべてを1つのwhile文でテストしようとするのは複雑で難しいものです。

多くの条件が真のときだけ実行されるプログラムでは、プログラム全体がアクティブかどうかを判別する1つの変数を定義できます。**フラグ**と呼ばれるこの変数は、プログラムに対する信号機の役目を果たします。フラグがTrueの間だけプログラムを実行し、いくつかあるイベントのうち、いずれかがフラグをFalseに変更したら停止するといったプログラムを書くことができます。これにより、全体に対するwhile文ではフラグが現在Trueかどうかという1つの条件だけをチェックすればよくなります。そして、他のすべてのテスト（フラグをFalseに設定すべきイベントが発生しているかどうかを確認するテスト）はプログラムの他の箇所で整理できます。

前の節のparrot.pyにフラグを追加しましょう。activeと名付けたこのフラグ（名前は何でもかまいません）は、プログラムを実行し続けるかどうかを監視します。

```
prompt = "\n何か書いてください。繰り返してお返事します。"
prompt += "\nプログラムを止めるには '終了' と入力してください。 "

active = True
while active:
    message = input(prompt)

    if message == '終了':
        active = False
    else:
        print(message)
```

❶

変数activeにTrueを設定し、プログラムがアクティブな状態で開始されるようにします。while文そのものでは比較を行わないため、while文がよりシンプルになります。ロジックは、プログラムの別の部分が引き受けています。変数activeがTrueである限りループが実行され続けます❶。

whileループの内側のif文で、ユーザーが入力したmessageの値をチェックします。ユーザーが'終了'を入力すると、activeにFalseが設定されてwhileループが停止します。ユーザーが'終了'以外を入力すると、その内容をメッセージとして出力します。

このプログラムは、条件テストをwhile文の中に直接記述した前述の例と同じ内容を出力します。しかし、プログラム全体がアクティブな状態かどうかを示すフラグがあるので、activeをFalseに変えるようなイベントについてより多くの条件テスト（elif文など）を容易に追加できます。これは、プログラムを停止するイベントが多く発生するゲームのような複雑なプログラムで役立ちます。たとえば、あるイベントをきっかけにアクティブフラグがFalseに変われば、ゲームのメインループは終了して「ゲームオーバー」のメッセージが表示され、プレイヤーには再プレイのオプションが提示されます。

breakを使用してループを終了する

条件テストの結果に関係なく、残りのコードを実行せずにwhileループを即座に終了するには、break文を使います。break文はプログラムの流れを決定します。これを使うと、コードのどの行を実行し、どの行を実行しないかを制御できるので、必要なときに必要なコードだけを実行できます。

たとえば、ユーザーが訪れたことのある場所を尋ねるプログラムを考えてみましょう。このプログラムでは、ユーザーが'終了'の値を入力するとただちにbreakが呼び出され、whileループが停止します。

cities.py
```python
prompt = "\n行ったことのある街を教えてください："
prompt += "\n（終わったら '終了' と入力してください。）"

❶ while True:
    city = input(prompt)

    if city == '終了':
        break
    else:
        print(f"{city.title()}に行くのって最高です!")
```

while Trueで始まるループはbreak文に到達しない限りずっと実行されます❶。このプログラムのループは、'終了'が入力されるまでユーザーに訪れたことのある街の名前を尋ね続けます。'終了'が入力されるとbreak文が実行され、Pythonはループを終了します。

```
行ったことのある街を教えてください：
  （終わったら '終了' と入力してください。） ニューヨーク
ニューヨークに行くのって最高です!

行ったことのある街を教えてください：
  （終わったら '終了' と入力してください。） サンフランシスコ
サンフランシスコに行くのって最高です!

行ったことのある街を教えてください：
  （終わったら '終了' と入力してください。） 終了
```

　break文はPythonのどのようなループでも使用できます。たとえば、リストや辞書を対象にしたforループをbreakを使用して終了できます。

141

第**7**章　ユーザー入力とwhileループ

ループの中でcontinueを使う

continue文を使えば、残りのコードを実行せずにループを脱出するのではなく、条件テストの結果に基づいてループの始まりに戻ることができます。たとえば、1から10まで数をカウントし、そのうち奇数だけを出力するループを考えてみましょう。

counting.py

❶
```python
current_number = 0
while current_number < 10:
    current_number += 1
    if current_number % 2 == 0:
        continue

    print(current_number)
```

はじめにcurrent_numberに0をセットします。0は10よりも小さいので、Pythonはwhileループに入ります。ループに入るとカウントを1つ増やすので、current_numberは1になります❶。if文でcurrent_numberを2で割ったときの余りをチェックします。もし余りが0（つまりcurrent_numberが2で割り切れる）なら、continue文によってループの残りを無視して先頭に戻るようにPythonに指示します。現在の数値が2で割り切れない場合は、ループの残りの部分が実行され、Pythonは現在の数を出力します。

```
1
3
5
7
9
```

無限ループを回避する

ループが永遠に走り続けることがないように、すべてのwhileループには停止する方法が必要になります。たとえばこのループは、1から5までの数をカウントしています。

counting.py
```python
x = 1
while x <= 5:
    print(x)
    x += 1
```

しかし、誤って次のようにx += 1の行を消してしまうと、ループは永遠に実行されます。

142

```
# このループは永遠に続きます！
x = 1
while x <= 5:
    print(x)
```

xの値は1から始まりますが、変わることがありません。結果として、x <= 5の条件テストは常にTrueと評価され、whileループは永遠に実行されます。そのため、次のように無限に1が出力されます。

```
1
1
1
1
--省略--
```

どんなプログラマーでも、ときどき意図しない無限ループを書いてしまうことがあります。ループの終了条件が微妙な場合はなおさらです。あなたのプログラムが無限ループに陥ったときは、Ctrl + Cキーを押すか、プログラムの出力を表示しているターミナル画面を閉じてください。

無限ループを書くことを避けるために、すべてのwhileループをテストして期待どおりにループが停止するかを確認するようにしてください。ユーザーが特定の値を入力したときにプログラムを終了させたい場合は、プログラムを実行してその値を入力します。プログラムが終了しない場合は、ループを終了させる値がプログラムの中でどう扱われているかを見直してください。ループの条件をFalseにする、もしくはbreak文に到達する箇所がプログラムの中に少なくとも1つあることを確かめてください。

他の多くのテキストエディターと同様に、VS Codeには組み込みのターミナルウィンドウがあり、出力はそこに表示されます。無限ループを止めるには、テキストエディターの出力エリア内をクリックしてからCtrl + Cキーを押してください。

やってみよう

7-4. ピザのトッピング
'終了'が入力されるまでユーザーにピザのトッピングの入力を求めるループを作成します。トッピングを入力されるごとに、そのトッピングをピザに追加するというメッセージを表示します。

7-5. 映画のチケット
ある映画館では年齢によって異なるチケット料金が設定されています。3歳未満のチケットは無料、3歳以上12歳以下は1000円、12歳を超えると1500円です。ユーザーに年齢を尋ね、映画のチケット料金を伝えるループを作成してください。

第**7**章　ユーザー入力とwhileループ

7-6. 3つの出口
演習問題7-4か演習問題7-5のどちらかをもとに別バージョンを作成してください。次のそれぞれを1回ずつ行います。

- ループを停止するためにwhile文で条件テストを使用します。
- active変数を用いてループをどれだけ続けるかを制御します。
- ユーザーが'終了'を入力したらbreak文を使ってループを終了します。

7-7. 無限ループ
終了しないループを作成して実行します (ループを終わらせるには Ctrl + C キーを押すか、出力を表示しているウィンドウを閉じます)。

whileループをリストと辞書で使用する

　これまでは、一度に1つのユーザー情報だけを処理してきました。ユーザーからの入力を受け取り、その入力または応答を出力しました。次のwhileループでは、さらに別の入力値を受け取り、それに応答します。ここでは多くのユーザーや情報を追跡するので、whileループでリストや辞書を使う必要があります。

　forループは、リストをループするのに効果的ですが、リスト内の値をPythonが追跡する際に問題が生じるのでforループ内でリストの値を変更すべきではありません。リストを処理する際に値を変更する場合は、whileループを使います。リストや辞書でwhileループを使うと、多くの入力を収集、保管、整理し、それらについてあとで調べたり報告したりできます。

あるリストから別のリストに要素を移動する

　Webサイトに新たに登録されたユーザーのうち、本人確認ができていないユーザーのリストを考えてみましょう。本人確認をしたあと、ユーザーを確認済みリストに移動するにはどのようにすればよいでしょうか? 1つの方法は、whileループを使って未確認ユーザーのリストからユーザーを取り出し、本人確認ができたら確認済みユーザーのリストに追加するというものです。コードは次のようになります。

confirmed_users.py

```
# 確認が必要なユーザーから始める
# 確認済みのユーザーを保持するための空のリストを用意する
```

whileループをリストと辞書で使用する

```
❶  unconfirmed_users = ['alice', 'brian', 'candace']
    confirmed_users = []

    # 未確認ユーザーがいなくなるまでユーザーの確認を進める
    # 確認済みのユーザーは確認済みリストに移動する
❷  while unconfirmed_users:
❸      current_user = unconfirmed_users.pop()

        print(f"確認中のユーザー: {current_user.title()}")
❹      confirmed_users.append(current_user)

    # 確認済みのユーザーをすべて表示する
    print("\n以下のユーザーは確認済みです。")
    for confirmed_user in confirmed_users:
        print(confirmed_user.title())
```

はじめに未確認のユーザーのリスト（Alice、Brian、Candace）❶と、確認済みのユーザーを格納するための空のリストを作成します。whileループは、リストunconfirmed_usersが空でない限り実行されます❷。このループの中では、未確認のユーザーをunconfirmed_usersの末尾からpop()メソッドで一度に1つずつ削除します❸。リストunconfirmed_usersの最後はCandaceなので、彼女の名前が最初にリストから削除されてcurrent_userに代入され、リストconfirmed_usersに追加されます❹。その次にBrian、そしてAliceと続きます。

確認メッセージを出力して確認済みユーザーのリストに追加することで、各ユーザーによる本人確認をシミュレートしています。未確認ユーザーのリストが小さくなると、確認済みユーザーのリストが大きくなります。未確認ユーザーのリストが空になるとループは停止し、確認済みユーザーのリストが出力されます。

```
確認中のユーザー: Candace
確認中のユーザー: Brian
確認中のユーザー: Alice

以下のユーザーは確認済みです。
Candace
Brian
Alice
```

リストから特定の値をすべて削除する

第3章では、特定の値をリストから削除するためにremove()メソッドを使いました。そのときは、対象とする値がリスト中に1件しかなかったため、remove()メソッドがうまく機能しました。では、ある値を持つすべての要素をリストから削除したい場合はどうすればよいでしょうか?

145

第**7**章　ユーザー入力とwhileループ

'cat'という値が何度か繰り返し出てくるペットのリストがあるとします。'cat'の値をすべて削除するには、次のように'cat'がリストからなくなるまでwhileループを実行します。

pets.py
```
pets = ['dog', 'cat', 'dog', 'goldfish', 'cat', 'rabbit', 'cat']
print(pets)

while 'cat' in pets:
    pets.remove('cat')

print(pets)
```

はじめに複数の'cat'を含むリストを作成します。リストを出力したあと、Pythonはwhileループに入ります。少なくとも1つは'cat'がリストの中に見つかるからです。ループに入ると、Pythonは最初の'cat'を削除してwhileの行に戻り、リストの中に'cat'が見つかると再度ループに入ります。Pythonは'cat'がリストからすべてなくなるまで削除を続け、すべて削除するとループを終了し、再びリストを出力します。

```
['dog', 'cat', 'dog', 'goldfish', 'cat', 'rabbit', 'cat']
['dog', 'dog', 'goldfish', 'rabbit']
```

ユーザーの入力から辞書を作る

whileループを通るたびに入力プロンプトを表示し、必要なだけユーザーに入力を促すことができます。ループを通るたびに名前と回答の入力を参加者に求める投票プログラムを作ってみましょう。各回答とユーザーを関連付けるために、収集したデータを辞書に代入します。

mountain_poll.py
```
responses = {}

# 投票がアクティブなことを示すフラグをセット
polling_active = True

while polling_active:
    # 入力プロンプトで名前と回答を受け付ける
❶  name = input("\nあなたのお名前は？ ")
    response = input("いつか登りたい山は何ですか？ ")

    # 回答を辞書に保存する
❷  responses[name] = response
```

146

```
        # 誰か他に投票する人がいるかどうか確認する
❸    repeat = input("誰か他に回答してくれる人はいますか？（yes/ no）")
      if repeat == 'no':
          polling_active = False

    # 投票を終了し、結果を表示する
    print("\n--- 投票結果 ---")
❹  for name, response in responses.items():
        print(f"{name}さんが登りたいのは{response}です。")
```

このプログラムでは、はじめに空の辞書（responses）を定義し、投票がアクティブなことを示すフラグ（polling_active）をセットします。polling_activeがTrueの間、Pythonはwhileループ内のコードを実行します。

ユーザー名と登りたい山の入力を促すプロンプトをループの中で表示します❶。それらの情報は辞書responsesに格納され❷、ユーザーは投票を続けるかどうかを聞かれます❸。yesが入力されると、プログラムは再度whileループに入ります。noが入力されると、フラグpolling_activeにFalseがセットされ、whileループが停止し、最後のコードブロックで投票結果が表示されます❹。

このプログラムを実行してサンプルの回答を入力すると、次のような結果が出力されます。

```
あなたのお名前は？ ぜんいち
いつか登りたい山は何ですか？ 富士山
誰か他に回答してくれる人はいますか？（yes/ no）yes

あなたのお名前は？ たかのり
いつか登りたい山は何ですか？ マッターホルン
誰か他に回答してくれる人はいますか？（yes/ no）no

--- 投票結果 ---
ぜんいちさんが登りたいのは富士山です。
たかのりさんが登りたいのはマッターホルンです。
```

やってみよう

7-8. デリカテッセン

sandwich_ordersという名前のリストを作成し、いろいろな種類のサンドイッチの名前を格納します。次にfinished_sandwichesという名前の空のリストを作成します。サンドイッチの注文リストをループし、それぞれの注文について「ツナサンドができました。」のようなメッセージを出力します。各サンドイッチができあがったら、完成したサンドイッチのリスト（finished_sandwiches）に移します。すべてのサンドイッチが完成したら、できあがったサンドイッチを一覧にしたメッセージを出力します。

第**7**章　ユーザー入力とwhileループ

7-9. パストラミ抜きで
演習問題7-8のリストsandwich_ordersを使用します。リストの中に3回以上 'パストラミサンド' が含まれる
ようにします。プログラムの開始部分の近くに「パストラミが品切れ」というメッセージを出力するコードを追
加します。whileループを使用してsandwich_ordersリストからすべてのパストラミサンドを削除します。削除
が終わったら、finished_sandwichesにパストラミサンドが存在しないことを確認します。

7-10. 夢のバケーション
ユーザーが夢のバケーションで行きたいところを投票するプログラムを書きます。「世界中どこでも好きなと
ころに行けるとしたらどこに行きたいですか?」といった内容の入力プロンプトを書きます。投票の結果を出力
するコードブロックを書きます。

まとめ

この章では、次のことを学びました。

- input()を使ってユーザーが自分の情報をプログラムに入力する方法
- テキスト入力および数値入力の取り扱いと、whileループを使ってユーザーが必要とする間だけプログラム
を動かし続ける方法
- whileループの流れを制御する方法として、activeフラグの設定、break文の使用、continue文の使用
- whileループを使用し、あるリストから別のリストにアイテムを移動する方法と、リスト内の任意の値をす
べて削除する方法
- whileループを使った辞書の作成

第8章では、**関数**について学びます。関数を使用すると、プログラムを小さなパーツに分割でき、それぞれ
のパーツはある特定のジョブだけを実行します。関数は何度でも呼び出すことができ、別のファイルに格納で
きます。関数を使うことでより効率的なコードを書くことができ、トラブルシューティングやメンテナンスが容
易になり、多くのプログラムで再利用できるようになります。

148

関数

第**8**章 関数

　こ の章では**関数**の書き方について学びます。関数は特定の処理を行うコードブロックに
名前をつけたものです。関数で定義した特定のタスクを実行する際には、その関数
を**呼び出し**ます。あるタスクをプログラム中で複数回実行する場合、そのタスクを実行する
同じコードを何度も書く必要はありません。そのタスクの処理を行う専用の関数を呼び出す
だけで、Pythonは関数の中にあるコードを実行します。関数を使用することで、プログラ
ムの作成、内容の把握、テスト、修正が容易になります。
この章では、他に次のことについて学びます。

- 関数に情報を渡すためのいろいろな方法
- 受け取った情報を出力する関数を書く方法
- データを処理して1つまたは複数の値の集まりを返す関数を書く方法
- **モジュール**と呼ばれる別のファイルに関数を格納し、メインプログラムから呼び出す方法

関数を定義する

次に示すのは、あいさつメッセージを表示するgreet_user()というシンプルな関数です。

greeter.py
```
def greet_user():
    """シンプルなあいさつメッセージを出力する"""
    print("こんにちは！")

greet_user()
```

　この例は、もっともシンプルな関数の構造を表しています。最初の行でdefキーワードを使用することで、
関数を定義することをPythonに伝えます。これは**関数の定義**と呼ばれ、Pythonに関数の名前を提示し、必
要であれば関数が動作するために必要な情報の種類を記述するものです。情報は丸カッコの中に入ります。こ
の例で関数の名前はgreet_user()であり、この関数の動作に追加の情報は不要なのでカッコの中は空になっ
ています（その場合でも丸カッコは必要です）。関数定義はコロン（:）で終わります。

　def greet_user():のあとのインデントされた行に関数の**本体**を記述します。2行目の文章は**docstring**
（ドックストリング）と呼ばれるコメントで、この関数の動作に関する説明を記述します。Pythonがプログラム
中の関数についてのドキュメントを生成するときに、関数定義の直下にある文字列を探します。この文字列は
通常3重クォートで囲まれ、複数行のテキストを書くことができます。

150

print("こんにちは!")の行はこの関数の本体である唯一のコードであり、greet_user()関数で実行される
のはprint("こんにちは!")という1つの動作だけです。

この関数を使用するには、関数を呼び出す必要があります。**関数呼び出し**は、Pythonに関数の中のコード
を実行するように指示します。関数を**呼び出す**には、関数名を書いてその後ろの丸カッコの中に必要な情報を
記述します。ここでは情報が不要なため、単純にgreet_user()と入力するだけで関数を呼び出せます。関数
を実行すると「こんにちは!」と出力されます。

```
こんにちは!
```

関数に情報を渡す

greet_user()関数を少し変更して、ユーザーの名前も含んだあいさつができるようにします。関数がユー
ザーの名前を受け取れるように、関数定義のdef greet_user()の丸カッコ内にusernameと記述します。
usernameを追加することで、関数はusername変数で任意の値を受け取れるようになります。この関数は、呼
び出し時にusernameの値を要求するようになりました。greet_user()関数を呼び出す際に、丸カッコの中に
'jesse'のような名前を渡すことができます。

```
def greet_user(username):
    """シンプルなあいさつメッセージを出力する"""
    print(f"こんにちは{username.title()}!")

greet_user('jesse')
```

greet_user('jesse')と入力すると、greet_user()関数が呼び出され、print()の呼び出しに必要な情報
が渡されます。関数は渡された名前を受け取り、名前を含めたあいさつメッセージを出力します。

```
こんにちはJesse!
```

同様にgreet_user('sarah')と入力すると、greet_user()関数は'sarah'を受け取り、「こんにちは
Sarah!」と出力します。greet_user()関数は何度でも呼び出すことができ、指定した名前によって想定され
た出力が生成されます。

実引数と仮引数

前の例のgreet_user()関数では、username変数の値を要求するようにgreet_user()を定義しました。そ
のため、この関数を呼び出すときに情報(人の名前)を渡すと、正しいあいさつメッセージが出力されました。

greet_user()関数の定義に出てくるusername変数は、**仮引数**(parameter)の一例です。仮引数とは、

関数が作業を実行するために必要な情報のことです。greet_user('jesse')の中の値'jesse'は**実引数**（argument）の一例です。実引数とは、関数呼び出しから関数に渡される情報のことです。関数を呼び出すときに、関数が必要とする値を丸カッコの中に記述します。この例では、greet_user()関数の実引数として'jesse'が渡され、その値が仮引数であるusernameに代入されています。

 ときどき実引数（argument）と仮引数（parameter）を逆の意味で話す人がいます。関数定義の中にある変数を実引数（argument）と呼んだり、関数を呼び出すときに指定する変数を仮引数（parameter）と呼んだりする人がいても驚かないでください。

訳注

実引数と仮引数をまとめて両方を**引数**と呼ぶこともよくあります。本書でも引数という言葉を使用します。引数と書いてある場合は、両方またはいずれかのことを指しています。

やってみよう

8-1. メッセージ
display_message()という関数を作成し、この章で学んだことを伝える文章を出力します。その関数を呼び出し、メッセージが正しく出力されることを確認します。

8-2. 好きな本
favorite_book()という関数を作成します。この関数は、titleという仮引数を受け取って「私の好きな本は不思議の国のアリスです。」といったメッセージを出力します。関数呼び出しでは、実引数に本のタイトルを指定します。

実引数を渡す

　関数の定義では複数の仮引数を指定できるため、関数を呼び出すときにも複数の実引数が必要な場合があります。関数に実引数を渡す方法はいくつかの種類があります。**位置引数**では、仮引数と同じ順番で実引数を指定する必要があります。**キーワード引数**では、各実引数が変数名と値で構成されます。値にはリストや辞書も使用できます。これらの引数の使い方を順番に見ていきましょう。

位置引数

Pythonでは、関数を呼び出すときに指定された各実引数を、関数定義時の仮引数と対応させる必要があります。もっとも単純な方法は、引数が指定された順番をもとにすることです。この方法で値を対応付けることを**位置引数**と呼びます。

どのように動作するかを確認するために、ペットについての情報を出力する関数を考えてみます。関数にはペットの種類とペットの名前の情報を渡します。

pets.py

```
❶  def describe_pet(animal_type, pet_name):
        """ペットについての情報を出力する。"""
        print(f"\n私は{animal_type}を飼っています。")
        print(f"{animal_type}の名前は{pet_name.title()}です。")

❷  describe_pet('フェレット', 'せぶん')
```

関数は、動物の種類とペットの名前が仮引数として定義されています❶。describe_pet()関数を呼び出すときに、動物の種類とペットの名前をこの順番で指定する必要があります。たとえばこの例では、関数を呼び出すときに実引数'フェレット'が仮引数animal_typeに代入され、実引数'せぶん'が仮引数pet_nameに代入されます❷。関数本体では、2つの仮引数を使用してペットについての文章を出力します。

出力メッセージでは、「フェレットの名前がせぶん」であると説明されています。

```
私はフェレットを飼っています。
フェレットの名前はせぶんです。
```

複数回の関数呼び出し

関数は必要なだけ何回でも呼び出せます。別のペットの情報を出力するには、もう一度describe_pet()関数を呼び出します。

```
def describe_pet(animal_type, pet_name):
    """ペットについての情報を出力する。"""
    print(f"\n私は{animal_type}を飼っています。")
    print(f"{animal_type}の名前は{pet_name.title()}です。")

describe_pet('フェレット', 'せぶん')
describe_pet('イヌ', 'ウィリー')
```

第8章 関数

2番目の関数呼び出しでは、実引数として'イヌ'と'ウィリー'をdescribe_pet()関数に渡しています。この実引数の組み合わせを使用し、Pythonは'イヌ'を仮引数animal_type、'ウィリー'を仮引数pet_nameに対応付けます。1つ前の行と同じように動作しますが、ここではイヌの名前がウィリーであることを示すメッセージを出力します。結果として、せぶんという名前のフェレットとウィリーという名前のイヌについてのメッセージが出力されます。

```
私はフェレットを飼っています。
フェレットの名前はせぶんです。

私はイヌを飼っています。
イヌの名前はウィリーです。
```

関数を複数回呼び出すことは、作業を進めるうえでとても効率がよい方法です。ペットについて説明するコードは関数の中に1度だけ書かれています。そして、新しいペットの説明をしたいときには、新しいペットの情報で関数を呼び出します。ペットについて説明するコードが10行以上に増えたとしても、新しいペットを増やすときにはたった1行の関数呼び出しを追加するだけでよいのです。

位置引数の順番に関する注意点

関数を呼び出すときに位置引数の順番を間違えると、予期せぬ結果が生じます。

```python
def describe_pet(animal_type, pet_name):
    """ペットについての情報を出力する。"""
    print(f"\n私は{animal_type}を飼っています。")
    print(f"{animal_type}の名前は{pet_name.title()}です。")

describe_pet('せぶん', 'フェレット')
```

この関数呼び出しでは1番目にペットの名前、2番目に動物の種類を指定しています。実引数'せぶん'は1番目にあるため、仮引数animal_typeに値が代入されます。同様に'フェレット'はpet_nameに代入されます。その結果、「フェレット」という名前の「せぶん」という出力になります。

```
私はせぶんを飼っています。
せぶんの名前はフェレットです。
```

このようなおかしな結果となった場合は、実引数を指定した順番が関数定義時の仮引数の順番と一致しているかを確認してください。

キーワード引数

キーワード引数は名前と値のペアを関数に渡します。実引数で名前と値を直接関連付けて指定するので、実引数を関数に渡すときに混乱がありません（「せぶんの名前はフェレット」ではなくなります）。キーワード引数では、関数を呼び出す際に実引数の順番を気にする必要がなく、それぞれの値の用途が明確になります。

describe_pet()関数の呼び出しで、キーワード引数を使用するようにpets.pyを書き換えます。

```
def describe_pet(animal_type, pet_name):
    """ペットについての情報を出力する。"""
    print(f"\n私は{animal_type}を飼っています。")
    print(f"{animal_type}の名前は{pet_name.title()}です。")

describe_pet(animal_type='フェレット', pet_name='せぶん')
```

describe_pet()関数は変更していません。しかし、関数を呼び出すときに、どの実引数と仮引数が対応しているかを明確にPythonに指示しています。Pythonは、関数を呼び出すときに実引数'フェレット'を仮引数animal_type、実引数'せぶん'を仮引数pet_nameに代入します。その結果、「フェレットの名前はせぶんです。」と正しく出力されます。

キーワード引数では、どの値をどの仮引数と関連付けるかがPythonに明確に伝えられるので、キーワード引数の順番を気にする必要はありません。次の2つの関数呼び出しは、どちらも同じ結果となります。

```
describe_pet(animal_type='フェレット', pet_name='せぶん')
describe_pet(pet_name='せぶん', animal_type='フェレット')
```

NOTE　キーワード引数を使う場合は、関数定義時の仮引数名を正確に指定してください。

デフォルト値

関数を定義するときには各仮引数に**デフォルト値**を定義できます。関数が呼び出されたときに仮引数に対応する実引数が指定された場合、Pythonはその実引数の値を使用します。実引数が指定されなかった場合は、仮引数のデフォルト値を使用します。そのため仮引数にデフォルト値を定義すると、関数を呼び出すときに対応する実引数を省略できるようになります。デフォルト値は、関数の呼び出しをシンプルにしてその関数の一般的な使い方を明確にします。

たとえば、describe_pet()関数はイヌについて使用することが多いとします。その場合、animal_typeのデフォルト値として'イヌ'を設定できます。すると、describe_pet()関数をイヌのために呼び出すときには、その情報を省略できるようになります。

```
def describe_pet(pet_name, animal_type='イヌ'):
    """ペットについての情報を出力する。"""
    print(f"\n私は{animal_type}を飼っています。")
    print(f"{animal_type}の名前は{pet_name.title()}です。")

describe_pet(pet_name='ウィリー')
```

describe_pet()関数の定義を書き換え、animal_typeのデフォルト値に'イヌ'を指定しました。関数を呼び出すときにanimal_typeを指定しない場合、Pythonは仮引数の値として'イヌ'を使用します。

```
私はイヌを飼っています。
イヌの名前はウィリーです。
```

関数の定義における仮引数の順番が変わっていることに注意してください。動物の種類の実引数はデフォルト値が指定されたので必須ではなくなり、関数を呼び出すときに必須の実引数はペットの名前だけとなります。Pythonはこの引数を位置引数として扱います。そのため、関数を呼び出すときにペットの名前だけを指定した場合、実引数は関数定義時の最初の仮引数に関連付けられます。このため、pet_nameを最初の仮引数にしています。

この関数のもっとも単純な使用方法は、関数呼び出しでイヌの名前だけを指定することです。

```
describe_pet('ウィリー')
```

結果は前述の例と同じになります。1つの実引数'ウィリー'だけが指定され、関数定義時の最初の仮引数pet_nameに関連付けられます。animal_typeに実引数が指定されていないため、Pythonはデフォルト値の'イヌ'を使用します。

イヌ以外の動物について説明する場合は、次のように関数を呼び出します。

```
describe_pet(pet_name='せぶん', animal_type='フェレット')
```

animal_typeに実引数が指定されたため、Pythonは仮引数のデフォルト値を無視します。

 デフォルト値を使用する場合、デフォルト値を指定した仮引数はデフォルト値を持たないすべての仮引数より後ろに記述します。このように書くことにより、Pythonは位置引数を正しく解釈できるようになります。

関数を同じように呼び出す

位置引数、キーワード引数とデフォルト値は同時に使用できるため、同じように関数を呼び出せる方法がいくつかあります。次のように、describe_pet()関数の仮引数の1つにデフォルト値を指定した場合を考えてみましょう。

```
def describe_pet(pet_name, animal_type='イヌ'):
```

この関数定義により、pet_nameに対応する実引数が常に必要となります。値の指定には位置引数またはキーワード引数を使用できます。動物の種類がイヌ以外の場合は、animal_typeのための実引数を指定する必要があり、この引数についても位置引数またはキーワード引数を使用できます。

この関数では、次に示す関数呼び出しがすべて機能します。

```
# イヌの名前はウィリー
describe_pet('ウィリー')
describe_pet(pet_name='ウィリー')

# フェレットの名前はせぶん
describe_pet('せぶん', 'フェレット')
describe_pet(pet_name='せぶん', animal_type='フェレット')
describe_pet(animal_type='フェレット', pet_name='せぶん')
```

それぞれの関数呼び出しは、前述の例と同じ出力となります。

引数の指定にどの形式を使用するかは本質的な問題ではありません。関数を呼び出して必要な出力を得るために、もっともわかりやすい形式を使用してください。

実引数のエラーを回避する

関数を使いはじめると、実引数が一致しないことによるエラーに遭遇することがあります。関数が必要とするよりも実引数の数が少なかったり、多かったりすると、実引数の不一致によるエラーが発生します。たとえば、describe_pet()関数を実引数なしで呼び出すと何が起こるでしょうか。

```
def describe_pet(animal_type, pet_name):
    """ペットについての情報を出力する。"""
    print(f"\n私は{animal_type}を飼っています。")
    print(f"{animal_type}の名前は{pet_name.title()}です。")

describe_pet()
```

第**8**章 関数

Pythonは関数呼び出しに足りない情報があることを認識し、トレースバックを出力します。

```
     Traceback (most recent call last):
❶      File "pets.py", line 6, in <module>
❷        describe_pet()
         ^^^^^^^^^^^^^^
❸    TypeError: describe_pet() missing 2 required positional arguments: 'animal_type' and 'pet_name'
```

　トレースバックの最初の箇所では、問題が発生した場所が記載され❶、関数呼び出しで何か間違いがあったことが表示されます。次に、問題のあった関数呼び出しが表示されます❷。最後に、関数呼び出しで2つの引数が足りないことが記載され、足りない引数の名前が表示されます❸。関数が別のファイルに書かれている場合でも、そのファイルを開いて関数のコードを確認することなく関数呼び出しを正しく書き換えることができます。

　Pythonは関数のコードを読み、関数に指定すべき引数の名前を教えてくれるので、関数と変数にはわかりやすい名前をつけておくことをおすすめします。わかりやすい名前をつけると、Pythonのエラーメッセージがより有益なものになります。

　必要以上の実引数を指定した場合にも、関数の定義と関数呼び出しを正しく対応付けるために同様のトレースバックが出力されます。

やってみよう

8-3. Tシャツ
引数としてTシャツのサイズとプリントするメッセージを受け取るmake_shirt()関数を作成します。関数を呼び出すと、Tシャツのサイズとプリントするメッセージについての文章が出力されます。
位置引数を使用して関数を呼び出し、Tシャツを作成します。次に、キーワード引数を使用して関数を呼び出します。

8-4. 大きなシャツ
make_shirt()関数を書き換えてサイズのデフォルト値に「L」、メッセージのデフォルト値に「I love Python」を指定します。デフォルトのメッセージで「L」サイズと「M」サイズのTシャツを作成します。また、任意のサイズと任意のメッセージでTシャツを作成します。

8-5. 都市
引数として都市名と国を受け取るdescribe_city()関数を作成します。この関数は、「レイキャビクはアイスランドにあります。」のような単純な文章を出力します。国の引数にデフォルト値を指定します。3つの異なる都市を指定して関数を呼び出します。その際に、1つはデフォルト値以外の国を指定します。

戻り値

関数は常に結果を直接出力する必要はありません。その代わりとして、データを処理した結果の値を関数の呼び出し元に返すことができます。関数が返す値を**戻り値**と呼びます（返り値ともいいます）。関数の中でreturn文に値を指定すると、その値が関数の呼び出し元に送り返されます。戻り値は、プログラム中の多くの複雑な作業を関数の中にまとめ、プログラムの中心部分をシンプルに保つのに役立ちます。

単純な値を返す

次の関数は名と姓を受け取り、フォーマットされたフルネームを返します。

formatted_name.py
```
  def get_formatted_name(first_name, last_name):
      """フォーマットされたフルネームを返す"""
❶     full_name = f"{first_name} {last_name}"
❷     return full_name.title()

❸ musician = get_formatted_name('jimi', 'hendrix')
  print(musician)
```

get_formatted_name()関数は、仮引数として名（first_name）と姓（last_name）を受け取るように定義されています。関数は、名と姓の間にスペースを挟んで文字列を連結したものをfull_name変数に代入します❶。full_nameの値をタイトルケースに変換して関数を呼び出した行に返します❷。

関数を呼び出したときに値が返ってくるようにする場合は、戻り値を代入する変数を指定する必要があります。この例の戻り値はmusician変数に代入されます❸。指定した名と姓をもとにフォーマットされたフルネームが出力されます。

```
Jimi Hendrix
```

この関数は、単純に書ける処理をわざわざたくさんのコードを使って実現しているように見えるかもしれません。次のように書くこともできます。

```
print("Jimi Hendrix")
```

しかし、大きなプログラムでたくさんの人の姓と名が別々に格納されている場合を考えてみてください。そのような場合、get_formatted_name()関数は非常に便利です。姓と名は別々に格納しておき、フルネームを表示するときにはこの関数を呼び出せばよいのです。

オプション引数を作成する

関数で必要なときだけ追加の情報を指定できるように、引数をオプションにしたい場合があります。そういったときには、デフォルト値を使用することで任意の引数をオプションのように扱えます。

たとえば、ミドルネームも扱えるようにget_formatted_name()のコードを拡張するとします。まずは、次のように仮引数にミドルネームを追加します。

```python
def get_formatted_name(first_name, middle_name, last_name):
    """フォーマットされたフルネームを返す"""
    full_name = f"{first_name} {middle_name} {last_name}"
    return full_name.title()


musician = get_formatted_name('john', 'lee', 'hooker')
print(musician)
```

名、ミドルネーム、姓が渡されたときにこの関数は動作します。関数は指定された3つの名前のパーツを使用し、文字列を生成します。それぞれのパーツの間にスペースを加え、先頭の文字を大文字に変換します。

```
John Lee Hooker
```

人の名前にミドルネームは必須ではありませんが、この関数は名と姓だけを指定して呼び出しても動作しません。ミドルネームをオプションにするには、仮引数middle_nameに空のデフォルト値を指定し、ユーザーが値を指定しない場合には無視するようにします。middle_nameに空の文字列をデフォルト値として指定し、仮引数のリストの最後に移動することで、get_formatted_name()関数はミドルネームがなくても動作するようになります。

```python
def get_formatted_name(first_name, last_name, middle_name=''):
    """フォーマットされたフルネームを返す"""
❶    if middle_name:
        full_name = f"{first_name} {middle_name} {last_name}"
❷    else:
        full_name = f"{first_name} {last_name}"
    return full_name.title()


musician = get_formatted_name('jimi', 'hendrix')
```

```
    print(musician)

❸  musician = get_formatted_name('john', 'hooker', 'lee')
    print(musician)
```

　この例で名前は最大3つのパーツから作成されます。名と姓は常に指定されるため、仮引数の前方に定義されています。ミドルネームはオプションのため関数定義の最後に記述し、デフォルト値として空文字列を指定しています。

　ミドルネームが指定されているかを関数の中で確認します。Pythonは条件テストで空ではない文字列をTrueと解釈するため、関数が呼び出されたときにミドルネームが渡されていれば、if middle_nameはTrueと評価されます❶。ミドルネームが指定されていれば、名、ミドルネーム、姓を連結してフルネームを作成します。フルネームは単語の先頭が大文字に変換されて関数の呼び出し側に返され、musician変数に代入されます。ミドルネームが指定されていない場合は、if文で空文字列がFalseと評価されてelseブロックが実行されます❷。フルネームは名と姓から作成され、フォーマットされた文字列が返され、musician変数に代入されて出力されます。

　この関数を名と姓だけで呼び出す場合は単純です。ミドルネームを使用する場合は、位置引数で正しく値を渡すためにミドルネームを最後に指定する必要があります❸。

　修正した関数は、名と姓だけの名前とミドルネームを含めた名前のどちらでも正しく動作します。

```
Jimi Hendrix
John Lee Hooker
```

　オプション引数により、関数の呼び出し方は単純なままで、さまざまなユースケースに対応できるようになります。

辞書を返す

　関数は、リストや辞書などの複雑なデータ構造を戻り値にできます。たとえば次の関数は、名前の各部分の情報を渡すと、人を表す辞書形式のデータにして返します。

person.py
```
    def build_person(first_name, last_name):
        """人についての情報を辞書で返す"""
❶      person = {'first': first_name, 'last': last_name}
❷      return person

    musician = build_person('jimi', 'hendrix')
❸  print(musician)
```

build_person()関数は名と姓を受け取り、その値を辞書に格納します❶。first_nameはキー 'first' の値、last_nameはキー 'last' の値として辞書に保存されます。そして、関数の呼び出し元には人の情報を表す辞書が返されます❷。戻り値を出力し、辞書の中に2つの情報が格納されていることを確認します❸。

```
{'first': 'jimi', 'last': 'hendrix'}
```

この関数は、シンプルなテキスト情報を受け取って意味のあるデータ構造に変換します。このようにすることにより、情報を出力するだけでなくデータとして扱えるようになります。文字列 'jimi' と 'hendrix' は、名と姓としてラベル付けされて保存されます。ミドルネームと同じように、年齢や職業など人に関する他の情報をオプションとして受け取れるように、関数を拡張することも簡単にできます。たとえば、次のように変更すると、年齢を格納できるようになります。

```python
def build_person(first_name, last_name, age=None):
    """人についての情報を辞書で返す"""
    person = {'first': first_name, 'last': last_name}
    if age:
        person['age'] = age
    return person

musician = build_person('jimi', 'hendrix', age=27)
print(musician)
```

オプション引数ageを関数の定義に追加し、特別な値Noneを代入します。この値は、引数が指定されなかった場合に値として代入されます。Noneは仮の値（プレースホルダー）と考えることもできます。条件式でNoneはFalseと評価されます。関数が呼び出されたときにageに値が設定されていた場合は、辞書にその値が格納されます。この関数は常に人の名前を格納しますが、人に関する他の情報を同様に格納するように変更することもできます。

◤ while ループで関数を使用する

ここまでに学んだPythonの構造のすべてで関数を使用できます。たとえば、whileループでget_formatted_name()関数を使用し、たくさんの人へのあいさつメッセージを出力してみましょう。次のようなコードで最初に名と姓を入力し、あいさつのメッセージを出力します。

greeter.py

```python
def get_formatted_name(first_name, last_name):
    """フォーマットされたフルネームを返す"""
    full_name = f"{first_name} {last_name}"
```

戻り値

```
    return full_name.title()

# これは無限ループです！
while True:
    print("\nあなたの名前を教えてください。")
    l_name = input("姓を入力してください: ")
    f_name = input("名を入力してください: ")

    formatted_name = get_formatted_name(f_name, l_name)
    print(f"\nこんにちは{formatted_name}！")
```

❶

この例では、ミドルネームを使用しないシンプルなget_formatted_name()を使います。whileループの中でユーザーの姓と名をそれぞれ入力します❶。

しかしこのwhileループには、終了条件が定義されていないという問題があります。一連の入力を求める中でどこに終了条件を設定するとよいでしょうか？ 簡単にプログラムを終了できるように、文字列を入力するときに終了を指示できるようにします。それぞれの文字列を入力したあとでbreak文を使用し、ループを簡単に終了できるようにします。

```
def get_formatted_name(first_name, last_name):
    """フォーマットされたフルネームを返す"""
    full_name = f"{first_name} {last_name}"
    return full_name.title()

while True:
    print("\nあなたの名前を教えてください。")
    print(" ('q' を入力すると終了します) ")

    l_name = input("姓を入力してください: ")
    if l_name == 'q':
        break

    f_name = input("名を入力してください: ")
    if f_name == 'q':
        break

    formatted_name = get_formatted_name(f_name, l_name)
    print(f"\nこんにちは{formatted_name}！")
```

ユーザーに終了方法を伝えるメッセージと、ユーザーが終了値を入力するとループを抜ける処理を追加しました。これにより、姓または名に'q'が入力されるまでプログラムはあいさつメッセージを出力し続けます。

163

第8章 関数

```
あなたの名前を教えてください。
（'q' を入力すると終了します）
姓を入力してください: matthes
名を入力してください: eric

こんにちはEric Matthes！

あなたの名前を教えてください。
（'q' を入力すると終了します）
姓を入力してください: q
```

やってみよう

8-6. 都市名

都市と国の名前を受け取るcity_country()関数を作成します。この関数は、次のようにフォーマットされた文字列を返します。

```
"Santiago, Chile"
```

3つ以上の都市と国のペアを使用してこの関数を呼び出し、戻り値を出力してください。

8-7. アルバム

音楽のアルバムについての辞書データを作成するmake_album()関数を作成します。この関数は、アーティスト名とアルバムのタイトルを受け取り、その2つの情報を格納した辞書を作成して返します。関数を使用して3つのアルバムを表す辞書を作成します。戻り値の辞書を出力し、アルバムに関する情報が正しく格納されていることを確認します。

Noneを使用してmake_album()にオプション引数を追加します。この引数にはアルバムの曲数を指定します。関数を呼び出すときに曲数を指定すると、その値をアルバムの辞書に追加します。曲数を指定した関数呼び出しを1つ以上作成します。

8-8. ユーザーのアルバム

演習問題8-7のプログラムから始めます。ユーザーがアルバムのアーティスト名とタイトルを入力するためのwhileループを作成します。入力された情報を使用してmake_album()を呼び出し、作成されたアルバムの辞書を出力します。任意の終了値が入力されると、whileループが終了するようにします。

リストを受け渡す

名前や数字のリストや辞書のような、より複雑なオブジェクトを引数として関数に渡すと便利な場合があります。関数にリストを渡すと、関数はリストの中身に直接アクセスできます。リストを使用して効率よく動作する関数を見てみましょう。

あいさつメッセージの対象となるユーザーのリストがあります。次の例では、名前のリストをgreet_users()関数に渡し、リスト中の一人一人に対してあいさつメッセージを出力します。

greet_users.py

```python
def greet_users(names):
    """リストの各ユーザーに対してシンプルなあいさつを出力する"""
    for name in names:
        msg = f"こんにちは{name.title()}！"
        print(msg)

usernames = ['hannah', 'ty', 'margot']
greet_users(usernames)
```

名前のリストを受け取って仮引数namesに代入する関数greet_users()を定義します。受け取ったリストを関数の中でループし、各ユーザーへのあいさつメッセージを出力します。関数の外側でリストusernamesにユーザーの一覧を定義し、greet_users()関数を呼び出すときにそのリストを渡します。

```
こんにちはHannah！
こんにちはTy！
こんにちはMargot！
```

想定どおりの出力が得られました。各ユーザーへのあいさつメッセージが出力されています。複数のユーザーにあいさつメッセージを出力したい場合は、いつでもこの関数を呼び出せます。

関数の中でリストを変更する

関数に渡したリストは、関数の中で変更できます。関数の中で行ったリストに対する変更は永続的なので、大量のデータを扱うときでも効率的に処理できます。

ユーザーが登録したデザインをもとに3Dモデルを印刷する会社を想像してみてください。印刷したい3Dデ

第**8**章 関数

ザインはリストに格納され、印刷が完了すると別のリストに移動されます。次のコードは、関数を使用せずに
この処理を書いたものです。

```python
# 3D印刷したいデザインのリストを作成する
unprinted_designs = ['iPhoneケース', 'ロボットのペンダント', '12面体']
completed_models = []

# リストからなくなるまでデザインを3D印刷する
# 各デザインは印刷後に completed_models に移動する
while unprinted_designs:
    current_design = unprinted_designs.pop()
    print(f"3D印刷中: {current_design}")
    completed_models.append(current_design)

# 3D印刷が完了したモデルを出力する
print("\n以下のモデルが3D印刷されました")
for completed_model in completed_models:
    print(completed_model)
```

printing_models.py

このプログラムは、印刷したいデザインのリストと各デザインを印刷したあとに移動するcompleted_models
という空のリストから開始します。unprinted_designsにデザインが存在する間は、whileループの中でリス
トの後ろからデザインを削除してcurrent_designに格納します。そして、現在3D印刷しているデザインを示
すメッセージを出力します。印刷が終わると、completed_modelsにそのデザインを追加します。ループが終
了すると、印刷したデザインの一覧を出力します。

```
3D印刷中: 12面体
3D印刷中: ロボットのペンダント
3D印刷中: iPhoneケース

以下のモデルが3D印刷されました
12面体
ロボットのペンダント
iPhoneケース
```

このコードを、特定の処理を行う2つの関数に再構成します。コードのほとんどは変更しておらず、より丁
寧に構造化しています。1つ目の関数はデザインの印刷処理を行い、2つ目の関数は作成されたモデルの情報
をまとめて出力します。

166

```
❶  def print_models(unprinted_designs, completed_models):
        """
        リストからなくなるまでデザインを3D印刷する
        各デザインは印刷後に completed_models に移動する
        """
        while unprinted_designs:
            current_design = unprinted_designs.pop()
            print(f"3D印刷中: {current_design}")
            completed_models.append(current_design)

❷  def show_completed_models(completed_models):
        """3D印刷されたすべてのモデルの情報を出力する"""
        print("\n以下のモデルが3D印刷されました")
        for completed_model in completed_models:
            print(completed_model)

    unprinted_designs = ['iPhoneケース', 'ロボットのペンダント', '12面体']
    completed_models = []

    print_models(unprinted_designs, completed_models)
    show_completed_models(completed_models)
```

　2つの引数を持つprint_models()関数を定義します❶。引数は、3D印刷したいデザインのリストと印刷が完了したモデルのリストです。この2つのリストにより関数は、各デザインをリストが空になるまで印刷し、印刷が完了したモデルのリストに格納します。次に、show_completed_models()関数を定義します❷。この関数は、印刷が完了したモデルのリストを受け取ります。このリストによりshow_completed_models()関数は、印刷された各モデルの名前を出力します。

　このプログラムの出力結果は関数を使用しないバージョンと同じですが、コードはより整理されています。動作の大部分は2つの関数に移動し、プログラムの主要な部分がわかりやすくなっています。プログラムの本文を見ると、このプログラムが何をしているかが簡単に理解できます。

```
    unprinted_designs = ['iPhoneケース', 'ロボットのペンダント', '12面体']
    completed_models = []

    print_models(unprinted_designs, completed_models)
    show_completed_models(completed_models)
```

　まず、3D印刷されていないデザインのリストと印刷が完了したモデルを格納するための空のリストを用意します。そして、あらかじめ定義した2つの関数に正しい引数を渡して実行します。print_models()関数に2つのリストを渡すことにより、print_models()関数はデザインの印刷を行います。次にshow_completed_ models()関数に印刷が完了したモデルのリストを渡すと、モデルの情報が出力されます。説明的な関数名をつけることにより、コメントがなくてもコードの内容が理解しやすくなっています。

このプログラムは、関数を使用しないバージョンよりも簡単に拡張や保守ができます。より多くのデザインを印刷する必要があれば、print_models()関数を再度呼び出すだけです。印刷を実行するコードに変更が必要であれば、関数のコードを一度書き換えるだけで、関数を呼び出すすべての場所の処理が変更されます。このテクニックは、プログラム中の複数の場所を別々に更新するよりも効率的です。

この例では、すべての関数が1つの特定の作業をすべきという考えが示されています。1番目の関数では各デザインを印刷し、2番目の関数では印刷が完了したモデルの情報を表示します。これは、1つの関数で両方の動作を実現するよりも有益です。1つの関数で多くのタスクを実行していると感じたら、コードを2つの関数に分割してみてください。ある関数から他の関数を呼び出せることは、複雑なタスクを一連の手順に分割するときに便利です。

関数によるリストの変更を防ぐ

関数によるリストの変更を防ぎたい場合があります。たとえば1つ前の例のように、印刷されていないデザインのリストから印刷が完了したモデルのリストに要素を移動する関数を書いたとします。すべてのデザインを印刷したあとに、元の印刷されていないデザインのリストを保持したい場合もあります。しかし、unprinted_designsにあるすべてのデザインは移動するのでリストは空になり、元のリストは失われます。このような場合、元のリストではなく、リストのコピーを関数に渡すことで問題に対処できます。関数の中で行われるリストの変更はコピーに対してのみ行われ、元のリストはそのまま残ります。

関数にリストのコピーを渡すには次のように書きます。

```
function_name(list_name[:])
```

スライス表記の[:]により、関数にリストのコピーを渡します。printing_models.pyで印刷されていないデザインのリストを空にしたくない場合は、次のようにprint_models()を呼び出します。

```
print_models(unprinted_designs[:], completed_models)
```

print_models()関数は、すべての印刷されていないデザインの名前を受け取るので正しく動作します。しかし、ここではunprinted_designsリストではなく、リストのコピーを使用しています。completed_modelsリストには以前と同じように印刷されたモデルの名前が格納されますが、unprinted_designsリストはこの関数の影響を受けません。

関数にリストのコピーを渡すことによってリストの中身を保持できますが、特別な理由がない限り関数にはコピーではなく元のリストを受け渡すべきです。すでに存在するリストを関数呼び出しに使用するほうが、コ

ピーを作成するための時間やメモリーを消費しないので効率的です。特に大きなリストの場合、影響が大きくなります。

やってみよう

8-9. メッセージ

複数の短いメッセージを含んだリストを作成します。リストをshow_messages()という関数に渡し、各メッセージを出力します。

8-10. メッセージを送信する

演習問題8-9のプログラムをコピーして始めます。send_messages()という関数を作成します。この関数は各メッセージを出力したあとに、そのメッセージをsent_messagesという新しいリストに移動します。関数を呼び出したあとに両方のリストを出力し、メッセージが正しく移動していることを確認します。

8-11. メッセージをアーカイブする

演習問題8-10から始めます。メッセージのリストのコピーを使用し、send_messages()関数を呼び出します。関数を呼び出したあとに両方のリストを出力し、元のリストがメッセージを保持していることを確認します。

任意の数の引数を渡す

　関数が何個の引数を受け取るべきか事前にわからない場合があります。幸いなことにPythonには任意の数の引数を使用できるようにする構文があります。

　たとえば、ピザを作る関数を考えてみましょう。この関数はいくつかのトッピングを引数として受け取りますが、何種類のトッピングが注文されるかは不明です。次の関数の例では仮引数が*toppingsの1つしかありませんが、この仮引数は関数が呼び出されたときに指定された複数の実引数をまとめて受け取ります。

pizza.py
```python
def make_pizza(*toppings):
    """注文されたトッピングの一覧を出力する"""
    print(toppings)


make_pizza('ペパロニ')
make_pizza('マッシュルーム', 'ピーマン', 'エクストラチーズ')
```

第**8**章　関数

　仮引数*toppingsについているアスタリスク（*）は、受け取った値をtoppingsというタプルにまとめて格納するようにPythonに指示します。関数の本文にあるprint()関数により、Pythonが関数呼び出しの際に渡された1つまたは3つの値を正しく処理していることを確認します。引数の数が異なる関数呼び出しが同じように扱われます。関数に渡す値が1つの場合でも、Pythonは実引数をタプルにまとめることに注意してください。

```
('ペパロニ',)
('マッシュルーム', 'ピーマン', 'エクストラチーズ')
```

　トッピングのリストをループして注文されたピザの説明をするようにprint()関数の行を書き換えます。

```
def make_pizza(*toppings):
    """注文されたピザの要約を出力する"""
    print("\n以下のトッピングのピザを作ります。")
    for topping in toppings:
        print(f"- {topping}")

make_pizza('ペパロニ')
make_pizza('マッシュルーム', 'ピーマン', 'エクストラチーズ')
```

　関数が受け取る値の数が1つでも3つでも適切に処理されます。

```
以下のトッピングのピザを作ります。
- ペパロニ

以下のトッピングのピザを作ります。
- マッシュルーム
- ピーマン
- エクストラチーズ
```

　この構文は、関数が受け取る引数が何個であっても正しく動作します。

位置引数と可変長引数を同時に使う

　関数でいくつかの種類の実引数を使用する場合、任意の数の実引数を受け取る仮引数（**可変長引数**）は関数定義の最後に書く必要があります。Pythonは、位置引数とキーワード引数の対応付けを最初に行い、残った実引数を最後の仮引数にまとめて格納します。

　たとえば、関数がピザのサイズを受け取れるようにするには、サイズ用の仮引数を*toppingsの前に定義します。

```python
def make_pizza(size, *toppings):
    """注文されたピザの要約を出力する"""
    print(f"\n{size}インチのピザを、以下のトッピングで作ります。")
    for topping in toppings:
        print(f"- {topping}")

make_pizza(16, 'ペパロニ')
make_pizza(12, 'マッシュルーム', 'ピーマン', 'エクストラチーズ')
```

　この関数定義でPythonは受け取った最初の値を仮引数sizeに代入します。また、それ以降のすべての値をタプルtoppingsに格納します。関数を呼び出すときには実引数の最初にサイズを指定し、その後ろにトッピングを必要な数だけ指定します。

　それぞれのピザにサイズとトッピングが指定され、各ピザについてサイズとトッピングを使用した適切なメッセージが出力されるようになりました。

```
16インチのピザを、以下のトッピングで作ります。
- ペパロニ

12インチのピザを、以下のトッピングで作ります。
- マッシュルーム
- ピーマン
- エクストラチーズ
```

　このような可変長引数をまとめるための一般的な仮引数名として*argsがよく使われます。

可変長キーワード引数を使用する

　関数で任意の数の引数を受け取りたいが、情報の種類が事前にわからない場合があります。このような場合には、呼び出しのときに複数のキーと値のペアを受け取る関数を定義できます。一例としてユーザーのプロフィールを作成する関数を考えてみます。この関数は、あるユーザーに関する情報を受け取りますが、受け取る情報の種類は不明です。次のbuild_profile()関数は、名と姓を常に受け取りますが、それ以外に任意の数のキーワード引数を受け取ることができます。

user_profile.py
```python
def build_profile(first, last, **user_info):
    """ユーザーの全情報を格納した辞書を作成する"""
❶   user_info['first_name'] = first
    user_info['last_name'] = last
    return user_info
```

第**8**章　関数

```
user_profile = build_profile('アルベルト', 'アインシュタイン',
                               location='プリンストン',
                               field='物理学')
print(user_profile)
```

build_profile()の関数定義では、名（first）と姓（last）以外にユーザーについての情報をキーと値の
ペアで複数指定できます。仮引数**user_infoの前についている2つのアスタリスク（**）により、Pythonは
辞書user_infoを作成し、関数が受け取った余分なキーと値のペアを格納します。関数の内部では、通常の
辞書と同じようにuser_info中のキーと値のペアにアクセスできます。

build_profile()の内部でuser_info辞書に名と姓を追加します❶。この2つの情報は、常にユーザーか
ら渡され、関数が呼び出されたときにはまだ辞書の中に存在していません。辞書にそれらを追加したら、関数
を呼び出した行に戻り値としてuser_info辞書を返却します。

build_profile()を呼び出すときに、名'アルベルト'と姓'アインシュタイン'に加え、2つのキーと値のペ
アlocation='プリンストン'とfield='物理学'を渡します。関数の戻り値で返されたプロフィールをuser_
profileに代入し、そのuser_profileを出力します。

```
{'location': 'プリンストン', 'field': '物理学',
 'first_name': 'アルベルト', 'last_name': 'アインシュタイン'}
```

返却された辞書にはユーザーの名と姓が格納されています。そしてこの例では、場所（'location'）と専門
分野（'field'）の情報があわせて格納されています。この関数は、引数にキーと値のペアをいくつ指定しても
正しく動作します。

関数には、位置引数、キーワード引数、可変長引数、可変長キーワード引数をさまざまな組み合わせで使
用できます。他の人が書いたコードを読むときにもこれらの引数は出てくるので、4種類の引数を知っておくと
便利です。異なる種類の引数を正しく使い分けるには練習が必要です。まずは、もっとも簡単に作業を完了で
きる手法を覚えてください。学習が進むにつれて、より効果的な手法が身についていくでしょう。

NOTE　このような可変長キーワード引数をまとめるための一般的な仮引数名として、**kwargsがよく使われま
す。

関数をモジュールに格納する

やってみよう

8-12. サンドイッチ
サンドイッチの中身のリストを受け取る関数を書きます。関数に仮引数を1つ定義し、仮引数は関数呼び出し時に指定された複数の項目をまとめて受け取り、注文されたサンドイッチについての要約を出力します。引数の数を変えて3回、この関数を呼び出します。

8-13. ユーザーのプロフィール
171ページのuser_profile.pyのコピーから始めます。自分の名と姓の他に3つのキーと値のペアを指定してbuild_profile()関数を呼び出し、プロフィールを作成します。

8-14. 自動車
自動車についての情報を辞書に格納する関数を作成します。この関数では常にメーカーとモデル名を受け取ります。また、可変長キーワード引数も受け取ります。必須の情報に加え、色やオプションなど2つのキーと値のペアを指定して関数を呼び出します。この関数は次のように呼び出すことができます。

```
car = make_car('スバル', 'レガシィ', color='ブルー', recorder=True)
```

戻り値として返された辞書を出力し、すべての情報が正しく格納されていることを確認します。

関数をモジュールに格納する

　関数の利点の1つは、コードの固まりをプログラムのメイン部分から分割できることです。関数にわかりやすい名前をつけることで、プログラムが理解しやすくなります。次のステップとして、**モジュール**と呼ばれる別のファイルに関数を格納し、モジュールをプログラムのメイン部分から**インポート**して利用する方法を説明します。Pythonでは、import文を使うことで現在動作しているプログラムからモジュールの中のコードを利用できます。

　別のファイルに関数を格納することでプログラムコードの詳細を隠し、より高度なレベルのロジックに集中できるようになります。また、さまざまなプログラムから関数を再利用できるようにもなります。関数を別のファイルに格納すると、プログラム全体は共有せずにそのファイルだけを他のプログラマーと共有できます。関数をインポートする方法を知れば、他のプログラマーが書いた関数のライブラリを利用できるようになります。

第8章 関数

モジュールのインポート方法にはいくつか種類があるので、それぞれについて簡単に説明します。

モジュール全体をインポートする

関数をインポートするためには、まずモジュールを作成します。**モジュール**には「.py」で終わるファイル名をつけ、プログラムにインポートするコードを中に保存します。make_pizza()関数を含むモジュールを作成しましょう。モジュールを作るためにpizza.pyファイルからmake_pizza()関数以外のコードを削除します。

pizza.py
```python
def make_pizza(size, *toppings):
    """注文されたピザの要約を出力する"""
    print(f"\n{size}インチのピザを、以下のトッピングで作ります。")
    for topping in toppings:
        print(f"- {topping}")
```

pizza.pyと同じフォルダーにmaking_pizzas.pyという別のファイルを作成します。このファイルは、今、作成したモジュールをインポートし、make_pizza()関数を2回呼び出します。

making_pizzas.py
```python
import pizza

pizza.make_pizza(16, 'ペパロニ')
pizza.make_pizza(12, 'マッシュルーム', 'ピーマン', 'エクストラチーズ')
```
❶

Pythonがこのファイルを読み込むと、import pizzaの行でファイルpizza.pyを開き、ファイル内のすべての関数をこのプログラムにコピーします。Pythonはプログラムを実行する直前にコピーしたコードを秘密の場所に格納するので、実際のコードは参照できません。知っておくべきことは、pizza.pyで定義されている関数がmaking_pizzas.pyで利用可能になったということです。

インポートされたモジュールから関数を呼び出すには、インポートしたモジュールの名前pizzaの後ろにドット（.）でつないで関数名make_pizza()を記述します❶。このコードは、モジュールをインポートしていない元のプログラムと同じ出力結果となります。

```
16インチのピザを、以下のトッピングで作ります。
- ペパロニ

12インチのピザを、以下のトッピングで作ります。
- マッシュルーム
- ピーマン
- エクストラチーズ
```

インポートの最初の部分は、importの後ろにモジュール名を単純に記述するだけです。このように書くと、インポートしたモジュールのすべての関数をプログラムから利用できるようになります。import文でmodule_name.pyという名前のモジュール全体をインポートした場合、モジュールの中の各関数は次の構文で利用できます。

```
module_name.function_name()
```

特定の関数をインポートする

モジュールから特定の関数だけを指定してインポートすることもできます。この手法は次の構文を使用します。

```
from module_name import function_name
```

モジュールから複数の関数をインポートする場合は、関数名をカンマで区切ります。

```
from module_name import function_0, function_1, function_2
```

使用する関数のみをインポートする場合は、making_pizzas.pyを次のように書き換えます。

```
from pizza import make_pizza

make_pizza(16, 'ペパロニ')
make_pizza(12, 'マッシュルーム', 'ピーマン', 'エクストラチーズ')
```

この構文では、関数を呼び出すときにドット（.）が不要になります。import文で明確にmake_pizza()関数をインポートしているため、関数名だけで関数を呼び出せます。

asを使用して関数に別名をつける

インポートする関数の名前がプログラム中にすでに存在したり、名前が長かったりする場合には、短い一意な**別名**（代わりに関数につけるニックネームのような名前）を関数につけられます。この特別なニックネームは、関数をインポートするときに指定します。

インポート時にmake_pizza as mpと書くことで、make_pizza()関数にmp()という別名をつけることができます。asキーワードは関数に任意の別名をつけるものです。

第**8**章 関数

```
from pizza import make_pizza as mp

mp(16, 'ペパロニ')
mp(12, 'マッシュルーム', 'ピーマン', 'エクストラチーズ')
```

　import文によって、このプログラムの中では関数make_pizza()の名前がmp()に変更されます。make_pizza()を呼び出すときには、代わりにmp()と書きます。Pythonは、もしプログラムに別のmake_pizza()関数が存在していても、インポートしたmake_pizza()のコードを間違えずに実行できます。
　別名を指定する構文は次のとおりです。

```
from module_name import function_name as fn
```

◤ asを使用してモジュールに別名をつける

　モジュールに対しても別名を指定できます。pizzaモジュールにpのような短い別名をつけると、モジュールの関数をより短い記述で呼び出せます。p.make_pizza()はpizza.make_pizza()よりも簡潔です。

```
import pizza as p

p.make_pizza(16, 'ペパロニ')
p.make_pizza(12, 'マッシュルーム', 'ピーマン', 'エクストラチーズ')
```

　import文でpizzaモジュールに別名pをつけましたが、モジュール内のすべての関数は元の名前のままです。関数の呼び出しは、p.make_pizza()のようにpizza.make_pizza()よりも簡潔に書けます。それだけではなく、モジュール名をあまり意識せずわかりやすい関数名により集中できるようになります。よい関数名をつけることは、完全なモジュール名を使用するよりもコードの可読性にとって重要であることがわかります。
　この手法の構文は次のとおりです。

```
import module_name as mn
```

◤ モジュールの全関数をインポートする

　Pythonでモジュールのすべての関数をインポートするには、アスタリスク（*）記号を使います。

```
from pizza import *

make_pizza(16, 'ペパロニ')
make_pizza(12, 'マッシュルーム', 'ピーマン', 'エクストラチーズ')
```

import文のアスタリスクは、pizzaモジュールの全関数をこのプログラムに読み込むようにPythonに指示します。すべての関数がインポートされるため、各関数をドット（.）なしで呼び出せます。しかし、自分以外が書いた大きなモジュールに対してこの手法を使用するべきではありません。モジュール内の関数と同じ名前をプログラム中の関数で使用していると、予期しない結果が起こります。Pythonは同じ名前の関数や変数を見つけた場合、すべての関数を別々にインポートせずに上書きします。

必要な関数だけをインポートするか、モジュール全体をインポートしてドット（.）を使って関数を呼び出すことが最良の方法です。これによってコードは明確で理解しやすいものになります。この項を書いた理由は、他の人のコードに次のようなimport文があったときにその意味を理解できるようにするためです。

```
from module_name import *
```

関数のスタイル

スタイルの整った関数を書くために細かい注意点をいくつか覚えておいてください。関数にはわかりやすい名前をつけ、その名前にはアルファベットの小文字とアンダースコア（_）だけを使用します。関数にわかりやすい名前をつけることで、他の人がコードの動作を理解しやすくなります。モジュール名についても同様の点に注意してください。

すべての関数には、その関数が何を実行するかを簡潔に説明するコメントを書きましょう。コメントは関数定義の直下にdocstring形式で書きます。ドキュメントがしっかりしている関数は、docstringの説明を読むだけで他のプログラマーが関数を使用できます。他のプログラマーは説明に書かれたとおりにコードが動作するものと信じています。関数の名前、必要な引数、戻り値の種類などが書かれていれば、これらの情報によりプログラムで関数を使用できます。

仮引数にデフォルト値を指定する場合には、等号（=）の左右にスペースを入れないでください。

```
def function_name(parameter_0, parameter_1='デフォルト値')
```

```
function_name(value_0, parameter_1='値')
```

PEP 8（https://peps.python.org/pep-0008/）では、すべてのテキストエディターで読みやすいコードを書くために1行の文字数を79文字以下にすることが推奨されています。複数の仮引数によって関数定義が79文字を超える場合は、関数定義の開きカッコ（（）のあとに改行を入力します。次の行で Tab キーを2回押し、関数の本体より1レベル深いインデントで仮引数のリストを記述します。

第**8**章　関数

> **訳注**
>
> PEP 8の日本語訳は「pep8-ja 1.0ドキュメント」のページ（http://pep8-ja.readthedocs.io/）を参照してください。

多くのテキストエディターでは、追加される仮引数のリストのインデントが自動的に揃います。

```
def function_name(
        parameter_0, parameter_1, parameter_2,
        parameter_3, parameter_4, parameter_5):
    関数の本体...
```

プログラムやモジュールに2つ以上の関数がある場合は、関数の間に2行の空行を入れることで関数の終わりと次の関数の始まりがわかりやすくなります。

すべてのimport文はファイルの先頭に記述します。唯一の例外は、ファイルの先頭にコメントでプログラム全体の説明文を記述する場合です。

やってみよう

8-15. モデルを印刷する

printing_models.pyの中にある関数をprinting_functions.pyという別のファイルに移動します。printing_models.pyの先頭にimport文を追加し、インポートした関数を使用するように書き換えます。

8-16. インポート

1つの関数を使用するプログラムを書き、その関数を別のファイルに格納します。メインのプログラムファイルで次の各手法により関数をインポートし、その関数を呼び出します。

```
import module_name
from module_name import function_name
from module_name import function_name as fn
import module_name as mn
from module_name import *
```

8-17. 関数のスタイル

この章で作成したプログラムを3つ選び、この節で学んだスタイルのガイドラインにしたがっていることを確認します。

178

まとめ

まとめ

この章では、次のことについて学びました。

- 関数の書き方と、渡された実引数の情報に関数からアクセスする方法
- 位置引数とキーワード引数の使い方
- 可変長引数と可変長キーワード引数での値の受け取り方
- 関数で結果を出力する場合と戻り値を使用する場合の違い
- リスト、辞書、if文、whileループとあわせて関数を使用する方法
- 関数をモジュールと呼ばれる別ファイルに格納し、プログラムを読みやすくわかりやすくする方法
- 関数にスタイルを適用し、構造化された読みやすいコードを書く方法

プログラマーとしての目標の1つは、実現したいことに対してシンプルなコードを書くことです。関数はそのような目標を達成するのに役立ちます。関数にはコードブロックを書くことができ、正しく動作すれば書き換えは不要です。関数が正しく動作していることがわかっていれば、その関数の動作を信頼して次のコーディング作業に移ることができます。

関数は、コードを一度書くだけで必要なときに何度も再利用できます。関数のコードを実行したい場合は、関数を呼び出すコードを1行書くだけです。関数の動作を変更したい場合は、関数内のコードを一部書き換えるだけで関数を呼び出している箇所すべてを同じように変更できます。

関数を使用するとプログラムが読みやすくなります。そして、よい関数名はプログラムの各部分で実行する内容を要約します。一連の関数呼び出しを読むことで、長いコードブロックを読むよりも素早くプログラム全体を理解できます。

また、関数によってコードのテストやデバッグも容易になります。プログラムの大部分が一連の関数によって実現されている場合、コードのテストと保守がとてもやりやすくなります。各関数を呼び出す別々のプログラムを作成することで、それぞれの関数が遭遇する可能性があるすべての状況で正しく動作するかをテストできます。このようなテスト用のプログラムを実行することにより、関数が厳密に正しく動作することを確認できます。

第9章では、クラスの書き方について学びます。**クラス**とは、関数とデータの組み合わせを1つのパッケージに整理し、柔軟に効率的に使用できるようにしたものです。

第9章

クラス

第9章 クラス

オブジェクト指向プログラミング（OOP：Object-oriented programming）は、ソフトウェアを書くときにもっとも効果的な手法の1つです。オブジェクト指向プログラミングでは、現実世界のモノや状態を表す**クラス**を作成し、そのクラスをもとに**オブジェクト**を作成します。クラスを書く際には、そのクラスをもとに作成されたオブジェクトすべてが持つ基本的な動作を定義します。

クラスから個々のオブジェクトを作成すると、各オブジェクトには自動的に基本的な動作が備わります。そのあと必要に応じて、各オブジェクトに固有の特徴を何でも追加できます。現実世界の状態をオブジェクト指向プログラミングで実現できることに驚くでしょう。

クラスからオブジェクトを作成することを**インスタンス化**と呼び、クラスから生成した**インスタンス**で作業を行います。この章では、次のことについて学びます。

- クラスの書き方と、そのクラスからインスタンスを生成する方法
- インスタンスに格納する情報を指定する方法と、動作を定義する方法
- 既存のクラスから機能を拡張したクラスを作成することで、似たクラスで共通の機能を共有でき、より少ないコードで多くのことを実現する方法
- モジュールにクラスを格納し、そのクラスを他のプログラムからインポートする方法

オブジェクト指向プログラミングについて学ぶことは、プログラマーの目線で世界を見ることに役立ちます。オブジェクト指向は、コードの1行1行ではなくコード全体のコンセプトを理解する助けになります。クラスの背景にあるロジックを知ることは論理的な思考の訓練になるので、さまざまな問題に直面したときに効果的にプログラムを書けるようになります。クラスは、より複雑な問題に取り組むときにあなたや他のプログラマーの作業を楽にします。あなたや他のプログラマーが似たようなロジックに基づいてコードを書けば、お互いの作業を理解できます。作成したプログラムが一緒に働く人々にとって理解しやすいものになれば、より大きな成果につながります。

クラスを作成して使用する

クラスを使用すると、どんなものでもモデル化できます。イヌを表すシンプルなDogクラスから始めてみましょう。このクラスは、ある特定の1匹のイヌではなくイヌ全体を表します。多くのペットとしてのイヌについてどのようなことを知っていますか？ イヌには名前と年齢があります。多くのイヌは「おすわり」と「ごろーん」

ができます。この2つの情報（名前と年齢）と2つの動作（おすわりとごろーん）は一般的なイヌに共通するので、Dogクラスに性質として持たせます。このクラスは、イヌを表すオブジェクトの作り方をPythonに指示します。クラスが書けたら、そのクラスを使用して個別のイヌを表すインスタンスを生成します。

イヌのクラスを作成する

Dogクラスから生成した各インスタンスにはnameとageを格納でき、sit()とroll_over()という2つの能力を備えています。

dog.py

```
❶  class Dog:
        """イヌをモデル化したシンプルな実装例"""

❷      def __init__(self, name, age):
            """名前と年齢の属性を初期化する"""
❸          self.name = name
            self.age = age

❹      def sit(self):
            """イヌに「おすわり」の命令を実行する"""
            print(f"{self.name}はおすわりしている。")

        def roll_over(self):
            """イヌに「ごろーん」の命令を実行する"""
            print(f"{self.name}がごろーんした！")
```

ここでは注意すべき点が多くありますが、心配しないでください。この構造はこの章を通して目にするので、慣れるための時間は十分にあります。最初に、Dogという名前のクラスを定義します❶。クラスの定義に丸カッコは不要です。これは、何もない状態からこのクラスを作成しているからです。次に、クラスの内容をdocstringに記述します。

__init__()メソッド

クラスの一部となっている関数を**メソッド**と呼びます。関数について学んだことはすべてメソッドにも適用できます。1つ異なる点は、メソッドの呼び出し方です。__init__()メソッドは、特殊メソッドの1つです❷。Pythonは、Dogクラスから新しいインスタンスを生成するときに、自動的にこのメソッドを実行します。このメソッドの前後には2つのアンダースコアがついており、Pythonのデフォルトメソッド名とユーザーが使用するメソッド名が衝突することを防いでいます。__init__()の両側に2つのアンダースコア（_）がついていることを確認してください。両側のアンダースコアが1つだけだと、クラスを使用するときにメソッドが自動的に呼ばれなくなり、特定が難しいエラーが発生する可能性があります。

第**9**章　クラス

　__init__()メソッドの定義には、self、name、ageという3つの引数が指定されています。selfはメソッド定義に必須の引数で必ず最初に指定します。Pythonがあとでこのメソッドを（Dogのインスタンスを生成するために）呼び出すときに、メソッド呼び出しは自動的にself引数を渡すため、メソッド定義には必ずselfを含める必要があります。インスタンスに関連付けられたすべてのメソッドの呼び出しには自動的にself引数が渡され、selfにはインスタンス自身への参照が入ります。インスタンスを渡すことによって、それぞれのインスタンスからクラスの属性とメソッドにアクセスできるようになります。Dogのインスタンスを作成するときにPythonは、Dogクラスの__init__()メソッドを呼び出します。Dog()には名前と年齢を引数として指定する必要がありますが、selfは自動的に渡されるため指定する必要はありません。Dogクラスからインスタンスを作成するときには、後ろの2つの引数nameとageの値だけを指定します。

　__init__()メソッドの本体にある2つの変数を定義する行では、それぞれの変数の前にselfがついています❸。selfが前についた変数は、クラス内の全メソッドで使用できます。クラスから生成したインスタンスを通して変数にアクセスできます。self.name = nameの行は、仮引数nameに関連付けられた値を、生成されたインスタンスに付属するname変数に代入します。self.age = ageも同様です。インスタンス全体からアクセスできるこのような変数を**属性**と呼びます。

　Dogクラスには、他に2つのメソッドsit()とroll_over()が定義されています❹。これらのメソッドの実行に追加の情報は不要なので、引数にselfだけを指定して定義しています。インスタンスを生成すると、これらのメソッドにアクセスできるようになります。言い換えると、イヌたちは「おすわり」と「ごろーん」ができるようになります。現時点でsit()とroll_over()は多くのことを行いません。イヌがおすわりやごろーんを実行したことを示す単純なメッセージを出力するだけです。しかし、この考え方は現実的な状況に合わせて拡張できます。このクラスがコンピューターゲームの一部だとしたら、メソッドにはイヌの画像におすわりやごろーんのアニメーションを表示するコードが含まれるでしょう。このクラスがロボットを制御するものであれば、メソッドによってイヌのロボットが直接おすわりやごろーんの動作をするでしょう。

クラスからインスタンスを生成する

　クラスはインスタンスを生成するための命令の集まりであると考えてみてください。Dogクラスは、特定のイヌを表現するインスタンスの生成方法をPythonに伝える命令のセットです。

　特定のイヌを表すインスタンスを作成してみましょう。

```
class Dog:
    --省略--

❶  my_dog = Dog('ウィリー', 6)

❷  print(f"私のイヌの名前は{my_dog.name}です。")
❸  print(f"私のイヌは{my_dog.age}歳です。")
```

Dogクラスは前の例で作成したものを使用します。ここでは、'ウィリー'という名前の年齢が6歳のイヌを作成するようにPythonに指示します❶。Pythonがこの行を読み込むと、Dogクラスの__init__()メソッドの引数に'ウィリー'と6を指定して呼び出します。__init__()メソッドはこの特定のイヌを表現するインスタンスを生成し、指定された値をnameとage属性に格納します。そしてPythonは、このイヌを表すインスタンスを返します。インスタンスをmy_dog変数に代入します。慣習的に、Dogのように大文字から始まる名前はクラスを表し、my_dogのように小文字のみの名前はクラスから生成された単一のインスタンスを表すものと推測できます。名前についてのこの慣習は、コードを読む際の助けとなります。

属性にアクセスする

インスタンスの属性にアクセスするには、ドット（.）を用いた表記を使用します。my_dogのname属性の値にアクセスするには❷のように書きます。

```
my_dog.name
```

このドット表記はPythonでよく使われるものです。この構文は、Pythonがどのように属性の値を見つけるかを示しています。ここでは、Pythonはmy_dogインスタンスを参照し、次にmy_dogに関連付けられたname属性を探します。これは、Dogクラスの中のself.nameと同じ属性を参照します。同じ方法でage属性の値を使用します❸。

結果はmy_dogについての情報を出力したものになります。

```
私のイヌの名前はウィリーです。
私のイヌは6歳です。
```

メソッドを呼び出す

Dogクラスからインスタンスを生成すると、Dogに定義されたメソッドをドット表記で呼び出せます。イヌに「おすわり」と「ごろーん」をさせてみましょう。

```
class Dog:
    --省略--

my_dog = Dog('ウィリー', 6)
my_dog.sit()
my_dog.roll_over()
```

メソッドを呼び出すには、インスタンスの名前（この場合はmy_dog）にドットをつけ、その後ろに呼び出したいメソッドを指定します。Pythonはmy_dog.sit()のコードを読み込むと、Dogクラスの中にあるsit()メソッドを探してそのコードを実行します。Pythonはmy_dog.roll_over()の行でも同様に解釈して実行します。

第9章　クラス

ウィリーに指示を出すと、そのとおりに動作します。

```
ウィリーはおすわりしている。
ウィリーがごろーんした！
```

この構文はとても便利です。属性とメソッドにname、age、sit()、roll_over()のような適切でわかりやすい名前をつけることにより、これまで見たことがないコードブロックであっても、そのコードが何を実行するのかを推測しやすくなります。

複数のインスタンスを生成する

クラスから複数のインスタンスを必要なだけ生成できます。your_dogという2匹目のイヌを生成してみましょう。

```python
class Dog:
    --省略--

my_dog = Dog('ウィリー', 6)
your_dog = Dog('ルーシー', 3)

print(f"私のイヌの名前は{my_dog.name}です。")
print(f"私のイヌは{my_dog.age}歳です。")
my_dog.sit()

print(f"\nあなたのイヌの名前は{your_dog.name}です。")
print(f"あなたのイヌは{your_dog.age}歳です。")
your_dog.sit()
```

この例では、ウィリーとルーシーという名前のイヌを生成しています。それぞれのイヌは別々のインスタンスで、それぞれに固有の属性と動作を持ちます。

```
私のイヌの名前はウィリーです。
私のイヌは6歳です。
ウィリーはおすわりしている。

あなたのイヌの名前はルーシーです。
あなたのイヌは3歳です。
ルーシーはおすわりしている。
```

2匹目のイヌに同じ名前と年齢を指定した場合でも、PythonはDogクラスから別々のインスタンスを生成します。1つのクラスから必要に応じて複数のインスタンスを生成できます。それらのインスタンスに一意な変数名を指定したり、リストや辞書の一意な場所に格納したりすることにより、各インスタンスにアクセスできます。

186

やってみよう

9-1. レストラン

Restaurantというクラスを作成します。Restaurantの__init__()メソッドでは、restaurant_name（レストラン名）とcuisine_type（料理の種類）という2つの属性を格納します。この2つの情報を出力するdescribe_restaurant()メソッドと、レストランの開店を表すメッセージを出力するopen_restaurant()メソッドを作成します。

このクラスからrestaurantというインスタンスを生成します。2つの属性を個別に出力し、2つのメソッドを呼び出します。

9-2. 3軒のレストラン

演習問題9-1のクラスから始めます。このクラスから3つの異なるインスタンスを生成し、各インスタンスのdescribe_restaurant()メソッドを呼び出します。

9-3. ユーザー

Userというクラスを作成します。first_nameとlast_nameという2つの属性を作成し、それ以外にもユーザープロフィールに必要な情報を属性としていくつか作成します。ユーザー情報の概要を出力するdescribe_user()メソッドを作成します。また、ユーザーへのあいさつメッセージを出力するgreet_user()メソッドを作成します。

異なるユーザーを表すインスタンスをいくつか生成し、各ユーザーに対して両方のメソッドを呼び出します。

クラスとインスタンスを操作する

　クラスによって現実世界のさまざまな状態を表現できます。いったんクラスを作成したら、そのクラスから生成したインスタンスに対する作業に多くの時間を費やします。最初に取り組む作業の1つは、特定のインスタンスに関連付けられた属性を変更することです。インスタンスの属性は直接変更でき、属性を更新するメソッドを書くこともできます。

自動車のクラス

　自動車を表現する新しいクラスを作成しましょう。このクラスは、自動車の種類についての情報を格納し、その情報を要約するメソッドを持ちます。

第**9**章 クラス

```python car.py
class Car:
    """自動車を表すシンプルな実装例"""

❶    def __init__(self, make, model, year):
        """自動車の特徴となる属性を初期化する"""
        self.make = make
        self.model = model
        self.year = year

❷    def get_descriptive_name(self):
        """フォーマットされた名前を返す"""
        long_name = f"{self.year} {self.make} {self.model}"
        return long_name.title()

❸ my_new_car = Car('audi', 'a4', 2024)
print(my_new_car.get_descriptive_name())
```

　Carクラスの中の__init__()メソッドの定義では、Dogクラスと同様に最初にself仮引数を指定します❶。また、それ以外にmake、model、yearという3つの仮引数を定義します。__init__()メソッドは、クラスから生成したインスタンスに関連付けられた属性にこれらの仮引数を代入します。Carの新しいインスタンスを生成するときには、メーカー、モデル、年式を指定する必要があります。

　get_descriptive_name()メソッドを定義します❷。このメソッドは、自動車のyear（年式）、make（メーカー）、model（モデル）の情報を含んだ文字列を作成します。これは各属性の値を個別に出力する代わりになります。メソッドで属性の値にアクセスするためにself.make、self.model、self.yearを使用します。クラスの外でCarクラスからインスタンスを生成し、my_new_car変数に代入します❸。次にget_descriptive_name()メソッドを呼び出し、所有している自動車についての情報を出力します。

```
2024 Audi A4
```

　クラスをより興味深いものにするために、時間とともに変化する属性を追加しましょう。自動車の走行距離を格納する属性を追加します。

属性にデフォルト値を設定する

　インスタンスの生成時に、引数を渡さなくても属性を定義できます。属性は__init__()メソッドの中で定義し、デフォルト値を代入します。

　走行距離を格納するodometer_readingという属性を追加し、初期値を常に0にしましょう。また、read_odometer()メソッドを追加し、自動車の走行距離を出力します。

188

クラスとインスタンスを操作する

```
class Car:

    def __init__(self, make, model, year):
        """自動車の特徴となる属性を初期化する"""
        self.make = make
        self.model = model
        self.year = year
❶      self.odometer_reading = 0

    def get_descriptive_name(self):
        --省略--

❷  def read_odometer(self):
        """自動車の走行距離を出力する"""
        print(f"走行距離は{self.odometer_reading}マイルです。")

my_new_car = Car('audi', 'a4', 2024)
print(my_new_car.get_descriptive_name())
my_new_car.read_odometer()
```

9

クラス

　Pythonが`__init__()`を呼び出して新しいインスタンスを生成すると、前の例と同様にメーカー、モデル、年式の値が属性に格納されます。次にPythonは`odometer_reading`という新しい属性を作成し、初期値に0を設定します❶。また、`read_odometer()`という新しいメソッドを作成し、車の走行距離を出力します❷。

　自動車の走行距離は0から始まります。

```
2024 Audi A4
走行距離は0マイルです。
```

　多くの自動車の販売時の走行距離は厳密に0マイルではないため、この属性の値を変更する方法が必要です。

◤ 属性の値を変更する

属性の値は3つの方法で変更できます。

- インスタンスを通して属性の値を直接変更する
- メソッドを通して値を変更する
- メソッドを通して値を増加させる

それぞれの方法について見ていきます。

189

属性の値を直接変更する

属性の値を変更するもっとも単純な方法は、インスタンスを通して属性に直接アクセスすることです。次の
コードは、走行距離の値を直接23に変更しています。

```
class Car:
    --省略--

my_new_car = Car('audi', 'a4', 2024)
print(my_new_car.get_descriptive_name())

my_new_car.odometer_reading = 23
my_new_car.read_odometer()
```

ドット表記を使用して自動車のodometer_reading属性にアクセスし、値を直接指定します。この行により、
Pythonはmy_new_carインスタンスに関連付けられたodometer_reading属性を見つけ、値に23を設定しま
す。

```
2024 Audi A4
走行距離は23マイルです。
```

このように属性に直接アクセスしたい場合がある一方で、値を更新するためのメソッドを書いたほうがよい
場合もあります。

メソッドを通して属性の値を変更する

特定の属性を更新するメソッドが便利な場合もあります。属性に直接アクセスする代わりに新しい値をメ
ソッドに渡してメソッドの内部で値を更新します。

次に示すのは、update_odometer()メソッドを呼び出し、走行距離を更新する例です。

```
class Car:
    --省略--

    def update_odometer(self, mileage):
        """指定された値に走行距離を更新する"""
        self.odometer_reading = mileage

my_new_car = Car('audi', 'a4', 2024)
print(my_new_car.get_descriptive_name())

❶ my_new_car.update_odometer(23)
my_new_car.read_odometer()
```

変更点は、Carクラスにupdate_odometer()メソッドが追加された部分だけです。このメソッドは、mileageの値を受け取り、self.odometer_readingに代入します。my_new_carインスタンスを使用してupdate_odometer()メソッドの実引数に23を指定します❶。このメソッド呼び出しにより走行距離に23が設定され、read_odometer()は次のように出力します。

```
2019 Audi A4
走行距離は23マイルです。
```

走行距離を変更するたびに追加の処理を行うようにupdate_odometer()メソッドを拡張できます。小さなロジックを追加し、走行距離を減らせないようにします。

```
class Car:
    --省略--

    def update_odometer(self, mileage):
        """
        指定された値で走行距離を更新します。
        走行距離を減らそうとする処理は拒否します。
        """
❶      if mileage >= self.odometer_reading:
            self.odometer_reading = mileage
        else:
❷          print("走行距離は減らせません！")
```

update_odometer()メソッドは、属性を変更する前に新しい走行距離の値が有効かどうかを確認します。mileage引数に指定された値が現在の走行距離（self.odometer_reading）以上であれば、走行距離を新しい値に更新できます❶。新しい走行距離が現在の走行距離より短い場合は、走行距離を減らせないことを示す警告メッセージが出力されます❷。

メソッドを通して属性の値を増やす

新しい値を設定するのではなく、属性の値を一定量増加させたい場合があります。中古車を購入し、購入してから今までに100マイル走行したとします。次のメソッドは、追加する距離を指定し、現在の走行距離にその値を加算します。

```
class Car:
    --省略--

    def update_odometer(self, mileage):
        --省略--
```

191

```
        def increment_odometer(self, miles):
            """指定された距離を走行距離に追加する"""
            self.odometer_reading += miles

❶   my_used_car = Car('subaru', 'outback', 2019)
    print(my_used_car.get_descriptive_name())

❷   my_used_car.update_odometer(23_500)
    my_used_car.read_odometer()

    my_used_car.increment_odometer(100)
    my_used_car.read_odometer()
```

新しいメソッドのincrement_odometer()は、追加の走行距離が何マイルかを受け取り、その値をself.odometer_readingに追加します。最初に、中古車のインスタンスmy_used_carを生成します❶。update_odometer()メソッドに23_500を指定して呼び出し、中古車の走行距離を23,500に設定します❷。最後に、increment_odometer()メソッドに100を指定し、車を購入してから100マイル走行したことを登録します。

```
2019 Subaru Outback
走行距離は23500マイルです。
走行距離は23600マイルです。
```

このメソッドを変更してマイナスの数値を拒否するようにすれば、走行距離を減らすことができなくなります。

 このようなメソッドを使用することで、プログラムを使用するユーザーは走行距離などの値を制御できます。しかし、プログラムにアクセスできる人なら誰でも属性に直接アクセスして走行距離を任意の値に設定できてしまいます。効果的なセキュリティを施すためには、ここに示すような基本的なチェックに加え、細かいところまで注意を払う必要があります。

やってみよう

9-4. 料理を提供した数

演習問題9-1（187ページ）のプログラムから始めます。デフォルト値が0のnumber_servedという属性を追加します。クラスからインスタンスrestaurantを生成します。料理を提供したお客さんの数を出力し、この属性の値を変更して再度出力します。

料理を提供したお客さんの数を設定するset_number_served()メソッドを追加します。新しい数値を指定してこのメソッドを呼び出し、値をもう一度出力します。

料理を提供したお客さんの数を増加させるincrement_number_served()メソッドを追加します。このメソッドに、たとえば1日で何人のお客さんに料理を提供したかを表す数値を指定して呼び出します。

> **9-5. ログイン試行回数**
> 演習問題9-3 (187ページ) のUserクラスにlogin_attemptsという属性を追加します。login_attemptsの値を1つ増やすメソッドincrement_login_attempts()を作成します。また、login_attemptsの値を0にリセットするメソッドreset_login_attempts()を作成します。
> Userクラスからインスタンスを生成し、数回 increment_login_attempts()を呼び出します。login_attemptsの値を出力し、値が正しく増加していることを確認します。次にreset_login_attempts()を呼び出します。再度login_attemptsの値を出力し、0にリセットされていることを確認します。

継承

クラスを書くときに、常にゼロから書きはじめる必要はありません。作成するクラスが、すでに作成済みの別のクラスを特殊化させたものであれば、**継承**を使用できます。あるクラスが別のクラスを継承すると、継承元クラスの属性とメソッドを引き継ぎます。元となるクラスを**親クラス**、新しいクラスを**子クラス**と呼びます。子クラスは親クラスの一部またはすべての属性とメソッドを継承できますが、子クラス用の新しい属性やメソッドも自由に定義できます。

子クラスの__init()__メソッド

既存のクラスに基づいて新しいクラスを作成するときに、親クラスの__init__()メソッドを呼ぶことがよくあります。これにより、親クラスの__init__()メソッドで定義されている属性が初期化され、子クラスで利用可能になります。

例として電気自動車をモデル化しましょう。電気自動車は自動車の一種なので、新しく作成するElectricCarクラスの基礎として前に作成したCarクラスを使用します。そして、電気自動車に特有の属性と動作のみをコードに書いていきます。

Carクラスのすべての機能を持つシンプルなElectricCarクラスを作成しましょう。

electric_car.py

```
❶ class Car:
      """自動車を表すシンプルな実装例"""

      def __init__(self, make, model, year):
          """自動車の特徴となる属性を初期化する"""
          self.make = make
```

第9章　クラス

```
        self.model = model
        self.year = year
        self.odometer_reading = 0

    def get_descriptive_name(self):
        """フォーマットされた名前を返す"""
        long_name = f"{self.year} {self.make} {self.model}"
        return long_name.title()

    def read_odometer(self):
        """自動車の走行距離を出力する"""
        print(f"走行距離は{self.odometer_reading}マイルです。")

    def update_odometer(self, mileage):
        """指定された値で走行距離を更新します"""
        if mileage >= self.odometer_reading:
            self.odometer_reading = mileage
        else:
            print("走行距離は減らせません！")

    def increment_odometer(self, miles):
        """指定された量を走行距離に追加する"""
        self.odometer_reading += miles

❷ class ElectricCar(Car):
    """電気自動車に特有の情報を表すクラス"""

❸    def __init__(self, make, model, year):
        """親クラスの属性を初期化する"""
❹        super().__init__(make, model, year)

❺ my_leaf = ElectricCar('nissan', 'leaf', 2024)
print(my_leaf.get_descriptive_name())
```

　Carクラスから始めます❶。子クラスを作成する場合、親クラスは現在のファイルに存在し、子クラスの前に書く必要があります。次に、子クラスElectricCarを定義します❷。子クラスを定義する丸カッコの中には親クラスの名前を記述します。Carクラスのインスタンス生成に必要な情報を__init__()メソッドで受け取ります❸。

　super()関数❹は特殊な関数で、親クラスのメソッドを呼び出すことができます。この行は、Carクラスの__init__()メソッドを呼び出すことをPythonに指示し、ElectricCarクラスのインスタンスに親クラスのすべての属性を提供します。**super**という名前は、親クラスを**スーパークラス**、子クラスを**サブクラス**と呼ぶところから来ています。

194

普通の自動車と同じ種類の情報を指定して電気自動車を作成することで、継承が正しく動作していることを確認します。ElectricCarクラスのインスタンスを生成し、my_leaf変数に代入します❺。この行はElectricCarの定義にある__init__()メソッドを呼び出し、その中でPythonは親クラスのCarクラスに定義された__init__()メソッドを呼び出します。引数として'nissan'、'leaf'、2024を渡します。

__init__()メソッド以外に電気自動車に特有の属性やメソッドは存在しません。現時点では、Carクラスと同じ動作をする電気自動車を作成しただけです。

```
2024 Nissan Leaf
```

ElectricCarクラスのインスタンスは、Carクラスのインスタンスと同じように動作します。ここから電気自動車に特有の属性とメソッドを定義していきます。

子クラスに属性とメソッドを定義する

親クラスを継承した子クラスを作成すると、子クラスを親クラスと区別するために必要な新しい属性やメソッドを追加できます。

電気自動車に特有の属性（バッテリーなど）とこの属性の値を出力するメソッドを追加しましょう。バッテリーのサイズを格納する属性とバッテリーの説明文を出力するメソッドを作成します。

```
class Car:
    --省略--

class ElectricCar(Car):
    """電気自動車に特有の情報を表すクラス"""

    def __init__(self, make, model, year):
        """
        親クラスの属性を初期化する
        次に電気自動車に特有の属性を初期化する
        """
        super().__init__(make, model, year)
❶       self.battery_size = 40

❷   def describe_battery(self):
        """バッテリーのサイズの説明文を出力する"""
        print(f"この車のバッテリーは{self.battery_size}-kWhです。")

my_leaf = ElectricCar('nissan', 'leaf', 2024)
print(my_leaf.get_descriptive_name())
my_leaf.describe_battery()
```

新しい属性self.battery_sizeを追加し、初期値を40に設定します❶。この属性は、ElectricCarクラスから生成されたすべてのインスタンスに関連付けられますが、Carクラスのインスタンスには存在しません。バッテリーについての情報を出力するdescribe_battery()メソッドも同様に追加します❷。このメソッドを呼び出すと、電気自動車に特有の情報が出力されます。

```
2024 Nissan Leaf
この車のバッテリーは40-kWhです。
```

ElectricCarクラス特有の設定を追加する数に制限はありません。電気自動車をモデル化するために必要であれば、何個でも属性やメソッドを追加できます。ある属性やメソッドが電気自動車に特有のものではなく、どの自動車にもあてはまるものであれば、ElectricCarクラスではなくCarクラスに追加してください。そのようにすると、Carクラスを使用する人は誰でも自動車に共通する機能を利用でき、ElectricCarクラスには電気自動車に特有の情報と動作を実現するためのコードのみが含められます。

親クラスのメソッドをオーバーライドする

親クラスのメソッドのうち子クラスの動作に合わないものをオーバーライド（上書き）できます。親クラスにあるオーバーライドしたいメソッドと同じ名前のメソッドを子クラスに定義すると、Pythonは親クラスのメソッドを無視して子クラスに定義したメソッドだけを実行します。

Carクラスにfill_gas_tank()というメソッドがあるとします。このメソッドは電気自動車には意味がないため、このメソッドをオーバーライドします。次のように書きます。

```
class ElectricCar(Car):
    --省略--

    def fill_gas_tank(self):
        """電気自動車にはガソリンのタンクは存在しない"""
        print("この自動車にはガソリンのタンクはありません！")
```

電気自動車でfill_gas_tank()メソッドを呼び出すと、PythonはCarクラスのfill_gas_tank()メソッドを無視して、代わりにこのコードを実行します。継承を使用すると、親クラスが提供するメソッドのうち必要なものはそのままの機能を維持し、不要なものをオーバーライドできます。

属性としてインスタンスを使用する

現実世界をコードでモデル化するときには、さらに詳細な内容をクラスに追加することがあります。それによって属性とメソッドの一覧が大きくなり、ファイルが長くなることがあります。そのような場合には、あるクラスの一部を別のクラスに分割できます。大きなクラスを小さなクラスに分割して協調動作させることが可能で

す。この手法を**コンポジション**と呼びます。

　たとえば、ElectricCarクラスに詳細な情報を追加している際に、バッテリーに関する属性とメソッドが多いことに気がついたとします。そのような場合、属性とメソッドの追加をやめて別のBatteryクラスに属性とメソッドを移動します。そうすることで、ElectricCarクラスの属性としてBatteryクラスのインスタンスを使用できるようになります。

```
class Car:
    --省略--

class Battery:
    """電気自動車のバッテリーをモデル化したシンプルな実装例"""

❶    def __init__(self, battery_size=40):
        """バッテリーの属性を初期化する"""
        self.battery_size = battery_size

❷    def describe_battery(self):
        """バッテリーのサイズの説明文を出力する"""
        print(f"この車のバッテリーは{self.battery_size}-kWhです。")


class ElectricCar(Car):
    """電気自動車に特有の情報を表すクラス"""

    def __init__(self, make, model, year):
        """
        親クラスの属性を初期化する
        次に電気自動車に特有の属性を初期化する
        """
        super().__init__(make, model, year)
❸        self.battery = Battery()


my_leaf = ElectricCar('nissan', 'leaf', 2024)
print(my_leaf.get_descriptive_name())
my_leaf.battery.describe_battery()
```

　新しいクラスBatteryを定義します。このクラスは他のクラスを継承しません。__init__()メソッド❶にはselfに加えて仮引数battery_sizeがあります。この仮引数はオプション引数で、値が指定されない場合は40がバッテリーサイズに設定されます。describe_battery()メソッドもこのクラスに移動しました❷。

　ElectricCarクラスには新しい属性self.batteryを追加します❸。この行は、Batteryの新しいインスタンス（値を指定しないためデフォルトサイズの40となります）を生成し、属性self.batteryにそのインスタンス

第**9**章　クラス

を代入するようにPythonに指示します。この処理は`__init__()`メソッドが呼ばれるたびに実行されるので、各ElectricCarインスタンスは自動的に生成されたBatteryインスタンスを持ちます。

　電気自動車を生成して変数`my_leaf`に代入します。バッテリーの詳細が知りたい場合は、自動車の`battery`属性を経由して次のように実行します。

```
my_leaf.battery.describe_battery()
```

　この行によってPythonは、`my_leaf`インスタンスの`battery`属性を見つけ、そこに代入されているBatteryのインスタンスに関連付けられた`describe_battery()`メソッドを呼び出します。

　出力結果は、前述の例と同じです。

```
2024 Nissan Leaf
この車のバッテリーは40-kWhです。
```

　これは余分な作業のように見えますが、ElectricCarクラスに影響を与えずにバッテリーに関する詳細な記述を追加できます。バッテリーサイズをもとに航続距離を出力するメソッドをBatteryに追加しましょう。

```
class Car:
    --省略--

class Battery:
    --省略--

    def get_range(self):
        """バッテリーが提供する航続距離を示すメッセージを出力する"""
        if self.battery_size == 40:
            range = 150
        elif self.battery_size == 65:
            range = 225

        print(f"この車の満充電時の航続距離は約{range}マイルです。")

class ElectricCar(Car):
    --省略--

my_leaf = ElectricCar('nissan', 'leaf', 2024)
print(my_leaf.get_descriptive_name())
my_leaf.battery.describe_battery()
❶ my_leaf.battery.get_range()
```

198

新しいメソッドget_range()は簡単な分析を行います。バッテリーのサイズが40kWhの場合、get_range()は航続距離を150マイルに設定します。サイズが65kWhの場合は225マイルに設定します。そして、航続距離の値を出力します。このメソッドを使用するには、再度自動車のbattery属性を通してこのメソッドを呼び出します❶。

出力結果は自動車のバッテリーサイズに基づいた航続距離を示します。

```
2024 Nissan Leaf
この車のバッテリーは40-kWhです。
この車の満充電時の航続距離は約150マイルです。
```

■ 現実世界のモノをモデル化する

電気自動車のような複雑なアイテムをモデル化するためには、興味深い質問に取り組んでいく必要があります。電気自動車の航続距離はバッテリーの属性でしょうか、それとも自動車の属性でしょうか？ ある1種類の自動車についてのみ表現する場合は、Batteryクラスとget_range()メソッドを関連付けたままにするのがよいでしょう。しかし、ある自動車メーカーの車種全体について表現するなら、おそらくget_range()メソッドはElectricCarクラスに移動したいと考えるでしょう。get_range()メソッドは航続距離を決定するためにバッテリーのサイズを確認していますが、航続距離という特性は車種に関連付けて出力されるべきです。あるいは、get_range()メソッドとバッテリーの関連付けを維持したまま、自動車のモデルを引数として渡すこともできます。その場合、get_range()メソッドは、バッテリーのサイズと車種をもとに航続距離を出力します。

この考え方は、プログラマーとして成長するための重要なポイントです。このような質問に取り組むときは、プログラムの構文に集中しているときよりも高い論理レベルで思考しています。Pythonについてではなく、現実世界をコードでどのように表現するべきかを検討しています。この段階に到達すると、現実世界のさまざまな状況をモデル化するときに絶対に正解となるアプローチが必ず存在するわけではないことがわかります。他に比べて効率的なアプローチはありますが、もっとも効率のよい表現を見つけるためには練習が必要です。より正確で効率的なコードを書くために多くのプログラマーはこのような思考の過程を経ています。

やってみよう

9-6. アイスクリームスタンド

アイスクリームスタンドはレストランの一種です。演習問題9-1（187ページ）または演習問題9-4（192ページ）で作成したRestaurantクラスを継承してIceCreamStandクラスを作成します。どちらのバージョンのクラスでも問題なく動作するので、好きな方を選んでください。アイスクリームのフレーバー（味付け）を格納するflavors属性を追加します。そして、フレーバーを出力するメソッドを作成します。最後に、IceCreamStandクラスのインスタンスを生成し、このメソッドを呼び出します。

第**9**章 クラス

9-7. 管理者
管理者は特別なユーザーです。演習問題9-3（187ページ）または演習問題9-5（193ページ）で作成した
Userクラスを継承してAdminクラスを作成します。privileges属性を追加し、"投稿を追加する"、"投稿を削
除する"、"ユーザーを利用禁止にする"といった権限に関する文字列のリストを格納します。管理者の権限の
一覧を出力するshow_privileges()メソッドを作成します。Adminクラスのインスタンスを生成し、このメソッ
ドを呼び出します。

9-8. 権限
別のPrivilegesクラスを作成します。このクラスは、属性privilegesだけを持ち、演習問題9-7で定義し
た文字列のリストを格納します。show_privileges()メソッドをこのクラスに移動します。Adminクラスの属性
としてPrivilegesクラスのインスタンスを生成します。Adminクラスの新しいインスタンスを生成し、権限を
表示するメソッドを呼び出します。

9-9. バッテリーのアップグレード
この節の最終版のelectric_car.pyを使用します。Batteryクラスにupgrade_battery()メソッドを追加します。
このメソッドはバッテリーのサイズをチェックし、サイズが65でなければ65に設定します。電気自動車のイ
ンスタンスをデフォルトのバッテリーサイズで作成し、get_range()メソッドを呼び出します。次にバッテリー
をアップグレードしたあとで、再度get_range()メソッドを呼び出します。自動車の航続距離が増加している
ことを確認します。

クラスをインポートする

　クラスの継承を適切に使用しても、クラスに多くの機能を追加するとファイルが長くなります。Pythonの哲
学を守るためには、ファイルをできるだけ整理された状態に保つべきです。クラスをモジュールに格納し、メ
インプログラムでクラスをインポートすることで、コードを整理できます。

1つのクラスをインポートする

　Carクラスだけを含むモジュールを作成しましょう。ここで名前の付け方について小さな問題が生じます。こ
の章ではすでにcar.pyというファイル名を使用していますが、これから作成するモジュールは、自動車を表す
コードを含むためファイル名をcar.pyとすべきです。このファイル名の問題を解決するために、Carクラスを
car.pyモジュールに格納し、ここまで使用してきたcar.pyのファイル名を変更してください。ここからは、モ

ジュールを使用するプログラムをより具体的なファイル名の my_car.py とします。car.py は次のように Car ク
ラスのコードのみとなります。

car.py

```
❶ """自動車を表すために使用できるクラス"""

class Car:
    """自動車を表すシンプルな実装例"""

    def __init__(self, make, model, year):
        """自動車の特徴となる属性を初期化する"""
        self.make = make
        self.model = model
        self.year = year
        self.odometer_reading = 0

    def get_descriptive_name(self):
        """フォーマットされた名前を返す"""
        long_name = f"{self.year} {self.make} {self.model}"
        return long_name.title()

    def read_odometer(self):
        """自動車の走行距離を出力する"""
        print(f"走行距離は{self.odometer_reading}マイルです。")

    def update_odometer(self, mileage):
        """
        指定された値で走行距離を更新します。
        走行距離を減らそうとする処理は拒否します。
        """
        if mileage >= self.odometer_reading:
            self.odometer_reading = mileage
        else:
            print("走行距離は減らせません！")

    def increment_odometer(self, miles):
        """指定された距離を走行距離に追加する"""
        self.odometer_reading += miles
```

　モジュールレベルの docstring に、このモジュールの内容を簡潔に記述します❶。作成するモジュールごと
に docstring を記述するべきです。
　次に、ファイル my_car.py を作成します。このファイルは Car クラスをインポートして、そのクラスからイン
スタンスを生成します。

201

第**9**章　クラス

my_car.py

```
❶  from car import Car

    my_new_car = Car('audi', 'a4', 2024)
    print(my_new_car.get_descriptive_name())

    my_new_car.odometer_reading = 23
    my_new_car.read_odometer()
```

import文❶により、Pythonはcarモジュールを開いてCarクラスをインポートします。これで、Carクラスをこのファイルで定義したのと同じように使用できます。出力結果は前述と同様です。

```
2024 Audi A4
走行距離は23マイルです。
```

　クラスをインポートすることは、プログラムを効率的にします。このプログラムファイルにCarクラス全体が含まれていたらどのくらいの長さになるかを想像してみてください。代わりにクラスをモジュールに移動してそのモジュールをインポートしてもプログラムはまったく同じように動作し、メインプログラムはきれいで読みやすい状態が維持されます。また、分割したファイルにロジックの大部分を格納できます。クラスが想定どおりに動作すれば、クラスを記述したファイルから離れ、メインプログラムのより高いレベルのロジックに集中できます。

モジュールに複数のクラスを格納する

　1つのモジュールに複数のクラスを格納することもできますが、モジュール内の各クラスは何らかの関連を持つものにするべきです。BatteryクラスとElectricCarクラスはどちらも自動車を表すものなので、car.pyモジュールに追加しましょう。

car.py

```
"""ガソリン車と電気自動車を表すために使用できるクラスの集まり"""

class Car:
    --省略--

class Battery:
    """電気自動車のバッテリーをモデル化したシンプルな実装例"""

    def __init__(self, battery_size=40):
        """バッテリーの属性を初期化する"""
        self.battery_size = battery_size
```

202

```python
    def describe_battery(self):
        """バッテリーのサイズの説明文を出力する"""
        print(f"この車のバッテリーは{self.battery_size}-kWhです。")

    def get_range(self):
        """バッテリーが提供する航続距離を示すメッセージを出力する"""
        if self.battery_size == 40:
            range = 150
        elif self.battery_size == 65:
            range = 225

        print(f"この車の満充電時の航続距離は約{range}マイルです。")

class ElectricCar(Car):
    """電気自動車に特有の情報を表すクラス"""

    def __init__(self, make, model, year):
        """
        親クラスの属性を初期化する
        次に電気自動車に特有の属性を初期化する
        """
        super().__init__(make, model, year)
        self.battery = Battery()
```

これで、新しいファイルmy_electric_car.pyを作成し、ElectricCarクラスをインポートして電気自動車のインスタンスを生成できます。

my_electric_car.py

```python
from car import ElectricCar

my_leaf = ElectricCar('nissan', 'leaf', 2024)
print(my_leaf.get_descriptive_name())
my_leaf.battery.describe_battery()
my_leaf.battery.get_range()
```

このコードの出力結果は前述の例と同様ですが、ロジックの大部分はモジュールの中に隠されています。

```
2024 Nissan Leaf
この車のバッテリーは40-kWhです。
この車の満充電時の航続距離は約150マイルです。
```

第**9**章 クラス

モジュールから複数のクラスをインポートする

プログラムファイルには複数のクラスをインポートできます。普通の自動車と電気自動車のインスタンスを同じファイルで作成するには、CarとElectricCarの両方のクラスをインポートする必要があります。

my_cars.py

```
❶  from car import Car, ElectricCar

❷  my_mustang = Car('ford', 'mustang', 2024)
   print(my_mustang.get_descriptive_name())

❸  my_leaf = ElectricCar('nissan', 'leaf', 2024)
   print(my_leaf.get_descriptive_name())
```

複数のクラスをカンマ (,) 区切りで記述し、モジュールからインポートします❶。必要なクラスをすべてインポートすれば、各クラスから必要なインスタンスを自由に生成できます。この例では、ガソリン車のフォード・マスタングを作成し❷、次に電気自動車の日産リーフを作成しています❸。

```
2024 Ford Mustang
2024 Nissan Leaf
```

モジュール全体をインポートする

モジュール全体をインポートし、ドット表記でクラスにアクセスすることもできます。この手法はシンプルで、コードが読みやすくなります。クラスのインスタンスを生成するコードにモジュール名が含まれるため、現在のファイルで使用している名前と衝突する心配がありません。

carモジュール全体をインポートして普通の自動車と電気自動車のインスタンスを生成するコードは、次のようになります。

my_cars.py

```
❶  import car

❷  my_mustang = car.Car('ford', 'mustang', 2024)
   print(my_mustang.get_descriptive_name())

❸  my_leaf = car.ElectricCar('nissan', 'leaf', 2024)
   print(my_leaf.get_descriptive_name())
```

最初にcarモジュール全体をインポートします❶。これで、*module_name.ClassName* の構文で必要なクラスにアクセスできます。再度フォード・マスタング❷と日産リーフ❸を作成します。

204

モジュールからすべてのクラスをインポートする

次の構文でモジュールからすべてのクラスをインポートできます。

```
from module_name import *
```

この方法は2つの理由でおすすめしません。1つ目の理由は、ファイルの先頭にあるimport文には、その行を読むことでプログラムがどのクラスを使用しているかを理解しやすくする役割があるからです。このインポート方法を使用すると、モジュールのどのクラスを使用しているかが不明瞭になります。2つ目の理由は、ファイル中の名前の付け方に混乱が生じるからです。インポートしたクラスと同じ名前をプログラムファイル中で誤って使用すると、原因の判別が難しいエラーが発生する可能性があります。おすすめできない手法ではありますが、他の人のコードでこのような書き方を見ることもあるため、ここでは紹介しました。

モジュールから多くのクラスをインポートする必要がある場合は、モジュール全体をインポートして*module_name.ClassName*の構文を使用するのがよいでしょう。ファイルの先頭を見ても使用するクラスはわかりませんが、プログラム内でモジュールが使用される場所は明確になります。また、モジュールのすべてのクラスをインポートしないので、名前が衝突する可能性を避けられます。

モジュールの中にモジュールをインポートする

クラスを複数のモジュールに分割することにより、ファイルが大きくなりすぎないようにしたり、無関係のクラスを同一のモジュールに格納するのを避けたりすることがあります。クラスを複数のモジュールに分けて格納する場合、あるモジュールのクラスが他のモジュール内のクラスに依存することがあります。このような場合には、依存するクラスをモジュールにインポートできます。

たとえば、Carクラスをあるモジュールに格納し、ElectricCarとBatteryクラスをそれとは別のモジュールに格納してみましょう。新しいモジュールelectric_car.pyを作成し、BatteryクラスとElectricCarクラスだけをこのファイルにコピーします。以前作成したelectric_car.pyファイルは、ファイル名を変更してください。

electric_car.py

```
"""電気自動車を表すために使用できるクラスの集まり"""

from car import Car

class Battery:
    --省略--


class ElectricCar(Car):
    --省略--
```

ElectricCarクラスは親クラスのCarクラスにアクセスする必要があるので、Carクラスをこのモジュールに直接インポートします。この行を忘れると、electric_carモジュールをインポートするときにエラーが発生します。また、carモジュールはCarクラスだけを含んだコードに書き換えます。

car.py
```
"""自動車を表すために使用できるクラス"""

class Car:
    --省略--
```

　これで、必要とする自動車の種類によって各モジュールを別々にインポートできるようになりました。

my_cars.py
```
from car import Car
from electric_car import ElectricCar

my_mustang = Car('ford', 'mustang', 2024)
print(my_mustang.get_descriptive_name())

my_leaf = ElectricCar('nissan', 'leaf', 2024)
print(my_leaf.get_descriptive_name())
```

　Carクラスをcarモジュールからインポートし、ElectricCarクラスをelectric_carモジュールからインポートします。そして、普通の自動車と電気自動車のインスタンスを生成します。2台の自動車は正しく生成されます。

```
2024 Ford Mustang
2024 Nissan Leaf
```

別名を使用する

　第8章の「関数」で見たように、モジュールを使用してプロジェクトのコードを整理するときに別名はとても便利です。クラスをインポートするときにも別名を使用できます。

　たとえば、プログラムの中でたくさんの電気自動車を作成しようとしている状況を考えてみます。そのような状況では、ElectricCarと何度も入力する（または読む）必要があるため面倒です。import文でElectricCarに別名を指定できます。

```
from electric_car import ElectricCar as EC
```

クラスをインポートする

これで、電気自動車を作成するときはいつでも別名を使用できます。

```
my_leaf = EC('nissan', 'leaf', 2024)
```

同様にモジュールに対しても別名を付けられます。以下はelectric_car全体をインポートするときに別名を使用しています。

```
import electric_car as ec
```

これでモジュールの別名にクラス名全体を加えて使用できるようになりました。

```
my_leaf = ec.ElectricCar('nissan', 'leaf', 2024)
```

自分のワークフローを見つける

ここまで見てきたように、Pythonには大きなプロジェクトのコードを構造化するためのさまざまな手法があります。すべての手法を知っておけば、プロジェクトを最良の状態で構造化する方法を判断できます。また、他の人が作成したプロジェクトの構造も理解できるようになります。

プロジェクトに取り掛かるときには、コードの構造をシンプルにしましょう。すべての動作を1ファイルに書いてからクラスをモジュールに分割しても正しく動作することを確認してください。モジュールとファイルが相互作用する仕組みが気に入ったのであれば、プロジェクトの開始時からモジュールにクラスを格納してみましょう。動作するコードを作成するために自分に合ったやり方を見つけ、そこから始めましょう。

やってみよう

9-10. インポートされたレストラン
最新のRestaurantクラスをモジュールに格納します。別のファイルを作成し、Restaurantクラスをインポートします。Restaurantクラスのインスタンスを生成し、そのクラスのメソッドを1つ呼び出してimport文が正しく動作していることを確認します。

9-11. インポートされた管理者
演習問題9-8 (200ページ) から始めます。User、Privileges、Adminクラスを1つのモジュールに格納します。別のファイルを作成し、その中でAdminクラスのインスタンスを生成します。show_privileges()メソッドを呼び出し、正しく動作することを確認します。

207

9-12. 複数のモジュール

Userクラスをモジュールに格納し、PrivilegesとAdminクラスをそれとは別のモジュールに格納します。別のファイルでAdminのインスタンスを生成し、show_privileges()が正しく呼び出せることを確認します。

Python標準ライブラリ

Python標準ライブラリは、すべてのPythonインストールに含まれるモジュールの集まりです。ここまでの内容で関数とクラスの動作の基本を理解できたので、このような他のプログラマーが作成したモジュールの利用を始められます。ファイルの先頭に簡単なimport文を書くことで、標準ライブラリの関数やクラスを使用できます。ここではrandomモジュールを見てみましょう。このモジュールは、現実世界の状況をモデル化する際に便利です。

randomモジュールのおもしろい関数の1つにrandint()があります。この関数は、2つの整数を引数に指定すると、指定された数の間の整数（指定した数自体も含む）をランダムに選んで返します。1と6の間のランダムな数値を生成する方法は次のとおりです。

```
>>> from random import randint
>>> randint(1, 6)
3
```

他に便利な関数としてchoice()があります。この関数は、リストまたはタプルを引数に指定すると、ランダムに要素を1つ選択して返します。

```
>>> from random import choice
>>> players = ['charles', 'martina', 'michael', 'florence', 'eli']
>>> first_up = choice(players)
>>> first_up
'florence'
```

randomモジュールは、セキュリティに関連したアプリケーションの構築に利用すべきではありませんが、多くの楽しいプロジェクトで使用するには十分です。

 外部からモジュールをダウンロードすることもできます。実践編には、各プロジェクトに必要な外部のモジュールを使用する例を掲載しています。

クラスのスタイル

やってみよう

9-13. サイコロ

sidesという属性を持つDieクラスを作成します。sidesのデフォルト値は6です。roll_die()メソッドを作成し、1からsidesの間のランダムな整数を出力します。6面体のサイコロを作成し、10回サイコロを振ります。10面体のサイコロと20面体のサイコロを作成します。それぞれ、10回サイコロを振ります。

9-14. くじ引き

10個の数字と5個の文字を含んだリストまたはタプルを作成します。そのリストから4つの数字または文字をランダムに選択し、この4つの文字と数字に一致したくじに景品が当たったというメッセージを出力します。

9-15. くじ引きの分析

ループを使用し、先ほどモデル化したくじ引きに当たることがとても難しいことを確認します。my_ticketという名前のリストまたはタプルを作成します。ループを作成し、自分のチケットが当選するまでくじ引きを繰り返します。チケットが当選するまでにループを何回繰り返したかを表すメッセージを出力します。

9-16. Python 3 Module of the Week

Python標準ライブラリを探すための素晴らしい情報源に「Python 3 Module of the Week」というWebサイトがあります。https://pymotw.com/3/にアクセスして目次を見てみましょう。興味があるモジュールを見つけて詳細を読んでみましょう。randomモジュールから読みはじめるのがよいかもしれません。

クラスのスタイル

プログラムが複雑になってくると、クラスに関するスタイルの問題がいくつか出てきます。

クラス名は**キャメルケース**（CamelCase）で書きます。キャメルケースとは、各単語の先頭を大文字にし、アンダースコアを使用しない書き方です。インスタンスとモジュールの名前は、小文字で単語の間をアンダースコアでつないで書きます。こちらはスネークケース（snake_case）といいます。

すべてのクラスでは、クラス定義の直下にdocstringを書きましょう。クラスについての簡潔な説明をdocstringに記述します。クラスのdocstringも関数のdocstringと同じフォーマットで書きます。モジュールのdocstringには、モジュール内のクラスの使用方法などを記述します。

空行を使用してコードを整理できますが、必要以上に使用しないでください。クラス内の各メソッドの間には空行を1つ挿入し、モジュール内の各クラスの間には空行を2つ挿入します。

標準ライブラリのモジュールと自分が作成したモジュールをインポートする場合は、最初に標準ライブラリのimport文を書きます。そして空行を1つ入れ、その下に自分が作成したモジュールのimport文を記述します。プログラムに複数のimport文がある場合、この慣習を守ることによってプログラムで使用するモジュールがどこから提供されたものかがわかりやすくなります。

この章では、クラスについて次のことを学びました。

- 独自のクラスを作成する方法
- 属性を使用してクラスに情報を格納する方法と、メソッドを作成してクラスに必要な動作を提供する方法
- クラスからインスタンスを生成する__init__()メソッドを作成し、必要な属性を設定する方法
- インスタンスの属性を直接またはメソッドを通して変更する方法
- 継承によって他のクラスに関連するクラスを簡単に作成する方法
- あるクラスのインスタンスを別のクラスの属性とすることで各クラスをシンプルに保つ方法

また、次の内容についても学びました。

- モジュールにクラスを格納し、別のファイルからインポートすることでプロジェクトのコードを整理する方法
- Python標準ライブラリに関する学習の最初の例としてrandomモジュールを使用する方法
- Pythonのコーディング規約を使用してクラスにスタイルを適用する方法

第10章では、プログラムの実行結果やユーザーの作業した結果をファイルに保存する方法を学びます。また、Pythonの特殊なクラスである**例外**についても学びます。例外は、エラーが発生したときにそのエラーに対処するために使用します。

第10章

ファイルと例外

第**10**章　ファイルと例外

こまでは、読みやすく整理されたプログラムを書くための基本を学びました。ここか
らは、より適切で使いやすいプログラムにしていくことを考えましょう。この章では、
ファイルを扱う方法を学び、プログラムで多くのデータを素早く分析できるようにします。
また、予想外の状況が発生してもプログラムがクラッシュしないようにエラーを処理する方
法についても学びます。**例外**は、プログラムの実行中に発生するエラーを管理するために
用いられるPythonの特別なオブジェクトです。あわせてjsonモジュールについても学びま
す。このモジュールを使うとユーザーのデータをファイルに保存できるようになるので、プ
ログラムが停止してもデータを失うことを防げます。

ファイルの取り扱いとデータの保存について学ぶと、プログラムはより使いやすくなります。
ユーザーは、いつ何のデータを入力するかを選択できます。プログラムで何らかの作業をし
てから終了し、あとで中断した場所から再開できます。例外処理を知ることは、ファイルが
見つからないときや、プログラムをクラッシュさせるような問題の対処に役立ちます。単純
なミスによるか悪意ある攻撃によるかにかかわらず、プログラムは不正なデータに対してよ
り堅牢になります。この章で学ぶ技術を使えば、より効果的で使いやすく、安定したプログ
ラムを書けるでしょう。

ファイルを読み込む

　テキストファイルには膨大な量のデータを保存できます。また、テキストファイルには、気象、交通、社会
経済、文学作品などさまざまなデータを保存できます。ファイルの読み込みは、特にデータを分析するアプリ
ケーションで便利です。それ以外にも、ファイルに保存された情報の分析や修正をしたいときに利用できます。
たとえば、読み込んだテキストファイルの内容をWebブラウザーの表示に適したフォーマットに書き換えるプ
ログラムを書けます。

　テキストファイルの情報を扱うには、まずファイルをメモリーに読み込みます。ファイルの内容全体を一度に
読み込むことも、内容を1行ずつ読み込むこともできます。

ファイルの内容を読み込む

ファイルの読み込みを始めるにあたって、数行のテキストファイルが必要です。ここでは、円周率πの小数点以下30桁を1行に10桁ずつ記述したファイルを使います。

```
pi_digits.txt
3.1415926535
  8979323846
  2643383279
```

以降の例を試すには、テキストエディターにこの数行を入力してpi_digits.txtというファイル名で保存するか、本書の資料サイト（https://gihyo.jp/book/2024/978-4-297-14528-6/support）からファイルをダウンロードする必要があります。ファイルは、この章のプログラムと同じフォルダーに保存してください。

次のプログラムは、このファイルを開いてファイルの中身を読み込み、その内容を画面に出力します。

```
file_reader.py
   from pathlib import Path
❶  path = Path('pi_digits.txt')
❷  contents = path.read_text()
   print(contents)
```

ファイルの内容を扱うためには、Pythonにファイルへのパスを知らせなければなりません。**パス**はシステム内でのファイルやフォルダーの正確な位置を示します。Pythonはpathlibというモジュールを提供しています。このモジュールを使えば、あなたやプログラムの利用者が使っているオペレーティングシステムに関係なく、ファイルやフォルダーの取り扱いが簡単になります。このように、特定の機能を提供するモジュールはしばしば**ライブラリ**と呼ばれます。pathlibの名前の最後がlibになっているのはこのためです。

はじめにpathlibからPathクラスをインポートします。ファイルを指し示すPathオブジェクトに対しては、多くのことができます。たとえば、作業の前にファイルの有無をチェックしたり、ファイルの内容を読み込んだり、ファイルに新しくデータを書き込んだりすることができます。ここでは、pi_digits.txtを表すPathオブジェクトを生成し、変数pathに代入します❶。このファイルは今書いている.pyファイルと同じフォルダーに保存するので、Pathがファイルにアクセスするために必要なのはファイル名だけになります。

 VS Codeは最近開いたフォルダーからファイルを探そうとします。VS Codeを使用している場合は、この章のプログラムを保存するフォルダーを開いて開始してください。たとえば、プログラムファイルの保存先のフォルダー名がchapter_10の場合、Ctrl + Oキー（macOSは⌘ + Oキー）を押してそのフォルダーを開いてください。

第**10**章 ファイルと例外

pi_digits.txtを表すPathオブジェクトが用意できたら、ファイルのすべての内容を読み込むためにread_text()メソッドを使います❷。ファイルの内容が単一の文字列で返されるので、これを変数contentsに代入します。contentsの値を出力するとテキストファイルのすべての内容が表示されます。

```
3.1415926535
  8979323846
  2643383279
```

この出力結果と元のファイルには1点違いがあり、出力の最後に余分な空行が加わっています。空行が表示されるのは、read_text()がファイルの最後の行に到達したときに空の文字列を返すためです。この空の文字列が空行として表示されます。

contentsの文字列に対してrstrip()を使用すれば、余分な空行を取り除くことができます。

```
from pathlib import Path

path = Path('pi_digits.txt')
contents = path.read_text()
contents = contents.rstrip()
print(contents)
```

第2章で触れたように、Pythonのrstrip()メソッドは、文字列の右側にあるすべての空白文字を削除することを思い出してください。これで、出力と元ファイルの内容が完全に一致します。

```
3.1415926535
  8979323846
  2643383279
```

ファイルの内容を読み込むときに、末尾の改行文字を削除することができます。read_text()を呼び出した直後にrstrip()メソッドを適用してください。

```
contents = path.read_text().rstrip()
```

この行は、作業中のファイルに対してread_text()メソッドを呼び出すようPythonに指示します。そしてread_text()が返す文字列に対してrstrip()を適用します。きれいに処理された文字列が変数contentsに代入されます。この手法は**メソッドチェーン**と呼ばれます。今後、プログラムを書く中でしばしば目にすることでしょう。

214

相対パスと絶対パス

単にpi_digits.txtのようなファイル名をPathに受け渡すと、Pythonは現在実行中のファイル（つまり、あなたの.pyプログラムファイル）があるフォルダーを見に行きます。

作業環境の作り方によっては、開こうとしているファイルとプログラムファイルが同じフォルダーに存在しない場合があります。たとえば、プログラムファイルはpython_workというフォルダーに保存し、テキストファイルはそれと区別するためにpython_workの中にtext_filesという別のフォルダーを作成してそこに保存するといったことがあるでしょう。text_filesはpython_workの中にありますが、text_files内にあるファイルの名前だけをPathに渡してもうまくいきません。なぜならPythonは、python_workの直下でファイルを探し、text_filesの中は調べないからです。プログラムファイルが存在するフォルダーとは別のフォルダーにあるファイルをPythonで開くためには、正しいパスを指定する必要があります。

プログラミングの中でパスを指定するには、大きく2つのやり方があります。ファイルの**相対パス**を記述すると、Pythonは現在実行中のプログラムファイルが保存されているフォルダーを基準に、指定された場所を探索します。text_filesはpython_workの中にあるので、text_filesというフォルダー名から始め、ファイル名で終了するパスを設定しなければなりません。このパスを設定するには次のように書きます。

```
path = Path('text_files/filename.txt')
```

実行中のプログラムがどこに保存されていても、コンピューター上の正確なファイルの場所をPythonに伝える方法があります。これはファイルの**絶対パス**と呼ばれます。相対パスがうまくいかないときは、絶対パスを使います。たとえば、text_filesフォルダーをpython_workではない別のフォルダーに配置した場合、Pathに'text_files/filename.txt'というパスを設定してもファイルは見つかりません。Pythonはpython_workの中だけでファイルを探すからです。Pythonにファイルを探す場所を明確に指示するには、絶対パスを記述する必要があります。

絶対パスはシステムのルートフォルダーから始まるので、たいていは相対パスよりも長くなります。

```
path = Path('/home/eric/data_files/text_files/filename.txt')
```

絶対パスを使えば、PC上のどこにあるファイルでも読み込むことができます。今のところは、ファイルの保存場所はプログラムファイルと同じフォルダー内にするか、プログラムフォルダー内のtext_filesのようなフォルダーとしておくほうがより簡単です。

 Windowsシステムではスラッシュ（/）の代わりにバックスラッシュ（\）を使ってファイルパスを表現しますが、たとえWindowsを使っていてもコードの中ではスラッシュ（/）を使ってください。pathlibライブラリは、自動的に動作中のシステムに合う正しい表現でシステムとやりとりをします。

第**10**章　ファイルと例外

ファイルの行にアクセスする

ファイルを扱うときに、それぞれの行を調べたいことがあります。ファイル内の特定の情報を探したり、何らかの手段でファイル内のテキストを変更したいことがあるかもしれません。たとえば、気象データのファイルを読み込んで、その日の天候の説明にある「晴れ」という言葉を含む行に対して作業したいときなどです。ニュースのレポートの中で<headline>というタグを探し出し、特定のフォーマットに書き換えたいといったことも考えられます。

splitlines()メソッドを使用して長い文字列を複数の行に分けることができます。そして、forループを使って、ファイルの各行を順番に調べることも可能です。

```
file_reader.py
from pathlib import Path

path = Path('pi_digits.txt')
❶ contents = path.read_text()

❷ lines = contents.splitlines()
for line in lines:
    print(line)
```

少し前と同じように、ファイルのすべての内容を読み込むところから始めます❶。行単位でファイルを扱う場合は、ファイルを読み込むときに空白文字を取り除く必要はありません。splitlines()メソッドはすべての行のリストを返却します。このリストを変数linesに代入します❷。これらの行に対してループし、各行を出力します。

```
3.1415926535
  8979323846
  2643383279
```

まだどの行にも手を加えていないので、出力結果は元のテキストファイルと正確に一致します。

ファイルの内容を扱う

ファイルの内容をメモリーに読み込んだあとは、そのデータに対して何でもできます。ここでは、円周率 π の数字をもう少し調べてみましょう。はじめに、ファイル内のすべての数字を含む空白文字なしの文字列を作成します。

216

```
pi_string.py
from pathlib import Path

path = Path('pi_digits.txt')
contents = path.read_text()

lines = contents.splitlines()
pi_string = ''
```
❶ `for line in lines:`
```
    pi_string += line

print(pi_string)
print(len(pi_string))
```

　前の例と同じようにファイルを読み込んで各行の数字をリストに格納します。次に、πの数字を保持するための変数pi_stringを作成します。ループを作成し、そのループの中で改行文字を削除しながら各行の数列をpi_stringに追加します❶。この文字列と文字列の長さを出力します。

```
3.1415926535   8979323846   2643383279
36
```

　変数pi_stringには、各行の数字の左側にある空白文字が含まれたままですが、それぞれの行でlstrip()を使うと、この空白文字を取り除くことができます。

```
--省略--
for line in lines:
    pi_string += line.lstrip()

print(pi_string)
print(len(pi_string))
```

　小数点以下30桁のπを表す文字列ができました。先頭の3と小数点をあわせて文字列の長さは32文字となります。

```
3.14159265358979323846264338327 9
32
```

 NOTE　Pythonはテキストファイルを読み込む際に、ファイル中のすべてのテキストを文字列型として解釈します。数を読み込み、それを数値として扱いたい場合は、int()関数を使用して整数に変換するか、float()関数を使用して浮動小数点数に変換する必要があります。

100万桁の巨大なファイル

3行のテキストファイルの解析をここまで進めてきましたが、作成したコードはより大きなファイルでも同じように動作します。小数点以下30桁ではなく1,000,000桁の円周率を記載したテキストファイルを使用しても、すべての数字を含む1つの文字列を生成できます。別のファイルを渡すこと以外、プログラムを変更する必要はまったくありません。また、はじめの50桁だけを出力するので、ターミナルをスクロールして100万桁すべてを見る必要はありません。

pi_string.py
```python
from pathlib import Path

path = Path('pi_million_digits.txt')
contents = path.read_text()

lines = contents.splitlines()
pi_string = ''
for line in lines:
    pi_string += line.lstrip()

print(f"{pi_string[:52]}...")
print(len(pi_string))
```

出力を見ると、確かに小数点以下100万桁の円周率を含んだ文字列であることがわかります。

```
3.1415926535897932384626433832795028841971693993751O...
1000002
```

Pythonには取り扱うデータ量の制限がありません。システムのメモリーが許す限りいくらでも大きなデータを扱うことができます。

 このプログラム（および以降の多くの例）を実行するには、本書の資料サイト（https://gihyo.jp/book/2024/978-4-297-14528-6/support）からリソースをダウンロードする必要があります。

πの中に誕生日は含まれているか？

筆者は以前から自分の誕生日が円周率のどこに現れるかに興味がありました。先ほど書いたプログラムを使い、誰かの誕生日がπの最初の100万桁のどこに見つかるかを調べてみましょう。誕生日を数字の文字列として表現し、その文字列がpi_stringのどこに現れるかを調べれば実現できます。

```
--省略--
for line in lines:
    pi_string += line.strip()

birthday = input("誕生日をmmddyyフォーマットで入力してください: ")
if birthday in pi_string:
    print("円周率の最初の100万桁にあなたの誕生日が見つかりました！")
else:
    print("円周率の最初の100万桁にあなたの誕生日は見当たらないようです。")
```

まずユーザーの誕生日を尋ねます。次にその文字列がpi_stringに含まれるかをチェックします。では試してみましょう。

```
誕生日をmmddyyフォーマットで入力してください: 120372
円周率の最初の100万桁にあなたの誕生日が見つかりました！
```

私の誕生日が円周率の中に見つかりました！一度ファイルからデータを読み込みさえすれば、想像しうるどんな分析でも可能です。

やってみよう

10-1. Pythonを学ぶ

テキストエディターで空白のファイルを開き、これまでにPythonについて学んだことをまとめ、数行のテキストを書きます。それぞれの行は「Pythonでできることは」という書き出しで始めます。この章の演習で使った各ファイルと同じフォルダーにlearning_python.txtという名前でファイルを保存します。このファイルを読み込み、あなたが書いた内容を2回出力するプログラムを作成します。はじめはファイル全体を読み込んで出力し、次はすべての行をリストに格納してから各行をループして出力します。

10-2. C言語を学ぶ

replace()メソッドを使うと文字列内の語句を別の語句に置き換えられます。次に示すのは文章中の'イヌ'を'ネコ'に置き換える簡単な例です。

```
>>> message = "私は本当にイヌが好き。"
>>> message.replace('イヌ', 'ネコ')
'私は本当にネコが好き。'
```

先ほど作成したlearning_python.txtの各行を読み込み、「Python」という単語をたとえば「C言語」のような別のプログラミング言語の名前に置き換えます。変更した各行を画面に出力します。

第**10**章　ファイルと例外

10-3. よりシンプルなコード

この節のプログラムfile_reader.pyは、splitlines()の動作を示すために一時的な変数linesを使用しています。一時的な変数を省略して、splitlines()が返すリストを直接ループすることができます。

```
for line in contents.splitlines():
```

この節の各プログラムから一時変数を削除してより簡潔にします。

ファイルに書き込む

　データを保存するもっとも簡単な方法の1つはファイルに書き込むことです。テキストをファイルに書き込めば、プログラムの出力を表示したターミナルを閉じたあとでも出力した内容を利用できます。プログラムを終了したあとで出力内容も調べることができますし、出力したファイルを他の人と共有することもできます。また、テキストをメモリー内に再度読み込むプログラムを作成し、あとでそのテキストで作業することも可能になります。

1行を書き込む

　パスを定義すれば、write_text()メソッドを使用してファイルに書き込むことができます。どのように動作するのかを理解するために、簡単なメッセージを画面に表示する代わりにファイルに保存するプログラムを書いてみましょう。

write_message.py
```
from pathlib import Path

path = Path('programming.txt')
path.write_text("I love programming.")
```

　write_text()メソッドは1つの引数を受け取ります。それはファイルに書き込む文字列です。このプログラムはターミナルに結果を出力しませんが、ファイルprogramming.txtを開くと1行のテキストが表示されます。

```
programming.txt
```
```
I love programming.
```

作成されたファイルは、コンピューター内の他のファイルと同様に扱えます。ファイルを開いて新しいテキストを書き加えることや、そこからコピーやペーストなども可能です。

 Pythonがテキストファイルに書き出せるのは文字列だけです。数値データをテキストファイルに保存するには、事前にstr()関数を使ってデータを文字列型に変換する必要があります。

複数行を書き込む

write_text()メソッドは、舞台裏でいくつかの仕事をこなしています。もしもpathが指し示すファイルが見つからない場合はファイルを作成します。また、ファイルに文字列を書き込んだあとはそのファイルが正しく閉じられたかを確認します。ファイルが正しく閉じられないとデータが失われたり、壊れたりすることがあります。

ファイルに複数行を書き込むには、ファイルの内容をすべて含んだ文字列を作成しなければなりません。その後、作成した文字列を引数にしてwrite_text()を呼び出します。ファイルprogramming.txtに複数行を書き込んでみましょう。

```python
from pathlib import Path

contents = "I love programming.\n"
contents += "I love creating new games.\n"
contents += "I also love working with data.\n"

path = Path('programming.txt')
path.write_text(contents)
```

contentsという名前の変数を定義します。ここにファイルのすべての内容を保持します。次の行では、ここに文字列を追加するために+=演算子を使います。これは必要なだけ繰り返すことができ、どんな長さの文字列でも作成できます。この例では、各行の最後に改行文字を含んでいます。これはそれぞれの文章が個別の行に分かれていることを明確にするためです。

このコードを実行してからprogramming.txtを開くと、すべての行がテキストファイルの中にあることがわかります。

```
I love programming.
I love creating new games.
I also love working with data.
```

ターミナルでの出力と同様にスペース、タブ、空行を使用して出力をフォーマットできます。文字列の長さに制限はありません。そして、コンピューター生成による文書の多くは、この方法で作成されています。

NOTE pathオブジェクトでwrite_text()を呼び出すときには注意が必要です。もし同名のファイルがすでに存在する場合、write_text()はファイルの現在の内容をすべて消去し、新しい内容をファイルに書き込みます。この章の中で後ほど、pathlibを使用してファイルがすでに存在するかどうかを確認する方法を学びます。

やってみよう

10-4. ゲスト
プログラムを作成し、ユーザーに名前を尋ねる入力プロンプトを表示します。名前が入力されたら、その名前をguest.txtという名前のファイルに書き込みます。

10-5. ゲストブック
ユーザーに名前を尋ねるwhileループを作成します。入力された名前をすべて集めてから、guest_book.txtというファイルに記録します。それぞれの名前が新しい行としてファイルに書き込まれていることを確認します。

例外

Pythonでは、**例外**（exception）と呼ばれる特別なオブジェクトを使用し、プログラムの実行中に発生するエラーを管理します。エラーが発生して次に何を実行すべきか判別できないとき、Pythonは例外オブジェクトを生成します。例外を処理するコードが書かれていれば、プログラムは実行を続けます。例外が処理されない場合、プログラムは停止して発生した例外の内容を知らせる**トレースバック**（traceback）を表示します。

例外処理はtry-exceptブロックで行います。try-exceptブロックは、何らかの処理を実行するようにPythonに伝えるだけでなく、例外が発生した場合の処理方法も指示します。try-exceptブロックを使うと、

うまくいかない部分があってもプログラムは実行を続けます。例外発生時にユーザーを混乱させる可能性のあるトレースバックを出力する代わりに、わかりやすいエラーメッセージを表示できます。

ZeroDivisionErrorを例外処理する

Pythonに例外を発生させるシンプルなエラーを見てみましょう。数値を0で割るのが不可能なことはよく知られていると思いますが、それをPythonに実行させてみます。

division_calculator.py
```
print(5/0)
```

Pythonはこの計算を実行できず、トレースバックが出力されます。

```
Traceback (most recent call last):
  File "division_calculator.py", line 1, in <module>
    print(5/0)
          ~^~
❶ ZeroDivisionError: division by zero
```

トレースバックで報告されたZeroDivisionErrorというエラーが例外オブジェクトです❶。Pythonは要求を実行できない場合、応答としてこのようなオブジェクトを生成します。例外が発生すると、Pythonはプログラムを停止して例外の種類を伝えます。この情報を使用してプログラムを修正できます。ある例外が発生した場合にどのように対処するべきかをPythonに指示することで、再度同じ例外が発生したときの準備ができます。

try-exceptブロックを使用する

エラーが発生すると考えられる場合は、try-exceptブロックを使用することで発生する可能性がある例外を処理できます。Pythonにコードを試行（try）するように指示し、そのコードで特定の例外が発生したときの対処を伝えるのです。

ZeroDivisionError例外を処理するためのtry-exceptブロックは次のようになります。

```
try:
    print(5/0)
except ZeroDivisionError:
    print("ゼロで割ることはできません！")
```

223

第**10**章　ファイルと例外

　tryブロックの中には、エラーが発生する行print(5/0)が書かれています。tryブロックの中のコードが正しく動作すれば、Pythonはexceptブロックをスキップします。tryブロックの中でエラーが発生すると、Pythonは発生したエラーに合致するexceptブロックを探してブロック内のコードを実行します。

　この例ではtryブロック中のコードはZeroDivisionErrorを送出するので、Pythonは対応する処理が書かれたexceptブロックを探します。Pythonはそのブロックの中のコードを実行し、トレースバックの代わりにわかりやすいエラーメッセージをユーザーに対して出力します。

> ゼロで割ることはできません！

　Pythonにエラーの処理方法を伝えたので、try-exceptブロックのあとにコードが続けばプログラムの実行は続きます。エラーを検知することでプログラムの実行を継続できるようになる例を見てみましょう。

クラッシュ回避のために例外を使用する

　エラーが発生したあともプログラムの処理が続くような場合は、エラーを正しく処理することが重要になります。入力プロンプトをユーザーに表示するプログラムでは、このような状況がしばしば発生します。無効な入力に対してプログラムが適切に応答できれば、クラッシュする代わりに正しい入力を促すことができます。

　割り算のみの簡単な計算機を作ってみましょう。

division_calculator.py
```
  print("数を2つ教えてください。割り算します。")
  print("終了するには 'q' を入力してください。")

  while True:
❶     first_number = input("\n1番目の数: ")
      if first_number == 'q':
          break
❷     second_number = input("2番目の数: ")
      if second_number == 'q':
          break
❸     answer = int(first_number) / int(second_number)
      print(answer)
```

　このプログラムはユーザーからの入力を受け付けてfirst_number（1番目の数）に格納します❶。プログラムを終了するためにユーザーが'q'を入力していなければ、続けて2番目の入力をsecond_numberに格納します❷。次に1番目の数を2番目の数で割り算し、答えをanswerに代入します❸。プログラムはエラー処理をまったく行っていないため、ゼロによる割り算を入力されるとクラッシュします。

224

```
数を2つ教えてください。割り算します。
終了するには'q'を入力してください。

1番目の数: 5
2番目の数: 0
Traceback (most recent call last):
  File "division_calculator.py", line 11, in <module>
    answer = int(first_number) / int(second_number)
             ~~~~~~~~~~~~~~~~~~^~~~~~~~~~~~~~~~~~~~~
ZeroDivisionError: division by zero
```

　プログラムがクラッシュするのはよくありませんし、ユーザーにトレースバックを見せるのもよい考えとはいえません。技術的な知識がないユーザーは、トレースバックを見て混乱します。加えて、悪意のある攻撃者に対して意図せぬ情報を与えることになるでしょう。たとえば、プログラムのファイル名がわかり、正しく動作していないコードの一部も表示されます。熟練した攻撃者であれば、この情報からどのような攻撃が可能かを判断できることもあります。

elseブロック

　エラーが発生する可能性のある行をtry-exceptブロックで囲めば、このプログラムのエラーに対する耐性を高めることができます。エラーが発生するのは割り算を実行する行なので、ここにtry-exceptブロックを配置します。この例には、elseブロックも含まれています。tryブロックが正常に実行された場合は、elseブロックに処理が進みます。

```
--省略--
while True:
--省略--
    if second_number == 'q':
        break
❶    try:
        answer = int(first_number) / int(second_number)
❷    except ZeroDivisionError:
        print("ゼロで割ることはできません！")
❸    else:
        print(answer)
```

　Pythonはtryブロックの中で割り算を実行しようとします❶。このブロックにはエラーを発生させる可能性があるコードだけが含まれています。tryブロックが成功したあとに実行されるコードはelseブロックに追加されています。この例では割り算が成功するとelseブロックで結果を出力します❸。

第10章　ファイルと例外

exceptブロックは、ZeroDivisionErrorが発生したときの例外を処理する方法をPythonに指示します❷。ゼロによる割り算のエラーでtryブロックが失敗した場合、エラーを避けるにはどうすればよいかをユーザーにわかりやすく伝えるメッセージが表示されます。プログラムは実行を継続し、ユーザーがトレースバックを目にすることはありません。

```
数字を2つ教えてください。割り算します。
終了するには'q'を入力してください。

1番目の数: 5
2番目の数: 0
ゼロで割ることはできません！

1番目の数: 5
2番目の数: 2
2.5

1番目の数: q
```

try-except-elseブロックは次のように動作します。

- **try**
  Pythonはtryブロックの中のコードを実行しようとします。tryブロックの中に含めるのは、例外を発生させる可能性のあるコードだけにすべきです。
- **else**
  ときにはtryブロックが成功したときだけ実行するコードを追加する場合があります。このようなコードはelseブロックに書きます。
- **except**
  exceptブロックはtryブロックでコードを実行したときに特定の例外が発生した場合の処理方法をPythonに指示します。

　発生しうるエラーを予測することで、不正なデータやリソースの不足などに遭遇しても動作を継続できる堅牢なプログラムを作成できます。コードは、悪意のないユーザーのミスや悪意のある攻撃に対して耐性があるものになるでしょう。

FileNotFoundErrorを例外処理する

　ファイルが見つからないことはよくある問題の1つです。探しているファイルが別の場所にある、ファイル名を打ち間違えている、元々ファイルが存在しないといったことが原因として考えられます。try-exceptブロックを使えば、これらの状況のすべてに対応できます。

存在しないファイルを読み込んでみましょう。次のプログラムは「不思議の国のアリス」の内容を読み込もうとしますが、alice.pyと同じフォルダーにファイルalice.txtは存在しません。

alice.py
```python
from pathlib import Path


path = Path('alice.txt')
contents = path.read_text(encoding='utf-8')
```

read_text()の使い方が、前に見たものとは少し異なることに注意してください。システムのデフォルトエンコーディングと読み込むファイルのエンコーディングが異なるときには、encoding引数の指定が必要です。自分のシステムで作成したものではないファイルを読み込もうとすると、こういったことが起きがちです。

> **訳注**
> 日本語環境ではOSの種類によってデフォルトエンコーディングが異なるので、ファイルを扱う際に注意が必要です（macOS、Linuxのデフォルトエンコーディングは'utf-8'ですが、Windowsの場合は'Shift_JIS'です）。問題を避けるには、ファイルの文字コードに合わせてencoding引数を指定してください。

Pythonは存在しないファイルを読み込むことができないため、例外が発生します。

```
   Traceback (most recent call last):
❶   File "alice.py", line 4, in <module>
❷     contents = path.read_text(encoding='utf-8')
     File "/.../pathlib.py", line 1056, in read_text
       with self.open(mode='r', encoding=encoding, errors=errors) as f:
            ^^^^^^^^^^^^^^^^^^^^^^^^^^^^^^^^^^^^^^^^^^^^^^^^^^^^^

     File "/.../pathlib.py", line 1042, in open
       return io.open(self, mode, buffering, encoding, errors, newline)
              ^^^^^^^^^^^^^^^^^^^^^^^^^^^^^^^^^^^^^^^^^^^^^^^^^^^^^^^^
❸  FileNotFoundError: [Errno 2] No such file or directory: 'alice.txt'
```

このトレースバックは、前に見たものより少し長めです。より複雑なトレースバックの読み取り方を見ていきましょう。多くの場合、トレースバックの最後尾から見始めることが最善です。最終行を見るとFileNotFoundErrorが発生していることがわかります❸。これは重要です。これから書くexceptブロックで使用する例外の種類がわかるからです。

トレースバックの先頭付近を見てみると、エラーはalice.pyファイルの4行目で起きていることがわかります❶。次の行には、コードの中でエラーの原因となった行が表示されています❷。トレースバックの残りの部分は、ファイルを開いて読み込む処理に含まれるライブラリのコードを表示しています。通常、トレースバック内のこれらの行を通して読んだり理解したりする必要はありません。

第**10**章　ファイルと例外

発生したエラーを処理するには、トレースバックの中で問題発生箇所として特定された行からtryブロックを開始します。本書の例では、read_text()を含む行がこれにあたります。

```
from pathlib import Path

path = Path('alice.txt')
try:
    contents = path.read_text(encoding='utf-8')
❶ except FileNotFoundError:
    print(f"ごめんなさい。{path} は見当たりません。")
```

この例では、tryブロック内のコードがFileNotFoundErrorを発生させるので、このエラーに適合するexceptブロックを記述します❶。Pythonは、ファイルが見つからないときにはブロック内のコードを実行します。その結果、トレースバックの代わりにわかりやすいエラーメッセージが表示されます。

```
ごめんなさい。alice.txt は見当たりません。
```

このプログラムは、ファイルが見つからないともうやることがありません。この出力結果がすべてです。この例をもう少し発展させ、複数のファイルを処理する際に例外処理がどのように役立つかを見てみましょう。

テキストを分析する

書籍の全編を含むテキストファイルを分析してみましょう。多くの古典文学作品が、パブリックドメインとしてシンプルなテキストファイルのフォーマットで提供されています。このセクションで利用するテキストは、プロジェクト・グーテンベルク (https://gutenberg.org/) から入手したものです。プロジェクト・グーテンベルクでは、パブリックドメインで利用できる文学作品のコレクションが維持管理されています。プログラミングのプロジェクトで文学のテキストを扱うことに興味があるなら、これほど素晴らしいリソースはないでしょう。

> **訳注**
> --
> 日本語のパブリックドメインの文学作品を集めたサイトには、青空文庫 (https://www.aozora.gr.jp/) があります。
> --

「不思議の国のアリス (Alice in Wonderland)」のテキストを取り込んで、テキスト内の単語の数を数えてみましょう。このためにsplit()メソッドを使用します。このメソッドは、デフォルトでは空白で文字列を分割します。

```python
from pathlib import Path

path = Path('alice.txt')
try:
    contents = path.read_text(encoding='utf-8')
except FileNotFoundError:
    print(f"ごめんなさい。{path} は見当たりません。")
else:
    # ファイル内のだいたいの単語の数を数える
    words = contents.split()           # ❶
    num_words = len(words)             # ❷
    print(f"ファイル {path} には約{num_words}の単語が含まれます。")
```

alice.txtを正しいフォルダーに配置したので、tryブロックは正常に動作します。ここでは、「不思議の国のアリス」の全文を含む長大な文字列を取得し、split()を使用して書籍の中のすべての単語のリストを作成します❶。len()関数を使用してこのリストを調べると、もとの文章のだいたいの単語数を取得できます❷。最後に、ファイルに含まれる単語の数を伝える文章を出力します。このコードは、tryブロックが正常に処理されたときだけ実行したいので、elseブロックに配置します。alice.txtに含まれる単語の数が次のように出力されます。

```
ファイル alice.txt には約29594の単語が含まれます。
```

テキストファイルの発行者が追加した情報が含まれているので数字は多少多めですが、「不思議の国のアリス」に含まれる単語の数としてはほぼ正確な値です。

複数のファイルを扱う

分析する書籍を追加しましょう。しかし、その前にプログラムの大部分をcount_words()という関数に移動しておきます。こうすることで複数の書籍の分析がより簡単になります。

word_count.py
```python
from pathlib import Path

def count_words(path):
    """ファイルに含まれるだいたいの単語の数を数える。"""       # ❶
    try:
        contents = path.read_text(encoding='utf-8')
    except FileNotFoundError:
        print(f"ごめんなさい。{path} は見当たりません。")
```

第**10**章　ファイルと例外

```
    else:
        # ファイル内のだいたいの単語の数を数える
        words = contents.split()
        num_words = len(words)
        print(f"ファイル {path} には約{num_words}の単語が含まれます。")

path = Path('alice.txt')
count_words(path)
```

コードはほとんど変わっていません。単純にインデントしてcount_words()の中に移動しただけです。プログラムを変更したときにコメントを最新の状態にすることはよい習慣なので、コメントをdocstringに変更して少しだけ書き換えました❶。

あとは簡単なループを書けば、複数のテキストファイルについて単語の数を数えることができます。分析対象のファイルの名前をリストに格納し、リスト内の各ファイルに対してcount_words()関数を呼び出します。ここでは「不思議の国のアリス」「シッダールタ（Siddhartha）」「白鯨（Moby Dick）」「若草物語（Little Women）」を対象に単語の数を数えます。これらはすべてパブリックドメインです。わざとsiddhartha.txtをword_count.pyとは別のフォルダーに配置し、見つからないファイルをプログラムがうまく処理できることを確認します。

```
from pathlib import Path

def count_words(filename):
    --省略--

filenames = ['alice.txt', 'siddhartha.txt', 'moby_dick.txt',
        'little_women.txt']
for filename in filenames:
❶    path = Path(filename)
    count_words(path)
```

ファイル名は単純な文字列として格納します。それぞれの文字列をPathオブジェクトに変換してから❶、count_words()を呼び出します。siddhartha.txtが見つかりませんが、プログラムの他の部分には影響がありません。

```
ファイル alice.txt には約29594の単語が含まれます。
ごめんなさい。 siddhartha.txt は見当たりません。
ファイル moby_dick.txt には約215864の単語が含まれます。
ファイル little_women.txt には約189142の単語が含まれます
```

230

この例でtry-exceptブロックを使うことには、2つの重要な利点があります。ユーザーにトレースバックを表示しないようにすることと、プログラムがテキストの分析を継続できるようにすることです。もしsiddhartha.txtによって発生するFileNotFoundErrorが検出されなければ、ユーザーはトレースバックを目にすることになりますし、プログラムは「シッダールタ」を分析しようとして停止します。この場合、「白鯨」や「若草物語」は分析されません。

静かに失敗する

前の例では、ファイルの1つが使用できないことをユーザーに知らせました。しかし、検知したすべての例外を報告する必要はありません。ときには例外が発生しても報告せず、何事もなかったかのようにプログラムを続行したい場合があります。プログラムを静かに失敗させるには、tryブロックを通常どおりに作成し、exceptブロックで何もしないようにPythonに指示します。pass文を使用すると、ブロック内で何もしないようにPythonに指示できます。

```
def count_words(path):
    """ファイルに含まれるだいたいの単語の数を数える。"""
    try:
        --省略--
    except FileNotFoundError:
        pass
    else:
        --省略--
```

この例と前の例における唯一の違いはexceptブロック内のpass文です。FileNotFoundErrorが発生したときにexceptブロックのコードは実行されますが、何も起こりません。トレースバックは出力されず、エラーの発生を知らせる出力もありません。存在する各ファイルの単語の数は表示されますが、ファイルが存在しないことを示す情報は表示されません。

```
ファイル alice.txt には約29594の単語が含まれます。
ファイル moby_dick.txt には約215864の単語が含まれます。
ファイル little_women.txt には約189142の単語が含まれます
```

pass文にはプレースホルダーとしての役割もあります。これは、プログラムの特定の場所であえて何もしないでいること、あとで何か手を加えるかもしれないことを示しています。たとえば、このプログラムで見つからないファイル名をmissing_files.txtというファイルに書き込むことにしたとします。ユーザーにはこのファイルが見えませんが、開発者はファイルを読んで見つからないテキストに対処できます。

第**10**章　ファイルと例外

通知対象のエラーを決める

　ユーザーにどのエラーを通知してどのエラーを通知しないのかをどのように判断すればよいでしょうか？　どのテキストが分析対象なのかをユーザーが知っている場合は、なぜ一部のテキストが分析されなかったのかをメッセージで表示する方が望ましいでしょう。ユーザーは何らかの結果を知りたいだけでどの本が分析対象であるかは知らない場合、一部のテキストが利用できなかったことを通知する必要はないかもしれません。ユーザーが求めていない情報を提示することは、プログラムの使い勝手を悪くする可能性があります。Pythonのエラー処理の構造は、正常に動作しないときにどの程度の情報をユーザーに知らせるかをきめ細かく制御できます。情報をどれくらい詳細に提供するかはあなた次第です。

　きちんと書かれて正しくテストされたコードは、構文エラーや論理エラーがあまり発生しません。しかし、プログラムがユーザーの入力、ファイルの有無、ネットワーク接続のような外部のものに依存する場合は、常に例外が発生する可能性があります。少し経験を積めば、プログラムのどこに例外処理のブロックを入れる必要があり、発生したエラーについてどの程度ユーザーに知らせるべきかを判断できるようになるでしょう。

やってみよう

10-6. 足し算
ユーザーに数値の入力を求めるときに起こる共通の問題の1つが、数字の代わりに文字が入力されることです。入力された文字列をintに変換しようとするとValueErrorが発生します。
2つの数字の入力を求めるプログラムを作成してください。その2つの数字を足し算した結果を出力します。入力された文字列が数字でない場合は、ValueErrorを検知してわかりやすいエラーメッセージを表示します。2つの数字を入力したり、代わりに何か文字を入力したりしてプログラムをテストします。

10-7. 足し算の計算機
演習問題10-6で書いたコードをwhileループで囲みます。間違えて数字の代わりに文字を入力しても、数字を入力して処理を継続できるようにしてください。

10-8. ネコとイヌ
cats.txtとdogs.txtという2つのファイルを作成します。最初のファイルにはネコの名前、2つ目のファイルにはイヌの名前をそれぞれ3つ以上保存します。2つのファイルの内容を読み込んで画面に出力するプログラムを書きます。FileNotFoundErrorを検知するために、コードをtry-exceptブロックの中に入れます。そして、ファイルが見つからない場合には、わかりやすいメッセージを出力します。片方のファイルをPC上の別の場所に移動し、exceptブロックの中のコードが実行されることを確認します。

データを保存する

10-9. 静かなネコとイヌ
演習問題10-8のファイルのexceptブロックを変更し、ファイルが見つからない場合にメッセージを表示しないようにします。

10-10. 一般的な単語
プロジェクト・グーテンベルク (https://gutenberg.org/) にアクセスし、分析したいテキストをいくつか見つけます。対象の作品のテキストファイルをダウンロードするか、Webブラウザーから生のテキストをPC上のテキストファイルにコピーします。
count()メソッドを使うと、ある文字列の中に指定した単語や語句が何回出現するかを調べられます。たとえば、次のコードは、文字列に'row'という単語が出現する回数を数えます。

```
>>> line = "Row, row, row your boat"
>>> line.count('row')
2
>>> line.lower().count('row')
3
```

lower()メソッドを使用して文字列を小文字に変換すると、大文字小文字を区別せずに探索対象の単語を数えられるようになります。
プロジェクト・グーテンベルクで見つけたファイルを読み込み、それぞれのファイルに対して'the'という単語の出現回数を調べるプログラムを作成してください。この結果には'then'や'there'などの単語も含まれるので、求めた数は近似値になります。対象の文字列にスペースを加えて'the 'の数を数え、どれくらい数が減少するか調べてみてください。

データを保存する

　プログラムの多くは、ユーザーに対して何らかの情報を入力するように求めます。ユーザーはゲームの設定を保存したり、可視化のためのデータを提供したりできます。プログラムの用途が何であれ、ユーザーが提供する情報はリストや辞書のようなデータ構造に格納します。ユーザーがプログラムを終了するときは、入力された情報を保存したいケースがほとんどでしょう。簡単に実現する方法の1つはjsonモジュールを使ってデータを保存することです。
　jsonモジュールを使用すると、シンプルなPythonのデータ構造をJSONフォーマットの文字列に変換できます。そして、次回プログラムを起動したときにファイルからそのデータを読み込む (load) ことができます。

233

また、異なるPythonプログラム同士でデータを共有する際にもjsonは使えます。さらによいことに、JSONデータフォーマットはPython固有のものではないので、JSONフォーマットで保存したデータは他の多くのプログラミング言語の利用者とも共有できます。JSONは便利で利用しやすいフォーマットであり、学ぶのも簡単です。

 JSON (JavaScript Object Notation) フォーマットは元々JavaScript向けに開発されたものです。しかし今ではPythonを含む多くの言語で使用される共通のフォーマットとなっています。

json.dumps()とjson.loads()を使用する

数字の集まりを保存する短いプログラムを作成し、これらの数字を別のプログラムからメモリ上に読み込んでみましょう。最初のプログラムは、数字の集まりを保存するためにjson.dumps()を使用します。2番目のプログラムはjson.loads()を使用します。

json.dumps()関数には、引数を1つ指定します。それは、JSONフォーマットに変換すべきデータです。関数は文字列を返します。この文字列をデータファイルに書き出します。

number_writer.py
```python
from pathlib import Path
import json

numbers = [2, 3, 5, 7, 11, 13]

path = Path('numbers.json')  # ❶
contents = json.dumps(numbers)  # ❷
path.write_text(contents)
```

最初にjsonモジュールをインポートします。次にここで扱う数字のリストを作成します。数字のリストを保存するファイル名を定義します❶。ファイル内のデータがJSONフォーマットで保存されていることを示すために、拡張子は.jsonとすることが慣例です。次に、json.dumps()関数を使用してJSONで表現されたデータを含む文字列を生成します❷。文字列を入手できたら、先ほどと同じwrite_text()メソッドを使用してファイルに書き出します。

このプログラムは何も出力しませんが、numbers.jsonを開いて中を見てみましょう。データがPythonに似たフォーマットで保存されています。

```
[2, 3, 5, 7, 11, 13]
```

今度はjson.loads()を使用して、リストをメモリーに読み込むプログラムを書いてみましょう。

データを保存する

number_reader.py
```
from pathlib import Path
import json
```
❶ `path = Path('numbers.json')`
❷ `contents = path.read_text()`
❸ `numbers = json.loads(contents)`
```
print(numbers)
```

　読み込むファイルが先ほど書き込んだものと同じであることを確認します❶。データファイルは、特定の
フォーマットに整形された通常のテキストファイルなのでread_text()メソッドを使用して読み込むことができ
ます❷。次に、ファイルの内容をjson.loads()に受け渡します❸。この関数は、JSONフォーマットの文字
列を受け取り、Pythonオブジェクト（この場合はリスト）を返します。返されたオブジェクトをnumbersに代
入します。最後に、復元した数字のリストを出力し、number_writer.pyで作成したリストと同じであること
を確認します。

```
[2, 3, 5, 7, 11, 13]
```

　このようにして2つのプログラムで簡単にデータを共有できます。

ユーザーが生成したデータを保存して読み込む

　jsonを使用してデータを保存すると、ユーザーが生成したデータを扱うときに便利です。ユーザーの情報を
保存しておかないと、プログラムが停止したときにデータが失われてしまいます。はじめて起動したときにユー
ザーに名前を尋ね、再実行時に名前を覚えているプログラムの例を見てみましょう。
　ユーザーの名前を保存するところから始めます。

remember_me.py
```
from pathlib import Path
import json
```
❶ `username = input("あなたのお名前は？ ")`

❷ `path = Path('username.json')`
```
contents = json.dumps(username)
path.write_text(contents)
```
❸ `print(f"戻ってきたときにも名前を覚えていますよ、{username}さん！")`

235

第**10**章　ファイルと例外

はじめに、保存するユーザー名を入力するために入力プロンプトを表示します❶。次に、今入力されたデータをusername.jsonという名前のファイルに書き出します❷。そして、ユーザー情報を保存したことを知らせるメッセージを出力します❸。

```
あなたのお名前は？ エリック
戻ってきたときにも名前を覚えていますよ、エリックさん！
```

保存されているユーザーの名前であいさつするプログラムを新たに書いてみましょう。

greet_user.py

```
from pathlib import Path
import json

❶  path = Path('username.json')
    contents = path.read_text()
❷  username = json.loads(contents)

    print(f"おかえりなさい、{username}さん！")
```

データファイルの内容を読み込みます❶。次にjson.loads()を使用して復元したデータを変数usernameに代入します❷。ユーザー名を復元したので、個々のユーザーに向けて「おかえりなさい」とあいさつができます。

```
おかえりなさい、エリックさん！
```

この2つのプログラムを1つのファイルにまとめる必要があります。remember_me.pyの実行時に、可能であればメモリーからユーザー名を取得します。取得できない場合は、次回のためにユーザー名を尋ねてusername.jsonに保存します。username.jsonがない場合、try-exceptブロックを使って適切な応答を書くことができます。しかし、ここではその代わりにpathlibモジュールの便利なメソッドを使用します。

remember_me.py

```
from pathlib import Path
import json

path = Path('username.json')
❶  if path.exists():
        contents = path.read_text()
        username = json.loads(contents)
        print(f"おかえりなさい、{username}さん！")
```

❷   else:
        username = input("あなたのお名前は？ ")
        contents = json.dumps(username)
        path.write_text(contents)
        print(f"戻ってきたときにも名前を覚えていますよ、{username}さん！")

　Pathオブジェクトには多くの便利なメソッドがあります。exists()メソッドはファイルまたはフォルダーがあればTrueを返し、なければFalseを返します。ここではpath.exists()を使用してユーザー名が保存されているかどうかを調べています❶。もしもusername.jsonが存在すれば、ユーザー名を読み込んで個々のユーザーに向けたあいさつをします。

　username.jsonが見つからない場合は❷、ユーザー名を尋ね、入力された値を保存します。あわせて、親しみやすいメッセージを出力してユーザーが戻ってきたときにも覚えていることを伝えます。

　どちらのブロックが実行されても、結果にはユーザー名と適切なあいさつが表示されます。プログラムの初回起動時は、次のように出力されます。

あなたのお名前は？ **エリック**
戻ってきたときにも名前を覚えていますよ、エリックさん！

その他の場合は、次のようになります。

おかえりなさい、エリックさん！

　これが、プログラムが少なくとも一度は実行されている場合の出力です。この節で扱うデータは単一の文字列に過ぎません。しかしたとえどのようなデータでも、JSON形式の文字列に変換できさえすれば、このプログラムはまったく同じように動作します。

リファクタリング

　多くの場合、とりあえずコードが正しく動くようになっていても、特定の役割を持つ関数に分割するとコードをもっと改善できることに気づくでしょう。この作業は**リファクタリング**と呼ばれます。リファクタリングは、コードをより簡潔でわかりやすく、拡張しやすくします。

　remember_me.pyをリファクタリングしてロジックの大部分を1つまたは複数の関数に移動します。remember_me.pyはユーザーにあいさつすること（greeting）に焦点を置いているので、既存のコード全体をgreet_user()という関数に移動しましょう。

第**10**章　ファイルと例外

remember_me.py

```
from pathlib import Path
import json


def greet_user():
    """ユーザー名であいさつする。"""
    path = Path('username.json')
    if path.exists():
        contents = path.read_text()
        username = json.loads(contents)
        print(f"おかえりなさい、{username}さん！")
    else:
        username = input("あなたのお名前は？ ")
        contents = json.dumps(username)
        path.write_text(contents)
        print(f"戻ってきたときにも名前を覚えていますよ、{username}さん！")


greet_user()
```
❶

　関数を使用するので、プログラムの現在の動作を反映したdocstringに書き直します❶。これでファイルは少しすっきりしましたが、関数greet_user()はユーザーへのあいさつ以外のこと（保存されたユーザー名があれば復元し、なければ新たなユーザー名の入力を促すこと）もしています。

　greet_user()をリファクタリングし、一度に多くのタスクを実行しないようにしましょう。まずは、保存されたユーザー名を復元するためのコードを別の関数に移動します。

```
from pathlib import Path
import json


def get_stored_username(path):
    """保存されたユーザー名があれば取得する。"""
    if path.exists():
        contents = path.read_text()
        username = json.loads(contents)
        return username
    else:
        return None


def greet_user():
    """ユーザー名であいさつする。"""
    path = Path('username.json')
    username = get_stored_username(path)
    if username:
        print(f"おかえりなさい、{username}さん！")
```
❶
❷
❸

238

```
        else:
            username = input("あなたのお名前は？ ")
            contents = json.dumps(username)
            path.write_text(contents)
            print(f"戻ってきたときにも名前を覚えていますよ、{username}さん！")

greet_user()
```

新しい関数 get_stored_username() には、docstring に記述したように明確な目的があります❶。この関数は、保存されたユーザー名が見つかればユーザー名を復元して返します。get_stored_username() に受け渡されたパスが存在しない場合、関数は None を返します❷。これはよいやり方です。関数は期待される値または None を返します。このようにすることで、関数からの戻り値を使った簡単なテストができます。ユーザー名の取得に成功した場合は「おかえりなさい」メッセージを出力し、失敗した場合は新しいユーザー名の入力を促します❸。

もう 1 つ、greet_user() のコードをリファクタリングしましょう。ユーザー名が存在しない場合に新しいユーザー名の入力を促すコードをその目的に特化した関数に移動します。

```
from pathlib import Path
import json

def get_stored_username(path):
    """保存されたユーザー名があれば取得する。"""
    --省略--

def get_new_username(path):
    """新たなユーザー名の入力を促す。"""
    username = input("あなたのお名前は？ ")
    contents = json.dumps(username)
    path.write_text(contents)
    return username

def greet_user():
    """ユーザー名であいさつする。"""
    path = Path('username.json')
❶  username = get_stored_username(path)
    if username:
        print(f"おかえりなさい、{username}さん！")
    else:
❷      username = get_new_username(path)
        print(f"戻ってきたときにも名前を覚えていますよ、{username}さん！")

greet_user()
```

第**10**章　ファイルと例外

　最終版のremember_me.pyに含まれる関数は、それぞれに明確な目的があります。greet_user()を呼び出すと、関数は適切なメッセージを出力します。すなわち、既存のユーザーに「おかえりなさい」と伝えたり、新しいユーザーにあいさつしたりします。greet_user()の中でget_stored_username()を呼び出すと、ファイルが存在する場合はファイルに保存されたユーザー名を取得して返します❶。最後に、greet_user()は必要に応じてget_new_username()を呼び出します❷。get_new_username()関数は、新しいユーザー名の取得とファイルへの保存だけを行います。このように作業を関数に分割することは、メンテナンスや拡張が容易でわかりやすいコードを書くうえで欠かせません。

やってみよう

10-11. 好きな数字
ユーザーに好きな数字を入力してもらうプログラムを作成します。json.dumps()を使用し、この数字をファイルに保存します。別のプログラムでこの値を読み込み、「あなたの好きな数字を知っています！それは＿＿＿です。」というメッセージを出力します。

10-12. 好きな数字を記憶する
演習問題10-11の2つのプログラムを1つのファイルにまとめます。数字がファイルに保存されている場合は、その好きな数字をユーザーに知らせます。そうでない場合は、ユーザーに好きな数字を入力してもらい、ファイルに保存します。プログラムを2回実行して動作を確認します。

10-13. ユーザー辞書
remember_me.pyの例では、ユーザー名という項目を1つだけ保存しました。この例を拡張して、ユーザーに関する情報をさらに2つ尋ねます。それから、収集したすべての情報を辞書に保存します。json.dumps()を使用してこの辞書をファイルに書き込みます。そしてjson.loads()を使用して読み込みなおします。ユーザーについてプログラムが記憶したことのすべてを、正確に出力します。

10-14. ユーザー名を確認
remember_me.pyの最終版は、すでにユーザー名が入力されているか、プログラムをはじめて実行することを前提としています。現在のユーザーが最後にプログラムを使用したユーザーと異なる場合には、ユーザー名を変更する必要があります。
greet_user()で「おかえりなさい」メッセージを出力する前にユーザー名が正しいかを確認します。正しくない場合は、get_new_username()を呼び出して正しいユーザー名を取得します。

まとめ

この章では、ファイルの操作について次のことを学びました。

- ファイルの内容全体を読み込む方法と、読み込んだ内容を必要に応じて一度に1行ずつ扱う方法
- ファイルに必要なだけのテキストを書き込む方法

また、例外について知り、プログラムでよく発生する例外の処理方法を学びました。最後に、Pythonのデータ構造を保存する方法を学びました。そのため、ユーザーが提供する情報を保存できるようになり、プログラムを実行するたびに再入力する必要がなくなりました。

第11章では、コードをテストする効率的な方法を学びます。これは、開発したコードを正しいと信頼することに役立ちます。また、プログラムを継続的に作成する中で入り込むバグの特定に役立ちます。

第11章

コードをテストする

第11章 コードをテストする

関数やクラスを作成するときに、そのコードのテストを書くこともできます。テストによって、想定する全種類の入力に対してコードが正しく動作することを証明できます。テストを書くと、多くの人があなたのプログラムを使いはじめても、そのプログラムが正しく動作することに自信が持てます。また、新しいコードを追加したときにテストを実行することで、変更によってプログラムの既存の動作に問題が発生しないことも確認できます。プログラマーは誰でもミスを犯すので、頻繁にコードをテストして問題を事前に発見できるようにするべきです。

この章ではpytestを使用してコードをテストする方法を学びます。pytestライブラリは最初のテストを素早く簡潔に書くための便利なツールの集まりであり、プロジェクトとともにテストが成長して複雑になってもサポートします。デフォルトのPythonにpytestは含まれていないため、外部ライブラリのインストール方法を学びます。外部ライブラリのインストール方法を知ることで、よく設計されたさまざまなコードを利用できます。このようなライブラリはプロジェクトでできることを大きく拡張します。

また、以下についても学びます。

- 一連のテストケースを作成し、入力の組み合わせに対して正しい結果を返しているかを確認する方法
- テストに成功したときとテストに失敗したときにそれぞれどのように表示されるか
- テストに失敗したコードを改善する方法
- 関数とクラスのテスト方法
- プロジェクトのためにどのくらいのテストを作成すべきか

pipを使用してpytestをインストールする

Pythonの標準ライブラリには多くの機能が含まれていますが、Python開発者はサードパーティ製パッケージにも大きく依存しています。**サードパーティ製パッケージ**は、Python言語のコアではなく外部で開発されたライブラリです。いくつかの有名なサードパーティのライブラリは最終的に標準ライブラリに採用され、以降多くのPythonのインストールに含まれるようになります。このようなことは、初期のバグが解消されて以降は変更の可能性が低いライブラリに対してたまに起こります。この種のライブラリは言語全体と同じペースで更新されます。

しかし、多くのパッケージは標準ライブラリには含まれておらず、言語自体とは独立したスケジュールで開発できます。サードパーティ製パッケージは、Pythonの開発スケジュールに合わせて更新するライブラリより

も、頻繁に更新される傾向があります。これはpytestや実践編で使用する多くのライブラリに当てはまります。すべてのサードパーティ製パッケージをやみくもに信頼すべきではありませんが、重要な機能の多くがそのようなパッケージによって実装されているという事実も忘れないでください。

pipを更新する

Pythonにはpipというツールが含まれており、サードパーティ製パッケージのインストールに使用します。pipは外部リソースからパッケージをインストールする関係上、潜在的なセキュリティ問題に対処するために頻繁に更新されます。まずはpipの更新から始めます。

新しいターミナル画面を開いて次のコマンドを実行します。

```
$ python -m pip install --upgrade pip
```
❶ `Requirement already satisfied: pip in /.../python3.11/site-packages (22.0.4)`
　　`--省略--`
❷ `Successfully installed pip-22.1.2`

コマンドの最初の部分python -m pipは、Pythonにpipモジュールを実行することを指示します。次の箇所install --upgradeは、インストール済みのパッケージを更新することをpipに指示します。最後の部分pipは、更新対象のサードパーティ製パッケージを指定しています。出力結果はpipの現在のバージョンが22.0.4❶であり、更新された最新のバージョンが22.1.2❷であることを示しています（執筆時点の最新バージョン）。

> **訳注**
> 2024年8月時点のpipの最新バージョンは24.2です。

次のコマンドを使用すると、システムにインストールしたサードパーティ製パッケージを更新できます。

```
$ python -m pip install --upgrade package_name
```

 Linuxを使用している場合、Pythonのインストールにpipが含まれていない場合があります。pipの更新を実行したときにエラーが発生する場合は、**付録の「A Pythonのインストールとトラブルシュート」**の手順を参照してください。

pytestをインストールする

pipが最新版に更新できたのでpytestをインストールします。

```
$ python -m pip install --user pytest
Collecting pytest
  --省略--
Successfully installed attrs-21.4.0 iniconfig-1.1.1 ...pytest-7.x.x
```

> **訳注**
> 2024年8月時点のpytestの最新バージョンは8.3.2です。

　中心となるコマンドpip installをここでも使用しますが、今回は--upgradeフラグは不要です。代わりに--userフラグを指定して、Pythonにこのパッケージを現在のユーザー専用にインストールするよう指示します。出力結果では最新バージョンのpytestのインストールが成功しており、pytestが依存するいくつかのパッケージも合わせてインストールされています。
　次のコマンドを使用すると多くのサードパーティ製パッケージをインストールできます。

```
$ python -m pip install --user package_name
```

 なんらかの理由でこのコマンドの実行が難しい場合は、--userフラグを外して同じコマンドを実行してみてください。

関数をテストする

　テストを学ぶためにはテストの対象となるコードが必要です。次の例は、名と姓を受け取ってフォーマットされたフルネームを返す簡単な関数です。

name_function.py
```python
def get_formatted_name(first, last):
    """フォーマットされたフルネームを返す"""
    full_name = f"{first} {last}"
    return full_name.title()
```

　get_formatted_name()関数は、名と姓の間にスペースを1つ入れてフルネームを生成し、それぞれの先頭を大文字に変換した文字列を返します。get_formatted_name()の動作を確認するために、この関数を使用す

関数をテストする

るプログラムを作成しましょう。プログラムnames.pyは、ユーザーが入力した名と姓を受け取り、フォーマットされたフルネームを表示します。

names.py

```
from name_function import get_formatted_name

print("'q' を入力すると終了します。")
while True:
    first = input("\n名を入力してください: ")
    if first == 'q':
        break
    last = input("姓を入力してください: ")
    if last == 'q':
        break

    formatted_name = get_formatted_name(first, last)
    print(f"\tフォーマットされた名前: {formatted_name}")
```

このプログラムはname_function.pyからget_formatted_name()をインポートします。ユーザーが名と姓を入力すると、生成されたフルネームが表示されます。

```
'q' を入力すると終了します。

名を入力してください: janis
姓を入力してください: joplin
        フォーマットされた名前: Janis Joplin

名を入力してください: bob
姓を入力してください: dylan
        フォーマットされた名前: Bob Dylan

名を入力してください: q
```

フルネームは正しく生成されています。では、get_formatted_name()がミドルネームを扱えるように変更を加えます。変更したあとも、関数が名と姓だけを扱うときの動作に支障をきたさないようにする必要があります。get_formatted_name()を変更するたびにnames.pyを実行し、Janis Joplinのような名前を入力することでコードをテストできますが、退屈な作業です。幸いなことに、pytestには関数の出力のテストを自動化する効率的な方法があります。get_formatted_name()のテストを自動化できれば、さまざまな形式の氏名でテストを実行し、常に関数が正しく動作していることを確認できます。

247

第**11**章 コードをテストする

ユニットテストとテストケース

ソフトウェアをテストする手法にはさまざまなものが存在します。もっともシンプルな種類のテストは、ユニットテストです。**ユニットテスト**（単体テスト）は関数のある特定の動作が正しいかを検証します。**テストケース**はユニットテストの集まりであり、関数が処理すると予想されるすべての状況をテストすることで、その関数が期待どおりに動作することを証明します。よいテストケースには、関数が受け取る可能性がある全種類の入力が考慮され、各パターンの処理を検証するテストが含まれます。**フルカバレッジ**のテストケースには、関数の使い方として可能なものをすべて網羅したユニットテストが含まれています。大規模プロジェクトでフルカバレッジを実現することは困難です。まずはコードの重要な動作に対するテストを作成し、その後プロジェクトが広く使われるようになった段階でフルカバレッジを目指しましょう。

テストに成功する

pytestを使用して最初のユニットテストを書くことはとても簡単です。1つのテスト関数を書きましょう。そのテスト関数はテスト対象の関数を呼び出し、戻り値に対してアサーション（値の宣言）を行います。アサーションの値が正しければテストは成功です。正しくなければテストは失敗です。

次がget_formatted_name()関数の最初のテストです。

test_name_function.py

```
from name_function import get_formatted_name

❶ def test_first_last_name():
       """'Janis Joplin' のような名前で動作するか？"""
❷     formatted_name = get_formatted_name('janis', 'joplin')
❸     assert formatted_name == 'Janis Joplin'
```

テストを実行する前に、この関数をよく見てみましょう。テストファイルの名前は重要です。ファイル名はtest_で始まる必要があります。pytestに対して作成したテストを実行するように指示すると、ファイル名がtest_で始まるファイルを探し、そのファイルに含まれるすべてのテストを実行します。

テストファイルの中では、最初にテスト対象の関数get_formatted_name()をインポートします。次にテスト関数を定義します。ここではtest_first_last_name()です❶。関数名に長い名前を指定していますが、これには理由があります。まず、テスト関数の名前はtestとアンダースコアから始める必要があります。test_から始まる関数はすべてpytestに**検出**され、テストプロセスの一部として実行されます。

また、テストの名前は通常の関数名よりも長く、より説明的なものであるべきです。自分でテスト関数を呼び出すことはありません。pytestがテスト関数を見つけて実行します。テスト関数の名前は、テストレポートで関数名を見たときに、テストの挙動を理解しやすい十分な長さの名前であるべきです。

248

次に、テスト対象の関数を呼び出します❷。ここでは `get_formatted_name()` に引数 `'janis'` と `'joplin'` を指定して呼び出します。これは以前に names.py を実行したときと同様です。関数の戻り値を `formatted_name` に代入します。

　最後にアサーションを作成します❸。**アサーション**は状態について宣言するものです。ここでは、`formatted_name` の値は `'Janis Joplin'` であるはず、と宣言しています。

テストを実行する

　test_name_function.py を直接実行すると、テスト関数が呼び出されないため何も出力されません。代わりに pytest を使用してテストファイルを実行します。

　そのためには、ターミナル画面を開いてテストファイルが存在するフォルダーに移動します。VS Code を使用している場合はテストファイルを含むフォルダーを、エディター画面の中のターミナルを使用して開きます。ターミナル画面で pytest コマンドを入力します。次のような結果が出力されます。

```
$ pytest
======================== test session starts ========================
❶ platform darwin -- Python 3.x.x, pytest-7.x.x, pluggy-1.x.x
❷ rootdir: /.../python_work/chapter_11
❸ collected 1 item

❹ test_name_function.py .                                    [100%]
======================== 1 passed in 0.00s ========================
```

　この出力内容の意味を理解しましょう。まず最初にテストを実行したシステムについての情報が表示されます❶。筆者は macOS でテストを実行していますが、別のシステムでは出力が異なります。もっとも重要なことはどのバージョンの Python、pytest と他のパッケージがテストの実行に使用されたかということです。

　次にテストを実行したディレクトリ（フォルダー）が表示されます❷。この場合は python_work/chapter_11 です。pytest が、実行対象となるテストを1つ見つけたことが表示されます❸。そしてテストファイルが実行されたことが確認できます❹。ファイル名の後ろにある1つのドット（.）は1件のテストが成功したことを示します。そして 100% の表示によってすべてのテストが実行されたことがわかります。大規模プロジェクトでは数百や数千のテストがあり、ドットと完了したパーセンテージの表示はテスト全体の進捗状況を把握する助けとなります。

　最後の行は1件のテストが成功したことと、テストの実行にかかった時間が 0.01 秒未満であることを示します。

　この出力は `get_formatted_name()` 関数を書き換えない限り、姓と名を持つ名前のときに正しく動作するということを表しています。`get_formatted_name()` を変更したときにはこのテストを再実行できます。テストが成功すれば、この関数は Janis Joplin といった名前に対して正しく動作することが把握できます。

第11章 コードをテストする

NOTE　ターミナル内で正しい場所への移動方法がわからない場合は、12ページの「Pythonのプログラムをターミナルで実行する」を参照してください。またpytestコマンドが見つからない (command not found) というメッセージが表示された場合は、代わりにpython -m pytestコマンドを使用してください。

テストに失敗する

テストに失敗すると、どのような表示になるのでしょうか？ get_formatted_name()がミドルネームを扱えるように変更してみましょう。ただし、その影響でJanis Joplinのような名と姓だけを関数に渡したときに正しく動作しないといったことがないようにします。

新しいバージョンのget_formatted_name()では、ミドルネームが必須の引数となっています。

name_function.py
```python
def get_formatted_name(first, middle, last):
    """フォーマットされたフルネームを返す"""
    full_name = f"{first} {middle} {last}"
    return full_name.title()
```

このバージョンは、ミドルネームがある場合には動作します。しかし、テストを実行すると、名と姓だけの名前のときには機能しないことがわかります。この状態でpytestを実行すると、次のように出力されます。

```
$ pytest
======================= test session starts =======================
--省略--
```
❶ `test_name_function.py F                                      [100%]`
❷ `============================ FAILURES =============================`
❸ `_____ test_first_last_name _____`
```
    def test_first_last_name():
        """'Janis Joplin' のような名前で動作するか？"""
```
❹ `>       formatted_name = get_formatted_name('janis', 'joplin')`
❺ `E       TypeError: get_formatted_name() missing 1 required positional`
`            argument: 'last'`
```
test_name_function.py:5: TypeError
===================== short test summary info =====================
FAILED test_name_function.py::test_first_last_name - TypeError:
    get_formatted_name() missing 1 required positional argument: 'last'
======================= 1 failed in 0.04s =========================
```

テスト失敗時には多くのことを知る必要があるため、多くの情報が出力されます。出力の最初のアイテムにある単一のF❶は、1つのテストが失敗したことを示します。そしてFAILURES❷のセクションを確認します。失敗したテストはテスト実行時に非常に重要です。次に、テスト関数のtest_first_last_name()が失敗したことがわかります❸。大なり記号（>）❹は失敗したテストの原因となるコードの行を示します。次の行のE❺は失敗の原因となった実際のエラーを表示します。ここでは必須の位置引数であるlastが指定されていないことによりTypeErrorが発生しています。もっとも重要な情報は最後に短い要約として再度表示されるため、たくさんのテストを実行したときでも、どのテストがなぜ失敗したかを素早く把握できます。

失敗したテストに対応する

テストが失敗したらどうすればよいでしょうか？正しい条件で確認していれば、テストが成功したことは関数が正しく動作していることを意味し、テストが失敗したことは新しいコードにエラーが存在することを意味します。そのため、テストが失敗してもテストを書き換えてはいけません。テストを書き換えるとテストは成功するかもしれませんが、テストに書いていたものと同じように関数を呼び出していたコードが正しく動作しなくなります。代わりにテストが失敗した原因のコードを修正します。関数のどこが変更されたかを調査し、その変更がどのように関数の動作を壊したかを把握します。

今回の場合、get_formatted_name()関数は名と姓という2つの引数だけを必須としていました。変更後は名と姓に加えてミドルネームも必須となっています。追加されたミドルネームの引数が必須であったために、get_formatted_name()の元の動作が壊れてしまいました。最善の対処方法は、ミドルネームをオプション引数にすることです。そうすれば、Janis Joplinのような名前のテストは再度成功し、ミドルネームも正しく受け取れるようになります。get_formatted_name()関数のミドルネームをオプション引数に変更し、テストケースを再度実行してみましょう。テストに成功すれば、関数は適切にミドルネームを扱えるようになっています。

ミドルネームをオプション引数にするために、middle引数を関数定義の一番後ろに移動し、デフォルト値に空の文字列を指定します。また、ミドルネームの有無によって適切なフォーマットでフルネームが生成されるようにif文を追加します。

name_function.py

```python
def get_formatted_name(first, last, middle=''):
    """フォーマットされたフルネームを返す"""
    if middle:
        full_name = f"{first} {middle} {last}"
    else:
        full_name = f"{first} {last}"
    return full_name.title()
```

251

第11章 コードをテストする

ミドルネームがオプション引数となった新しいget_formatted_name()関数ができました。ミドルネームが関数に渡された場合は、フルネームに名、ミドルネーム、姓が含まれます。ミドルネームが渡されない場合は、フルネームは名と姓から作成されます。これでどちらの場合でも関数が動作するようになりました。関数がJanis Joplinのような名前で正しく動作するかを調べるために、再度test_name_function.pyを実行してみましょう。

```
$ pytest
======================= test session starts =======================
--省略--
test_name_function.py .                                   [100%]
======================= 1 passed in 0.00s =======================
```

テストは成功しました。これは理想的な状況です。テストを変更することなく、Janis Joplinのような名前で関数が動作するようになりました。失敗したテストによって、新しいコードが既存の動作をどのように壊したかを特定できたので、関数を簡単に修正できました。

新しいテストを追加する

get_formatted_name()関数は、姓と名だけのシンプルな名前で再度動作するようになりました。次に、ミドルネームを含んだ名前のためのテストを作成しましょう。test_name_function.pyにテスト関数を追加します。

test_name_function.py
```
from name_function import get_formatted_name

def test_first_last_name():
    --省略--

def test_first_last_middle_name():
    """'Wolfgang Amadeus Mozart' のような名前で正しく動作するか？"""
❶    formatted_name = get_formatted_name('wolfgang', 'mozart', 'amadeus')
❷    assert formatted_name == 'Wolfgang Amadeus Mozart'
```

追加の関数はtest_first_last_middle_name()という名前にします。関数名をtest_で始めることにより、pytestの実行時に自動的にテスト関数が実行されます。get_formatted_name()関数のどの動作をテストするのかを明確に示す関数名をつけます。明確な関数名をつけると、テストが失敗したときにどの形式の氏名が影響を受けたのかがすぐにわかります。

252

関数をテストするために、名と姓に加えてミドルネームを指定してget_formatted_name()を呼び出します❶。そしてassert文❷によって、関数から返されたフルネームが予想どおりかを確認します。pytestを再度実行すると、両方のテストに成功します。

```
$ pytest
======================= test session starts =======================
--省略--
collected 2 items

❶  test_name_function.py ..                                  [100%]
======================= 2 passed in 0.01s =======================
```

2つのドット（.）❶は2件のテストが成功したことを表し、出力の最後の行でもわかりやすく表示されています。素晴らしい！関数はJanis Joplinのような名前でもWolfgang Amadeus Mozartのようなミドルネームを含んだ名前でも正しく動作することが確認できました。

やってみよう

11-1. 都市と国
都市名と国名の2つの引数を受け取る関数を作成します。この関数は「都市名, 国名」という形式の文字列を返します。たとえば、Santiago, Chileなどです。この関数をcity_functions.pyというファイルに書き込み、このファイルを新しいフォルダーに保存します。これはpytestがここまでに作成したテストを実行しないようにするためです。
作成した関数をテストするtest_cities.pyというファイルを作成します。test_city_country()という関数を作成し、関数に'santiago'と'chile'のような値を渡して正しい文字列を取得できることを確認します。テストを実行してtest_city_country()が成功することを確認します。

11-2. 人口
演習問題11-1で作成した関数を変更し、3番目の必須の引数としてpopulation（人口）を追加します。この関数は「都市名, 国 - 人口 xxx」という形式の文字列を返します。たとえば、Santiago, Chile - 人口5000000などです。test_cities.pyを再度実行します。test_city_country()が失敗することを確認します。population引数がオプションとなるように関数を変更します。テストを実行し、test_city_country()が成功することを確認します。
2つ目のテストtest_city_country_population()メソッドを作成し、関数を呼び出すときに'santiago'、'chile'、population=5000000を指定して実行します。テストを再度実行し、両方のテストが成功することを確認します。

253

第11章 コードをテストする

クラスをテストする

この章の前半では、1つの関数を対象としたテストを作成しました。ここではクラスを対象としたテストについて説明します。プログラムでクラスを使用する場合は、クラスが正しく動作することを確認できると便利です。クラスに対するテストが成功すれば、クラスに改良を加えても既存の動作を誤って壊していないことを確認できます。

さまざまなアサーション

ここまでは、ある文字列が特定の値を持つことを検証する、1種類のアサーションのみを見てきました。テストを書くときには、条件文として表現できるものであれば、主張として記述できます。条件文の結果が予想どおりTrueの場合は、プログラムの該当箇所が想定どおりに動作することが確認され、その結果エラーが存在しないことが確認できます。条件文の結果をTrueと仮定したが実際にはFalseだった場合、テストは失敗して解決すべき課題があることがわかります。**表11-1**に便利なアサーションをいくつか示しています。これらのアサーションは初期のテストに含めると便利です。

表11-1 テストでよく使われるアサーション

アサーション	主張
assert a == b	2つの値が等しいと予想する
assert a != b	2つの値は等しくないと予想する
assert a	aを評価した結果がTrueであると予想する
assert not a	aを評価した結果がFalseであると予想する
assert element in list	elementがlistの中に含まれていると予想する
assert element not in list	elementがlistの中に含まれていないと予想する

これはほんの一例です。条件文で表せるものは、なんでもテストに含めることができます。

テスト対象のクラス

クラスのテストを書く作業の大部分は、クラス内に含まれるメソッドの動作テストとなるため、関数のテストと似ています。しかし、異なる点もいくつかあるので、まずはテスト対象となるクラスを作成しましょう。匿名のアンケート調査（survey）を管理するクラスを考えてみます。

254

クラスをテストする

survey.py

```python
class AnonymousSurvey:
    """アンケートの質問に対する匿名の回答を集める"""

❶    def __init__(self, question):
        """質問を格納し、回答を格納する領域を用意する"""
        self.question = question
        self.responses = []

❷    def show_question(self):
        """アンケートの質問を表示する"""
        print(self.question)

❸    def store_response(self, new_response):
        """質問に対する回答を1件保存する"""
        self.responses.append(new_response)

❹    def show_results(self):
        """すべての回答を表示する"""
        print("アンケートの回答:")
        for response in self.responses:
            print(f"- {response}")
```

このクラスはアンケートの質問を引数で受け取ります❶。そして、回答を格納するための空のリストを作成します。クラスには次の3つのメソッドがあります。

- アンケートの質問を表示する❷
- 新しい回答を回答のリストに追加する❸
- リストに格納されたすべての回答を表示する❹

クラスからインスタンスを生成するときは、質問を指定する必要があります。1つのインスタンスは特定のアンケート調査を表し、show_question()で質問を表示してstore_response()で1件の回答を保存し、show_results()で回答結果を表示します。

AnonymousSurveyクラスの動作を確認するために、このクラスを使用したプログラムを作成しましょう。

language_survey.py

```python
from survey import AnonymousSurvey

# 質問文を定義し、アンケート調査を作成する
question = "最初に勉強した言語は何ですか？"
language_survey = AnonymousSurvey(question)
```

255

第11章 コードをテストする

```
# 質問を表示し、質問に対する回答を保存する
language_survey.show_question()
print("'q' を入力すると終了します\n")
while True:
    response = input("言語: ")
    if response == 'q':
        break
    language_survey.store_response(response)

# アンケート調査の結果を表示する
print("\nアンケート調査にご協力ありがとうございます！")
language_survey.show_results()
```

このプログラムは質問文（"最初に勉強した言語は何ですか?"）を定義し、その質問文でAnonymousSurvey のインスタンスを生成します。プログラムでshow_question()メソッドを呼び出して質問文を表示し、回答を入力するためのプロンプトを表示します。入力された各回答を保存します。すべての入力が完了すると（ユーザーが'q'を入力すると終了します）、show_results()メソッドでアンケートの結果を表示します。

```
最初に勉強した言語は何ですか？
'q' を入力すると終了します

言語: 英語
言語: スペイン語
言語: 英語
言語: 中国語
言語: q

アンケート調査にご協力ありがとうございます！
アンケートの回答:
- 英語
- スペイン語
- 英語
- 中国語
```

このクラスはシンプルな匿名のアンケート調査として動作していますが、ここでAnonymousSurveyクラスと surveyモジュールを次のように改良したいと思います。

- 各ユーザーが複数の回答を入力できるようにする
- 一意な回答のリストと、それぞれ何回ずつ回答されたかを出力するメソッドを追加する
- 記名式のアンケート調査を管理するクラスを作成する

256

このような変更を実施することは、AnonymousSurveyクラスの現在の動作に影響を与える危険性があります。たとえば、各ユーザーが複数の回答を入力できるようにしたために単一の回答の処理を間違って変更してしまう可能性があります。このモジュールの開発によって既存の動作を損なわないようにクラスのテストを書きましょう。

AnonymousSurveyクラスをテストする

AnonymousSurveyクラスの1つの動作を確認するためのテストを作成します。アンケートの質問に対する1件の回答が正しく保存されていることを検証するテストを作成します。

test_survey.py

```python
from survey import AnonymousSurvey

❶ def test_store_single_response():
    """1件の回答が正しく保存されているかをテストする"""
    question = "最初に勉強した言語は何ですか？"
❷   language_survey = AnonymousSurvey(question)
    language_survey.store_response('英語')
❸   assert '英語' in language_survey.responses
```

最初にテスト対象のクラスAnonymousSurveyをインポートします。1つ目のテスト関数では、アンケートの回答を保存したあとにその回答がリストに存在することを確認します。この関数には、内容が把握しやすいようにtest_store_single_response()という名前をつけます❶。このテストが失敗すると、テスト結果の概要に表示される関数名から、アンケート調査で1件の回答を格納する処理に問題があることがわかります。

クラスをテストするには、そのクラスのインスタンスを生成する必要があります。"最初に勉強した言語は何ですか?"という質問文で、language_surveyにインスタンスを作成します❷。store_response()メソッドを呼び出し、1件の回答'英語'を保存します。次に、回答が正しく保存されたかを検証するために'英語'がリストmy_survey.responsesの中に存在するかを確認します❸。

デフォルトでは、pytestコマンドを引数なしで実行すると、現在のディレクトリでpytestが検出したすべてのテストを実行します。1つのファイルのテストのみを実行するには、対象となるテストファイルの名前を指定します。ここではAnonymousSurveyのために作成した1件のテストのみを実行します。

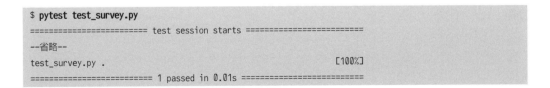

第**11**章　コードをテストする

　テストが成功しました。しかし、アンケート調査では複数件の回答も発生します。3件の回答が正しく保存されるかを検証してみましょう。test_survey.pyに別のテスト関数を追加します。

```
from survey import AnonymousSurvey

def test_store_single_response():
    --省略--

def test_store_three_responses():
    """3件の異なる回答が正しく保存されているかをテストする"""
    question = "最初に勉強した言語は何ですか？"
    language_survey = AnonymousSurvey(question)
❶  responses = ['英語', 'スペイン語', '中国語']
    for response in responses:
        language_survey.store_response(response)

❷  for response in responses:
        assert response in language_survey.responses
```

　test_store_three_responses()関数を追加します。test_store_single_response()と同様にAnonymousSurveyクラスのインスタンスを生成します。そして、3件の異なる回答を含んだリストを定義します❶。次に、各回答に対してstore_response()メソッドを呼び出します。回答が保存されたら別のループを作成して各回答がリストmy_survey.responsesの中に存在することを確認します❷。

　テストファイルを再度実行すると、両方のテスト（1件の回答と3件の回答）が成功します。

```
$ pytest test_survey.py
========================= test session starts =========================
--省略--
test_survey.py ..                                          [100%]
========================= 2 passed in 0.01s =========================
```

　クラスは完璧に動作しています。しかし、この2つのテストには同じコードが存在するので、pytestの別の機能を使ってより効率的なコードにします。

◤ Fixtureを使用する

　test_survey.pyではテスト関数ごとにAnonymousSurveyの新しいインスタンスを作成していました。今回の短いテストの例では問題なく動作しますが、数十、数百のテストがある実際のプロジェクトでは問題があります。

258

テストでは**fixture**をテスト環境の準備に使用します。多くの場合、それは複数のテストで使用するリソースを作成することを意味します。pytestでfixtureを作成するには@pytest.fixtureデコレーターがついた関数を書きます。**デコレーター**は関数定義のすぐ上に書く命令文です。Pythonは関数を実行する前にこの命令文を適用し、関数の動作を変更します。複雑に聞こえるかもしれませんが心配しないでください。自前のデコレーターの書き方を学ぶ前にサードパーティ製パッケージが提供するデコレーターを使いはじめられます。

fixtureを使用して、test_survey.pyの2つのテスト関数で使用できる単一のアンケートインスタンスを作成しましょう。

```python
import pytest
from survey import AnonymousSurvey

@pytest.fixture                                          # ❶
def language_survey():                                   # ❷
    """すべてのテスト関数で利用できるアンケート"""
    question = "最初に勉強した言語は何ですか？"
    language_survey = AnonymousSurvey(question)
    return language_survey

def test_store_single_response(language_survey):         # ❸
    """1件の回答が正しく保存されているかをテストする"""
    language_survey.store_response('英語')                # ❹
    assert '英語' in language_survey.responses

def test_store_three_responses(language_survey):         # ❺
    """3件の異なる回答が正しく保存されているかをテストする"""
    responses = ['英語', 'スペイン語', '中国語']
    for response in responses:
        language_survey.store_response(response)         # ❻

    for response in responses:
        assert response in language_survey.responses
```

pytestに定義されているデコレーターを使用するために、ここではpytestをインポートします。@pytest.fixtureデコレーター❶を新しい関数language_survey()❷に適用します。この関数はAnonymousSurveyのオブジェクトを作成して新しいアンケートを返します。

2つのテスト関数の定義が変更されていることに注意してください❸❺。各テスト関数はlanguage_survey引数をつけて呼び出されます。テスト関数の引数が@pytest.fixtureデコレーターがついた関数の名前と一致すると、fixtureは自動的に実行され、その返り値がテスト関数に渡されます。

この例ではlanguage_survey()関数が、2つのテスト関数test_store_single_response()とtest_store_three_responses()に対してlanguage_surveyインスタンスを提供します。

第**11**章　コードをテストする

テスト関数に新しいコードはありませんが、各関数から2行ずつ削除されていることに注意してください❹
❻。質問を定義する行とAnonymousSurveyのオブジェクトを生成する行です。

テストファイルを再度実行すると両方のテストが引き続き成功します。この2つのテストはAnonymousSurvey
を拡張して複数人からの複数の回答を処理できるようにすると特に便利です。複数の回答を受け取れるように
コードを変更したあとに既存のテストを実行し、1つの回答や複数の個別の回答を保存する処理に影響がない
ことを確認できます。

このコードの構造は確かに複雑で、これまで見てきた中でもっとも抽象的なコードが含まれています。すぐ
にfixtureを使用する必要はありません。テストを書かないよりは繰り返しのコードが多いテストを書くほうが
よいです。コードの繰り返しが邪魔になるほど十分なテストを書いたときには、繰り返しを処理できる確立さ
れた方法があることを知っておいてください。また、前述のような簡単な例でfixtureを使用しても、コードが
短くなったり理解しやすくなることはありません。しかし多数のテストがあるプロジェクトや、複数のテストで
使用するリソースの構築に大量のコードが必要な場合は、fixtureによってテストコードを抜本的に改善でき
ます。

fixtureを書きたいときは、複数のテスト関数で使用するリソースを生成する関数を書きます。@pytest.
fixtureデコレーターがついた新しい関数を追加し、各テスト関数の引数にこの関数の名前を追加すると、テ
スト関数でこのリソースを使用できます。以降はテストがより短く、書きやすく、メンテナンスしやすくなりま
す。

やってみよう

11-3. 従業員

Employeeクラスを作成します。__init__()メソッドで名、姓と年収を受け取り、属性に格納します。give_
raise()メソッドを作成します。このメソッドは、年収をデフォルトで500,000円増加させますが、異なる昇
給額を引数で指定することもできます。

Employeeのためのテストファイルに、2つのテスト関数test_give_default_raise()とtest_give_custom_
raise()を作成します。まずはfixtureを使用せずにテストを記述し、両方のテストが成功することを確認しま
す。次にfixtureを使用して、各テスト関数でEmployeeの新しいインスタンスの作成が不要なように書き換え
ます。テストを再度実行し、両方のテストが成功することを確認します。

まとめ

この章では、次のことについて学びました。

- pytestモジュール内のツールを使用し、関数とクラスのテストを作成する方法
- テスト関数で関数やクラスの特定の動作を検証する方法
- fixtureを使用して、テストファイル中の複数のテスト関数で使用するリソースを効率的に生成する方法

テストは重要なトピックの1つですが、多くの新人プログラマーは体験していません。新人プログラマーのときに作成する簡単なプロジェクトにテストを書く必要はありません。しかし、重要な開発プロジェクトを開始するときには、関数やクラスの重要な動作に関するテストをすぐに行うべきです。テストを書くことで、プロジェクトで新しいコードを書いても既存の動作を損なわずにコードを自由に改良できるようになります。誤って既存の機能を壊してもすぐに発見できるので、問題を簡単に修正できます。失敗したテストに対処することは、不幸なユーザーからのバグ報告に対応するよりもずっと簡単です。

プロジェクトに最初からテストが存在すると、他のプログラマーはそのプロジェクトに敬意を払うでしょう。テストがあることにより、プログラマーはコードを快適に試すことができ、プロジェクトで一緒に作業しやすくなります。他のプログラマーが作業しているプロジェクトに貢献したい場合は、追加のコードが既存のテストを通ることを確認し、プロジェクトに導入する新機能についてのテストを作成することが望ましいです。

コードをテストする手順に慣れるためにテストで遊んでみてください。関数とクラスのもっとも重要な動作を確かめるテストを作成しましょう。特別な理由がなければ、初期段階でプロジェクト全体をテスト対象にする必要はありません。

付録

A　Pythonのインストールとトラブルシュート
B　テキストエディターとIDE
C　助けを借りる

付録

A Pythonのインストールとトラブルシュート

Pythonには多くのバージョンがあり、OSごとにもたくさんのインストール方法があります。**第1章**の「は
じめの一歩」で説明した方法でうまく動作しない場合や、現在インストールされているものとは違うバージョン
のPythonをインストールしたい場合には、この付録の説明が役に立ちます。

◤ Windows上のPython

第1章の「はじめの一歩」では、Webサイト（https://python.org/）にある公式インストーラーを使用し
てPythonをインストールする方法を説明しました。インストーラーを使用したあとにPythonを実行できな
い場合は、この項にあるトラブルシュートの手順によってPythonを実行できるようになるでしょう。

pythonの代わりにpyを使用する

最新のPythonインストーラーを実行し、ターミナルでpythonコマンドを実行すると、ターミナル上に
Pythonプロンプト（>>>）が表示されるはずです。

Windowsが**python**コマンドを認識できない場合、Pythonがインストールされていないとみなして
Microsoft Storeを開くか、「Pythonが見つかりません」のようなメッセージを表示します。Microsoft
Storeが開いた場合はそれを閉じます。Microsoftが管理するPythonよりも、https://python.orgの公
式Pythonインストーラーを使うことがおすすめです。

もっとも簡単な解決策は、システムを変更せずに**py**コマンドを試してみることです。このコマンドは、シス
テムにインストールされた最新バージョンのPythonを探してインタープリターを実行するWindows用のユー
ティリティです。**py**コマンドが動作してこのコマンドを使用したい場合は、本書にあるpythonやpython3コマ
ンドの代わりにpyを使用してください。

インストーラーを実行する

pythonが動作しないもっとも一般的な理由は、インストーラーの実行時に［Add Python to PATH］オプ
ションの選択を忘れることです。これは発生しやすいミスです。PATH変数はPythonがプログラムを探す場所
を指定するためのシステム設定です。この場合、WindowsはPythonインタープリターを探す場所がわかり
ません。

この問題を解決するもっとも簡単な方法は、インストーラーを再度実行することです。https://python.
orgにより新しいインストーラーがある場合は、最新のインストーラーをダウンロードして実行し、［Add

Python to PATH］オプションに必ずチェックを入れてください。

最新のインストーラーでインストール済みの場合は、インストーラーを再度実行して［Modify］オプション
を選択します。オプション機能の一覧が表示されますが、この画面ではデフォルトのオプションが選択された
ままの状態にします。［Next］をクリックして［Add Python to Environment Variables］のチェックボッ
クスにチェックを入れます。最後に［Install］をクリックします。インストーラーはすでにインストールされて
いるPythonを認識し、Pythonインタープリターの場所をPATH変数に追加します。開いているターミナルは
古いPATH変数を使用しているため、必ず閉じてください。新しいターミナルを開いてpythonコマンドを再度
実行します。Pythonプロンプト（>>>）が表示されるはずです。

macOS 上のPython

第1章の「はじめの一歩」では、Webサイト（https://python.org）にある公式インストーラーを使用して
Pythonをインストールする方法を説明しました。公式インストーラーはここ数年問題なく動作していますが、
うまくいかない場合もいくつかあります。本項の情報は通常のやり方でうまく動作しない場合に役立ちます。

誤ってApple版のPythonをインストールする

Pythonがシステムにまだインストールされていない状態でpython3コマンドを実行すると、多くの場合**コマ
ンドラインデベロッパツール**をインストールする必要がある、というメッセージが表示されます。このときの最善
の方法は、メッセージを表示するポップアップを閉じ、https://python.orgからPythonのインストーラー
をダウンロードして実行することです。

ここでコマンドラインデベロッパツールのインストールを選択した場合は、macOSにデベロッパツールと一
緒にApple版のPythonがインストールされます。この場合の唯一の問題点は、Apple版のPythonは最新
の公式バージョンのPythonより少し古いということです。しかし、https://python.orgから公式インストー
ラーをダウンロードして実行できます。するとpython3は最新バージョンを指すようになります。デベロッパ
ツールがインストールされても心配しないでください。その中には**実践編付録**の「A バージョン管理にGitを
使う」で紹介するバージョン管理システムGitのような便利なツールが含まれています。

古いバージョンのmacOS上のPython 2

Monterey（macOS 12）より古いバージョンのmacOSには、デフォルトで古いバージョンのPython 2
がインストールされていました。そのようなシステムではpythonコマンドが古いPython 2のインタープリター
を指しています。Python 2がインストールされているバージョンのmacOSを使用している場合は、必ず
python3コマンドを使用してください。そして常に自分でインストールしたバージョンのPythonを使用してく
ださい。

付録

Linux上のPython

Pythonは多くのLinuxシステムに最初からインストールされています。しかし、システムのデフォルトのバージョンがPython 3.9より古い場合は、最新バージョンをインストールしてください。Pythonのエラーメッセージの改善のような最新の機能を使用したい場合も、最新バージョンのPythonをインストールする必要があります。次の手順は、aptコマンドを使用できる多くのシステムで動作します。

デフォルトでインストールされたPythonを使用する

python3が指すPythonを使用する場合は、次の3つの追加パッケージがインストールされていることを確認してください。

```
$ sudo apt install python3-dev python3-pip python3-venv
```

この3つのパッケージには開発者に便利なツールやサードパーティ製パッケージのインストールに使用するツールが含まれています。実践編のプロジェクトなどで使用します。

最新バージョンのPythonをインストールする

deadsnakesと呼ばれるパッケージを使用することで、複数バージョンのPythonを簡単にインストールできます。次のコマンドを入力します。

```
$ sudo add-apt-repository ppa:deadsnakes/ppa
$ sudo apt update
$ sudo apt install python3.11
```

一連のコマンドにより、PCにPython 3.11がインストールされます。
次のコマンドを実行してターミナル上でPython 3.11を実行できることを確認します。

```
$ python3.11
>>>
```

本書でpythonコマンドと書いてある場合は、代わりに**python3.11**を使用してください。ターミナルでプログラムを実行するときにもこのコマンドを使用します。
Pythonを十分に活用にするには2つの追加パッケージをインストールする必要があります。

```
$ sudo apt install python3.11-dev python3.11-venv
```

この2つのパッケージにはサードパーティー製パッケージをインストールして実行するために必要なモジュールが含まれています。実践編のプロジェクトなどで使用します。

deadsnakesパッケージは長い間活発にメンテナンスされています。Pythonの新しいバージョンがリリースされた場合は、python3.11の部分を最新の有効なバージョンに書き換えて同じコマンドを実行できます。

使用しているPythonのバージョンを確認する

Pythonの実行時や追加パッケージのインストールで問題がある場合は、使用しているPythonのバージョンを正確に知ることが役に立ちます。複数バージョンのPythonをインストールして、現在どのバージョンを使用しているか明らかでない場合があります。

次のコマンドをターミナルで実行します。

```
$ python --version
Python 3.11.0
```

現在使用しているpythonコマンドが指しているバージョンを正確に示します。より短いpython -Vコマンドでも同じ結果が得られます。

Pythonのキーワードと組み込み関数

Pythonにはキーワードと組み込み関数があります。Pythonで変数などに名前をつけるときにはこれらの名前に気をつけることが重要です。変数名は、キーワードと同じものを使用できず、組み込み関数名と同じ名前にしてもいけません。そのようにしないと関数を上書きしてしまいます。

この項では、Pythonのキーワードと組み込み関数の名前の一覧を示すので、変数名での使用を避けるべき名前を把握できます。

Pythonのキーワード

表A-1のキーワードは特別な意味を持ち、変数名として使用しようとするとエラーが発生します。

表A-1　Pythonのキーワード

False	await	else	import	pass
None	break	except	in	raise
True	class	finally	is	return
and	continue	for	lambda	try

付録

as	def	from	nonlocal	while
assert	del	global	not	with
async	elif	if	or	yield

Pythonの組み込み関数

表A-2に示す組み込み関数の名前を変数名に使用してもエラーは発生しませんが、関数を上書きしてしまいます。

表A-2 Pythonの組み込み関数

abs()	complex()	hash()	min()	slice()
aiter()	delattr()	help()	next()	sorted()
all()	dict()	hex()	object()	staticmethod()
anext()	dir()	id()	oct()	str()
any()	divmod()	input()	open()	sum()
ascii()	enumerate()	int()	ord()	super()
bin()	eval()	isinstance()	pow()	tuple()
bool()	exec()	issubclass()	print()	type()
breakpoint()	filter()	iter()	property()	vars()
bytearray()	float()	len()	range()	zip()
bytes()	format()	list()	repr()	__import__()
callable()	frozenset()	locals()	reversed()	
chr()	getattr()	map()	round()	
classmethod()	globals()	max()	set()	
compile()	hasattr()	memoryview()	setattr()	

B テキストエディターとIDE

　プログラマーはコードを書き、読み、編集することに多くの時間を費やします。そのため、可能な限り作業を効率化してくれるテキストエディターや**統合開発環境**（Integrated Development Environment、**IDE**）を使うことはきわめて重要です。よいテキストエディターにはコードの構造をハイライト表示するようなシンプルな機能があるため、作業中によく発生するバグに気づけます。それによってあなたの思考が妨げられるようなことはありません。テキストエディターには、自動インデントや適切な行の長さを示すマーカー、一般的な操作のキーボードショートカットといった便利な機能もあります。

IDEとは、対話型のデバッガーやコードイントロスペクションのようなその他のツールを数多く備えたテキストエディターです。IDEはあなたが書くコードを検査し、開発中のプロジェクトについて学習しようと試みます。たとえば、ある関数の名前をタイプしはじめると、IDEはその関数が受け取れるすべての引数を表示します。すべてがきちんと機能し、表示される内容をユーザーが理解できるのであれば、この機能はとても便利です。しかし同時に、そのような機能は初心者にとってまったく手に負えないものとなる可能性もあります。IDE上でコードが動かず、原因もわからないようなときには、問題の解決が難しくなってしまうかもしれません。

最近はテキストエディターとIDEの境界があいまいになっています。もっとも人気のあるテキストエディターが持つ機能の中には、以前はIDEだけにしか見られなかったようなものがあります。同様に多くのIDEは、通常時は作業の邪魔が少ない軽快なモードで動作し、上級者向けの機能は必要なときだけ使うように設定できます。

もしも好みのテキストエディターまたはIDEをすでにインストールしていて、システムにインストールされた最新バージョンのPythonが動作するように設定されているのであれば、すでに知っているものを使い続けることをおすすめします。使ったことがないテキストエディターを探索するのは楽しいことですが、新しい言語を学ぶ過程では避けたほうが賢明です。

まだテキストエディターやIDEをインストールしていないなら、いくつかの理由からVS Codeをおすすめします。

- 無料で、オープンソースのライセンスのもとでリリースされている
- すべての主要なOSにインストールできる
- 初心者にとって親しみやすいだけでなく、多くのプロのプログラマーがメインのテキストエディターとして使用するほど十分にパワフルである
- インストールしたPythonのバージョンを検出し、プログラムをはじめて動かすときに追加の設定を必要としない
- 統合ターミナルを備えているので、コードと同じウィンドウで出力を確認できる
- Python拡張機能が利用でき、非常に効率的にPythonコードの作成とメンテナンスができる
- カスタマイズ性に優れており、好みの作業スタイルに合わせてチューニングできる

この付録では、自分の好みの動作になるようにVS Codeを設定する方法を学びます。また、より効率的に作業するためのショートカットキーについても学びます。高速にタイプできることは、多くの人が考えるほどプログラミングにおいて重要なことではありません。しかし、自分の使うテキストエディターを理解し、効率的な使い方を知っておくことは、たいへん役立ちます。

とはいえ、すべての人に対してVS Codeが有効というわけではありません。なんらかの理由でVS Codeが動かなかったり、作業をうまく進められない場合には、他に魅力的に感じるかもしれないテキストエディターがたくさんあります。この付録では、検討すべき他のいくつかのテキストエディターとIDEについて、簡単な説明を盛り込みました。

VS Codeで効率的に作業する

第1章ではVS Codeをインストールし、あわせてPython拡張機能を追加しました。ここではより進んだ設定のいくつかと、作業を効率化するためのショートカットキーについて説明します。

VS Codeを設定する

VS Codeの設定を初期状態から変更するにはいくつかの方法があります。画面から変更できるものもあれば、設定ファイルの変更が必要なこともあります。これらの変更の中にはVS Codeで実行するすべてに影響を及ぼすものもあれば、設定ファイルがあるフォルダー内のファイルに対してのみ影響するものもあります。

たとえば、設定ファイルがpython_workフォルダーにある場合、設定内容はpython_workフォルダーの中だけに影響します（サブフォルダーも含まれます）。これはよい機能です。なぜなら、全体（グローバル）設定をプロジェクトに固有の設定で上書きできるからです。

タブとスペースを使う

コードの中にタブとスペースが混在していると、原因の特定が難しい問題を引き起こしかねません。Python機能拡張をインストールすると、.pyファイルの編集中にタブキーを押したときは、常にスペースが4つ挿入されるようにVS Codeが設定されます。Python機能拡張をインストールして、自分用のコードだけを書いている限り、タブとスペースに起因する問題が起きることはほとんどないでしょう。

しかし、VS Codeの設定が正しくないままインストールされているかもしれません。また、なにかの折にインデントがタブだけの状態だったり、タブとスペースが混在した状態のままで作業を中断しているかもしれません。タブとスペースに関する問題が疑わしいときには、VS Codeウィンドウの最下部にあるステータスバーに表示されている［スペース］または［タブのサイズ］をクリックしてください。ドロップダウンメニューが表示され、タブの使用とスペースの使用を切り替えることができます。あわせて、インデントのレベル（深さ）の初期値の変更ができ、ファイル内のすべてのインデントをタブとスペースで相互に変換することができます。

もしも何かのコードを見ていて、インデントがタブなのかスペースなのかがわからないときには、コードのいくつかの行を選択してハイライトしてください。こうすると、不可視の空白文字が見えるようになります。スペースの部分にはドット（.）が表示され、タブには矢印が表示されます。

 プログラミングにおいてはインデントはタブよりもスペースのほうが好まれます。これは、スペースの解釈にはあいまいさがなく、コードのファイルを扱うすべてのツールで一致するためです。タブの幅はツールごとに異なる解釈がなされる可能性があり、これがもとで原因の特定が困難なエラーの発生を招く可能性があります。

カラーテーマを変更する

VS Codeは初期設定ではダークテーマが設定されています。これを変更するには、［ファイル］（macOS

の場合はメニューバーの［Code］）をクリックし、続いて［基本設定▶テーマ］を選択して［配色テーマ］をクリックします。ドロップダウンリストが表示されるので、好みのテーマを選択してください。

1行の長さの境界線を設定する

多くのテキストエディターには、目印となる縦線を表示してコードの行末を示す機能があります。Pythonコミュニティでは、1行を79文字以内とすることが慣例となっています。

この機能を設定するには、［Code］をクリックし、［基本設定］を選択して［設定］をクリックします。続いて、表示されたウィンドウで「rulers」と入力します。［Editor: Rulers］という設定項目が表示されたら［settings.jsonで編集］というラベルをクリックします。ファイルが表示されたら、editor.rulersの項目に次を追加します。

settings.json
```
    "editor.rulers": [
    80,
    ]
```

これで、編集ウィンドウの80文字目に縦線が表示されます。2つ以上の縦線を表示することもできます。たとえば120文字目に線を追加したければ、設定値を[80, 120]とします。縦線が表示されないときは、設定ファイルを保存したかどうかを確認してください。また、システムによっては変更を反映するためにVS Codeの再起動が必要かもしれません。

出力をシンプルにする

デフォルトでは、VS Codeではプログラムの出力は組み込みターミナルウィンドウに表示されます。この出力には、ファイルを実行する際に使われたコマンドが含まれています。多くの場合、これは理想的な設定です。しかしはじめてPythonを学ぶ人にとっては、思いのほか邪魔になることがあります。

出力をシンプルにするには、開いているすべてのタブを閉じてからVS Codeを終了します。VS Codeを再起動して、作業中のPythonファイルがあるフォルダーを開きます。これはhello_world.pyが保存されているpython_workフォルダーかもしれません。

［実行とデバッグ］アイコン（右向き三角に小さな虫がいます）をクリックし、次に［launch.jsonファイルを作成します］をクリックします。プロンプトの表示に従って、デバッガー［Python Debugger］、デバッグ構成［Pythonファイル］を選択してください。launch.jsonファイルが開いたら、次の設定項目を変更します。

launch.json
```
{
    --省略--
    "configurations": [
```

```
{
        --省略--
        "console": "internalConsole",
        "justMyCode": true
    }
  ]
}
```

　ここではconsoleの設定をintegratedTerminalからinternalConsoleに変更します。ファイルを保存したらhello_world.pyのような.pyファイルを開き、Ctrl + F5 キーを押して実行します。VS Codeの出力エリアで［デバッグコンソール］をクリックして選択してください。プログラムの出力だけが表示されることが確認できるはずです。この出力はプログラムを実行するたびに再表示されます。

 デバッグコンソールは表示専用です。第7章から使いはじめるinput()関数を使うファイルではうまく機能しません。このようなプログラムを実行するときは、consoleの設定をデフォルトのintegratedTerminalに戻すか、第1章の「Pythonのプログラムをターミナルで実行する」を参照してください。

より進んだカスタマイズをする

　VS Codeはいろいろなやり方でカスタマイズができ、より作業効率を上げることができます。カスタマイズ可能な項目を調べるには、［Code］をクリックし、［基本設定］を選択して［設定］をクリックします。［よく使用するもの］という見出しがついたリストが表示されます。小見出しをクリックすると、VS Codeの一般的な設定が表示され、これらは変更することができます。より自分向きのVS Codeにするためにできることがあるか、このリストを見てみてください。しかし、テキストエディターの設定に没頭しすぎてPythonを学んでいることを忘れることがないように気をつけて！

VS Codeのショートカットキー

　すべてのテキストエディターやIDEは、コードを書いたりメンテナンスしたりするときに誰もが行う一般的なタスクを効率的にする方法を提供しています。たとえば、単一行のコードや、コードブロック全体を簡単にインデントすることができます。また、ファイル内で数行のブロックを簡単に上下に移動できます。
　とても多くのショートカットキーがあるので、すべてをここで説明することはできません。この付録では、はじめてPythonファイルを書くときに役立ちそうな、いくつかのキーだけを紹介します。もしもVS Code以外のテキストエディターを使うのであれば、選んだテキストエディターで、同じタスクをどのように効率化しているかを習得してください。

コードブロックをインデントする／インデント解除する

コードブロック全体をインデントするには、対象部分を選択してから Ctrl +] キー（macOSの場合は ⌘ +] キー）を押してください。コードブロック全体のインデントを解除するには、対象部分を選択してから Ctrl + [キー（macOSの場合は ⌘ + [キー）を押してください。

コードブロックをコメントアウトする

一時的にコードブロックを無効にするには、コードを選択してからコメントに変換してPythonが無視するようにします。無効にしたい場所を選択してから Ctrl + / キー（macOSの場合は ⌘ + / キー）を押してください。選択された行は、通常のコメントとは異なることを示すため、コードと同じインデントのレベルに挿入されたハッシュ記号（#）でコメントアウトされます。コメントアウトをもとに戻すには、対象のブロックを選択してハイライト表示にしてから再度同じコマンドを実行します。

行を上下に移動する

プログラムが複雑になってくると、ファイルの中でコードブロックを上下に移動したくなることがあります。これを行うには、移動したいコードを選択してから Alt + ↑ キー（macOSの場合は Option + ↑ キー）を押してください。同じキーの組み合わせで ↓ キーを押せば、ブロックはファイル内を下に移動します。

単一の行だけを上下に移動したいときには、対象の行のどこかをクリックしてください。移動のために行全体を選択する必要はありません。

ファイルエクスプローラーを非表示にする

VS Codeの統合されたファイルエクスプローラーはとても便利です。しかし、コードを書いているときには邪魔になるかもしれません。特に、小さな画面では貴重なスペースを奪われてしまいます。 Ctrl + B キー（macOSの場合は ⌘ + B キー）を押すと、エクスプローラーの表示と非表示を切り替えることができます。

その他のショートカットキーを見つける

編集環境で効率よく作業するには慣れが必要ですが、それには同時に注意深さも必要です。コードについて学んでいるときには、繰り返し行うことがないかに注意を向けてください。エディター内で実行することのほとんどにショートカットキーが割り当てられています。もし編集のタスクを実行するときにメニュー項目をクリックしているなら、ショートカットキーを探してみてください。キーボードとマウスの間を頻繁に行き来しているようなら、ショートカットキーを探して、たびたびマウスに触れることがないようにしましょう。

VS Codeのすべてのショートカットキーを確認するには、［Code］をクリックし、［基本設定］を選択して［キーボードショートカット］をクリックします。特定のショートカットキーを探したいときは検索バーを使えます。あるいは、リストをスクロールして効率化につながりそうなショートカットキーを順に探していくこともできます。

付録

とはいえ、まずは作業中のコードに集中するのが一番です。ツールの探求に時間をかけすぎないほうがよいということは、覚えておきましょう。

その他のテキストエディターとIDE

その他にも数多くのテキストエディターについて見たり聞いたりしたことがあると思います。それらの多くは、VS Codeと同様のやり方で設定をカスタマイズできます。ここでは、よく名前を耳にするテキストエディターをいくつか紹介します。

IDLE

IDLEはPythonに含まれるテキストエディターです。他のよりモダンなテキストエディターに比べると操作がやや直感的でない部分がありますが、初心者向けの他のチュートリアルで言及されていることもあるので試したくなるかもしれません。

Geany

Geanyは、シンプルなテキストエディターです。出力はすべて分割されたターミナルウィンドウに表示されるので、ターミナルを使用した作業に慣れることに役立ちます。Geanyのインターフェースは最小限ですが十分にパワフルで、経験豊富なプログラマーでもかなりの人数が今もこのテキストエディターを利用しています。

VS Codeでの作業が集中しづらかったり、機能が多すぎるように感じたりするなら、代わりにGeanyを使うことを検討してください。

Sublime Text

Sublime Textは、また別の「ミニマリストエディター」です。もしVS Codeがうるさすぎると感じるなら、検討すべきでしょう。Sublime Textのインターフェースは本当にクリーンで、とても大きなファイルでもうまく扱えることでよく知られています。邪魔にならず、コードを書くことに集中できるテキストエディターです。

Sublime Textには無制限の無料トライアルが用意されていますが、これはフリーソフトウェアでも、オープンソースでもありません。もし気に入っていて、フルのライセンス料を支払えるのなら、そうすべきです。ライセンスの購入は一度の支払いで買い切りです。サブスクリプションではありません。

EmacsとVim

EmacsとVimの2つは、多くの経験豊富なプログラマーに人気があるテキストエディターです。人気の理由は、これらのテキストエディターがキーボードから手を離さずに操作できるように設計されていることにあります。そのため、一度テキストエディターの操作を学べば、コードを書き、読み、変更するといった作業を非常に効率的に行えるようになります。これは同時に、これらのテキストエディターの学習は容易ではなく、習熟するまでに時間がかかることを意味しています。VimはたいていのLinuxおよびmacOSに含まれています。

274

また、EmacsとVimはどちらもターミナル内で実行を完結できます。このため、これらのテキストエディターは、リモート接続のターミナルからサーバー上のコードを編集する用途でよく使われます。

他のプログラマーから、これらのテキストエディターをすすめられることがしばしばあるでしょう。しかし、熟練したプログラマーの多くは、新米プログラマーがどれほどたくさんのことを学ぼうとしているのかを忘れています。これらのテキストエディターの存在を知っておくのはよいことですが、もっと扱いやすいテキストエディターでコードを快適に書けるようになるまで、手を出すのはやめておきましょう。テキストエディターの使い方を習得するよりもプログラムの学習に集中するほうが賢明です。

PyCharm

PyCharmは、PythonプログラマーのあいだIDEです。人気の理由は、PyCharmがPythonでの作業専用に作られていることにあります。すべての機能を利用するには有料のサブスクリプションが必要ですが、PyCharm Community Editionという名前の無料版もあり、多くの開発者に重宝されています。

PyCharmを試す場合、デフォルトではプロジェクトごとに独立した環境がセットアップされることに注意してください。これは通常はよいことですが、もしPyCharmが何をしているか理解していないと、予想外の振る舞いが生じることがあります。

Jupyter Notebook

Jupyter Notebookは、主にブロックから構成されるWebアプリケーションであり、伝統的なテキストエディターやIDEとは異なるタイプのツールです。それぞれのブロックは、コードブロックまたはテキストブロックのいずれかです。テキストブロックはMarkdownで表現されるので、ブロック内のテキストには簡単な書式を含められます。

Jupyter Notebookは、科学系アプリケーションにおけるPythonの利用をサポートするために開発されましたが、その後拡大を続け、今ではさまざまな状況で役立つツールとなっています。単に「.py」ファイルにコメントを書くのとは異なり、見出しや箇条書き、ハイパーリンクなどの簡単な書式を付加した明快なテキストをコードのセクション間に書くことができます。すべてのコードブロックは独立して実行できるので、プログラムを小さな断片に切り分けてテストできます。また、すべてのコードブロックを同時に実行することもできます。それぞれのコードブロックには個別の出力領域があり、必要に応じて出力の有無を切り替えられます。

異なるセル間で相互のやりとりが行われるため、Jupyter Notebookの動作は時折わかりにくい場合があります。あるセルの中で関数を定義すると、その関数は他のセルからも利用できるようになります。これはたいていの場合、有益ですが、Notebookが長大なときやNotebook環境がどのように動作するかをよく理解できていないときには、混乱を招くかもしれません。

Pythonを使って科学系あるいはデータ中心の作業に取り組んでいるなら、いずれJupyter Notebookに遭遇することはほぼ間違いないでしょう。

付録

C 助けを借りる

　プログラムを学んでいると、誰もがどこかの地点で行き詰まるものです。だからこそ、行き詰まったところからいかに効率的に抜け出すかがプログラマーとして身につけるべきもっとも重要なスキルの1つになります。この節では、プログラミングがうまくいかないときに行き詰まりを打開するための方法をいくつか説明します。

はじめの一歩

　作業が行き詰まってしまったとき、はじめにやるべきことは状況を精査することです。他の誰かに助けを求める前に、次の3つの質問に明解に答えてみてください。

- 何をしようとしているのか？
- これまでに何を試したのか？
- どのような結果が出ているのか？

　回答はできる限り具体的にしてください。最初の質問なら「私はPythonの最新版を自分の新しいWindowsのノートPCにインストールしようとしています。」といった明快な文章であれば、Pythonコミュニティの人があなたをサポートするのに十分詳細な説明といえるでしょう。「Pythonをインストールしようとしています。」のような文章では、助言を得るために十分な情報を提示できません。

　2つ目の質問への回答では、すでに試したことを繰り返し助言されないように詳細な情報を提示すべきです。「https://python.org/downloads/に行き、自分のシステム向けのダウンロードボタンをクリックしました。その後インストーラーを起動しました。」という書き方は、「Pythonのサイトに行って何かをダウンロードしました。」と書くよりもずっと効果的です。

　3つ目の質問については、表示されたエラーメッセージを正確に把握することが役立ちます。オンラインでそのメッセージを検索して解決方法を探したり、メッセージを提示して助言を求めたりすることができるからです。

　他の人に助けを求める前にこの3つの質問に自分で答えることで、見落としに気づいて行き詰まりから抜け出せることもあります。プログラマーはこの手法を**ラバーダックデバッグ**と呼んでいます。ラバーダック（ゴムのアヒル）のような何か動かないものに対して自分の状況を明確に説明し、特定の質問を投げかけることで疑問への答えが得られるということはしばしばあります。それを意図した手法です。プログラミングチームによっては、本物のラバーダックを置いて「アヒルに話しかけてね」と人々にすすめているところもあります。

276

もう一度やってみる

スタート地点に戻ってはじめからやりなおすだけで問題を解決できることはよくあります。本書の例に基づいてforループを作成しているとします。for文の行末のコロンが抜けているといった何か単純なミスをしているだけかもしれません。すべてのステップをはじめからやりなおすことで、同じミスを繰り返すことを避けられる場合があります。

休憩する

同じ問題についてずっと作業し続けていたなら、休憩をとるというのは試してみるべきベストな戦術の1つです。同じタスクを長時間続けていると、脳が1つの解決策に固執して余裕がなくなります。前提を見失った状態になっているわけですが、休憩をとることで問題に対する新たな視点を得られます。現在の思考状態から抜け出すために長時間の休憩は必要ありません。長い間座っていた場合は、体を動かしましょう。短い散歩をしたり、少し外に出たりしてください。水を一杯飲んだり、軽くてヘルシーな間食をとったりするのもよいでしょう。

イライラを感じているなら、その日は仕事から遠ざかるのもよいかもしれません。夜に良質な睡眠をとれば、ほとんどの問題に対してよりうまく対処できるようになるでしょう。

本書のリソースを参照する

本書で使用しているソースコードは、サポートページ（https://gihyo.jp/book/2024/978-4-297-14528-6/support）から入手できます。また、原書のオンラインリソースは、Webサイト（https://nostarch.com/python-crash-course-3rd-edition）から入手できます。原書のリソースは英語による提供となりますが、システムのセットアップや各章の課題を進めるうえで役立つセクションがたくさんあります。まだアクセスしていないのであれば、このオンラインリソースを参照し、役立つものがないか確認してください。

◤ インターネットで検索する

同じ問題に遭遇した誰かがインターネット上に解決策を書いている可能性があります。高い検索のスキルと適切に質問を書く力があれば、目の前の問題の解決策を見つける助けとなります。たとえば、あなたが新しいWindowsシステムに最新バージョンのPythonをインストールしようとして苦労している場合、「python インストール windows」で検索し、その結果のうち、昨年よりも新しいリソースだけを対象にすることで明確な答えを得られるかもしれません。

正確なエラーメッセージを使った検索も非常に有効です。たとえば、新しいWindowsシステムのターミナルからPythonプログラムを実行しようとして次のようなエラーが発生したとします。

付録

```
> python hello_world.py
Python was not found; run without arguments to install from the Microsoft
  Store...
```

「Python was not found; run without arguments to install from the Microsoft Store」という語句で検索すれば、おそらくよいアドバイスが見つかります。

訳注

こちらに記載された例は本書の初版執筆時のものです。第3版の翻訳時点ではWindows 11で前述の手順を行うと、エラーメッセージは表示されずMicrosoft Storeに誘導されます。

プログラミングに関連したトピックの検索を始めると、繰り返し登場するサイトがいくつかあります。どのように役立つかを知ってもらうために、いくつか代表的なサイトを簡単に紹介します。

Stack Overflow

Stack Overflow (https://stackoverflow.com/) はもっともよく使われるプログラマー向けQ＆Aサイトの1つで、Python関連の検索結果の1ページ目によく登場します。メンバーは何かに行き詰まったときに質問を投稿し、他のメンバーはそれに対して役立ちそうな回答を書き込みます。ユーザーはもっとも役に立った回答に投票できるので、ベストな回答がたいてい最初に見つかります。

Stack Overflowはコミュニティによって洗練されているので、Pythonについての基本的な質問の多くに明確な回答を見つけられるでしょう。ユーザーが更新情報を投稿することも推奨されているので、回答は比較的最新の状態に保たれています。執筆時点でStack Overflowには、回答がついているPython関連の質問が200万件以上あります。

Stack Overflowに投稿する前に心がけておきたいことがあります。質問は、あなたが直面している問題をもっとも簡潔に示すものとなるようにするべきです。エラーを引き起こす5 〜 20行のコードとあわせて、この付録の冒頭にある「はじめの一歩」で触れた質問に答えてから投稿すれば、誰かが助けてくれる可能性が高まります。もしも、複数の大きなファイルを含むプロジェクトのリンクなどを共有したら、助けてもらえる可能性は非常に低くなるでしょう。よい質問を書くための素晴らしいガイドがhttps://stackoverflow.com/help/how-to-askにあります。このガイドの内容は、プログラミングの助けを得るうえで、どのプログラマーのコミュニティでも当てはまるものです。

訳注

Stack Overflowの質問作成ガイドライン日本語版は次のURLにあります。

- https://ja.stackoverflow.com/help/how-to-ask

Python公式ドキュメント

　Python公式ドキュメント（https://docs.python.org/）は、ユーザーへの説明よりも言語自体の文書化を目的としているので、初心者にとっては少し当たり外れがあります。公式ドキュメントにある例は動作しますが、そこに書かれているすべてを理解することは難しいです。とはいえ、検索結果の中で確認すべきよいリソースであり、Pythonの理解を深めるにつれ、より役立つドキュメントになるでしょう。

訳注

Python公式ドキュメントの日本語版は次のURLにあります。

- https://docs.python.org/ja/

ライブラリの公式ドキュメント

　Pygame、Matplotlib、Djangoなどの特定のライブラリを使用している場合は、そのプロジェクトの公式ドキュメントへのリンクが検索結果によく出てきます。たとえば、Djangoのドキュメント（https://docs.djangoproject.com/）はDjangoを利用するときにとても役立ちます。このようなライブラリを使用する予定であれば、公式ドキュメントに慣れ親しんでおくのはよいことです。

r/learnpython

　Redditは**subreddits**と呼ばれる多数のサブフォーラムで構成されています。subredditの「r/learnpython」（https://reddit.com/r/learnpython/）はかなりアクティブで協力的です。ここでは、他の人の質問を読んだり、自分の質問を投稿したりできます。提出した質問について複数の視点からの意見を得られることも多く、自分が取り組んでいるテーマについてより深く理解するのにとても役立ちます。

ブログの記事

　たくさんのプログラマーが自身の関わっているプログラミング言語についてのブログ記事を投稿して共有しています。ブログ記事の更新日には目を配っておきましょう。使用中のPythonのバージョンにどの程度その情報が当てはまるかを確認するためです。

Discord

　Pythonコミュニティの他のオンラインチャット環境としては**Discord**があります。助けを求めたり、Python関連のディスカッションを追いかけたりすることができます。

　Python Discordを確認するには、Webサイト（https://pythondiscord.com/）に行き、右上の［Discord］のリンクをクリックしてください。すでにDiscordのアカウントを持っている場合は既存のアカウ

付録

ントでログインできます。アカウントをまだ持っていない場合はユーザー名を入力して［はい］をクリックしてください。そのあとで表示される画面の案内にしたがってDiscordのアカウントの作成を完了してください。

Python Discordをはじめて訪問すると、コミュニティのルールを承諾するように求められます。ルールを承諾しない限り参加できません。承諾が済んだら、どのチャンネルでも興味を引かれたものに自由に参加できます。もしも助けを求めているなら、複数あるPython Helpチャンネルのいずれかに投稿することをお忘れなく。

![旗] Slack

Slackはもう1つのオンラインチャット環境です。会社内のコミュニケーションに利用されることが多いツールですが、それにとどまらず誰でも参加できる公開グループが数多く存在します。Python関連のSlackのグループを探したければ、pyslackers（https://pyslackers.com/）から始めるのがよいでしょう。ページの上部にある［Slack］のリンクをクリックしてメールアドレスを入力すると、招待メールが送付されます。

Python Developersのワークスペースに入ると、チャンネルの一覧を参照できます。［チャンネル］の横の［＋］をクリックして興味を引かれるトピックを選んでください。「#help」や「#django」チャンネルあたりを見てみるのもよいかもしれません。

訳注

日本語でPython関連チャットとしてよく利用されているものをいくつか紹介します。

- **Python.jp Discord**
  https://www.python.jp/discord/index.html
- **pyconjp-fellow.slack.com（PyCon JPに興味のある人たち）**
  https://pyconjp-fellow.slack.com/join/shared_invite/zt-p4hb9t0m-CyPNgr7MX16wBqE9y_ZAZA#/shared-invite/email
- **Python mini Hack-a-thon Slack**
  https://join.slack.com/t/pyhack/shared_invite/zt-1j3v4er5g-B0QUOjWIa_cc5zVnyDd~ag
- **PyLadies JP Slack（Pythonに興味のある女性向け）**
  https://pyladiestokyo.github.io/

▰ 「必修編」のおわりに

本書をお読みいただき、ありがとうございました。

本書は、Pythonの基礎をゼロからしっかり習得したい初心者の方に、自信を持っておすすめできる書籍になっていると思います。訳者の私（鈴木たかのり）自身も必修編の翻訳を進める中で、改訂された内容の1つであるpytestについてより知ることができました。ページ数はありますが、コードを少しずつ拡張しながら動作を確認することで、サクサクと徐々に新しい知識を獲得できます。まだ読み終えていない方も、ぜひ最後までチャレンジしてみてください。

本書「必修編」では、Pythonで開発するために必要最低限の情報がすべて網羅されています。原書『Python Crash Course』は大変人気で第3版に改訂されていることもあり、初心者が取り組みやすいように具体的な例を示しながら、ステップを踏んで理解しやすく書かれています。また、「必修編」はそれだけで完結した内容になっていますが、実はこの本の原書の中では「必修編」はPart 1にあたり、原書の半分でしかありません。後半のPart 2は、日本語版では「実践編」という別の書籍になっています。

「実践編」では、3つの少し大きなプロジェクト「ゲーム開発」「データ可視化」「Webアプリケーション開発」を扱います。いずれのプロジェクトでも、各種ライブラリやフレームワークを活用して実用的なプログラムを楽しく作成していきます。「必修編」とともに「実践編」のすべてのプロジェクトに挑戦することで『Python Crash Course』（「Python短期集中コース」のような意味だそうです）を修了することになります。ぜひ「実践編」にもチャレンジしてみてください。

▰ 謝辞

最後になりますが、本書の翻訳の品質を上げるために、レビュアーのみなさんにはさまざまな指摘をしてもらいました。レビュアーの筒井隆次（@ryu22e）さん、杉山剛（@soogie）さん、wat（@watlablog）さん、小山哲央（@tkoyama010）さん、熊谷拓也（@kumappp27）さん、吉田花春（@kashew_nuts）さん、古木友子（@komo_fr）さんありがとうございました。

この本をきっかけに多くの方にPythonプログラミングの楽しさを味わっていただけたらとてもうれしいです。

2024年10月 鈴木たかのり、安田善一郎

索引

記号・数字

!=	85
**	29, 172
**kwargs	172
*args	171
+= 演算子	134
==	83
>>>	3
@pytest.fixture デコレーター	259
\n	23
\t	23
__init__() メソッド	183
3重クォート	150

A

[Add Python to PATH] オプション	264
and キーワード	86
append() メソッド	42
assert文	253
as キーワード	175

B

break文	141

C

cd コマンド	12
choice() 関数	208
continue文	142

D

deadsnakes パッケージ	267
def キーワード	150
del文	43, 111
dir コマンド	12
Discord	279
docstring	150

E

else キーワード	91
else ブロック	225
Emacs	274
encoding引数	227
except ブロック	224

F

f-string	22
False	83
FileNotFoundError	226
Fixture	258
float() 関数	217
for ループ	56

G

Geany	274
get() メソッド	113

H

hello_world.py	10

I

IDE	268
IDLE	274
if-elif-else 構文	92
if-else 構文	91
if文	82
スタイル	102
import文	173
IndentationError	61
IndexError	52
input() 関数	132
insert() メソッド	43
int() 関数	134, 217
in キーワード	87
items() メソッド	116

J

json.dumps()	234
json.loads()	234
JSON フォーマット	233
json モジュール	233
Jupyter Notebook	275

K

KeyError	113
keys() メソッド	117

L

len() 関数	51
list() 関数	66
lower() メソッド	22, 84
lstrip() メソッド	25
ls コマンド	13

M

max() 関数	67
min() 関数	67

N

NameError	18
None	114
not in キーワード	88

O

or キーワード	87

P

pass文	231
pathlib	213
PATH 変数	264
PEP	78
PEP 8	78, 102
日本語訳	80

pip	245
pop() メソッド	44
PyCharm	275
pytest	245
pytest コマンド	249, 257

Python

インストール	4, 6
使用しているバージョンを確認する	267
ターミナル上で動かす	5, 7, 8
バージョンを確認する	8
Python 2	265
Python 3	6
python.org	14
python3 コマンド	13
Python インタープリター	2
Python 公式ドキュメント	279
python コマンド	6, 8
Python 標準ライブラリ	208
py コマンド	264

R

r/learnpython	279
randint()	208
random モジュール	208
range() 関数	65
スキップする数	66
removeprefix() メソッド	26
removesuffix() メソッド	28
remove() メソッド	46, 145
replace() メソッド	219
return 文	159
reverse() メソッド	50
rstrip() メソッド	25

S

self	184
set()	120
Slack	280
sorted() 関数	49, 119
sort() メソッド	48
splitlines() メソッド	216
split() メソッド	228
Stack Overflow	278
strip() メソッド	25

str() 関数	221
Sublime Text	274
sum() 関数	67
super() 関数	194

T

The Zen of Python	34
title() メソッド	21
True	83
try-except-else ブロック	226
try-except ブロック	222
try ブロック	224
TypeError	76

U

Ubuntu Software Center	9

V

values() メソッド	119
Vim	274
VS Code	3
Python 拡張機能	9
インストール	6, 7, 9
設定	270
日本語	10
プログラムを実行	10
無限ループを止める	143

W

while ループ	137
write_text() メソッド	220

Z

ZeroDivisionError	223

あ

青空文庫	228
アサーション	248, 254
アスタリスク	170
値	17, 107
アポストロフィ	21
余り	135
アンダースコア	31

い

以下	86
以上	86
位置引数	153
順番に関する注意点	154
イミュータブル	75
入れ子	122
辞書の値に辞書を入れる	127
辞書の値にリストを入れる	125
複数の辞書によるリスト	122
インスタンス	182
名前	185
インスタンス化	182
インデックス	38
数え方	39
負のインデックス	40
インデント	58, 78
インデントエラー	60
インポート	173

お

オーバーライド	196
オブジェクト	182
オブジェクト指向プログラミング	182
オプション引数	160
親クラス	193

か

改行文字	23
返り値	159
角カッコ	38
掛け算	29
可変長キーワード引数	171
可変長引数	170
仮引数	151
関数	150
辞書を返す	161
スタイル	177
定義	150
定義の改行	177
テスト	246
任意の数の引数	169
複数回の関数呼び出し	153

283

本体 ……………………… 150
呼び出し ……………………… 151
リストの変更を防ぐ ……… 168
リストを変更する ……………… 165
リストを渡す ……………… 165
関連付け ……………………… 17

き

キー ……………………… 107
キーと値のペア ……………… 107
キーワード ……………………… 267
キーワード引数 ……………… 155
奇数 ……………………… 136
キャメルケース ……………… 209
境界条件の判定 ……………… 65
行の長さ ……………………… 79

く

空行 ……………………… 79
偶数 ……………………… 136
空白文字 ……………………… 23
取り除く ……………… 24
組み込み関数 ……………… 268
クラス ……………………… 182
インスタンスの生成 ……… 184
インポート ……………… 200
スタイル ……………… 209
属性としてインスタンスを使用する
……………………… 196
属性にアクセスする ……… 185
属性にデフォルト値を設定する 188
属性の値を直接変更する……… 190
テスト ……………… 254
複数のインスタンスを生成 …… 186
複数のクラスをインポートする 204
別名 ……………………… 206
メソッドを通して属性の値を
増やす ……………… 191
メソッドを通して属性の値を
変更する ……………… 190
メソッドを呼び出す ……… 185
モジュールからすべてのクラスをイン
ポートする ……………… 205
モジュール全体をインポートする204
クラッシュ回避 ……………… 224

け

継承 ……………………… 193

こ

構文エラー ……………………… 26
子クラス
親クラスのメソッドをオーバーライド
する ……………… 196
属性とメソッドを定義する 195
コマンドプロンプト ……………… 4
コメント ……………… 32
コレクション型 ……………… 38
コロン ……………… 63
コンポジション ……………… 197

さ

サードパーティ製パッケージ ……… 244
サブクラス ……………… 194
サブセット ……………… 70
ループ ……………… 71

し

辞書 ……………………… 106
値にアクセスする ……… 107
値を変更する ……… 110
新しいキーと値のペアを追加する
……………………… 108
キーと値のペアを削除する 111
キーを特定の順番でループ…… 119
すべての値をループする …… 119
すべてのキーと値のペアをループ
……………………… 115
すべてのキーをループ …… 117
長い辞書を記述 ……… 112
ユーザーの入力から辞書を作る
……………………… 146
要素の順番 ……… 119
実引数 ……………… 152
実引数のエラー ……… 157
集合 ……………… 120
集合を直接作成 ……… 121
条件テスト ……………… 83
剰余演算子 ……………… 135
ショートカットキー ……… 272

す

シングルクォーテーション ……… 21
シンタックスエラー ……………… 26
シンタックスハイライト ……………… 16

数値表現 ……………………… 135
スーパークラス ……………… 194
スタイルガイド ……………… 78
スネークケース ……………… 209
スペース ……………… 23
スライス ……………69, 168

せ

整数 ……………………… 29
絶対パス ……………… 215
全角文字 ……………… 11

そ

相対パス ……………… 215
属性 ……………… 184

た

ターミナル ……………………… 2
ターミナルで実行 ……………… 12
タイトルケース ……………… 21
対話モード ……………… 3
足し算 ……………… 29
タブ ……………… 23
タプル ……………… 75
上書き ……………… 76
すべての値でループ …… 76
定義 ……………… 75
ダブルクォーテーション ……………… 21

つ

通知対象のエラー ……………… 232

て

定数 ……………………… 31
データ型 ……………… 20
デコレーター ……………… 259
テスト
新しいテストを追加する ……… 252
失敗したテストに対応する …… 251
テストに失敗する ……………… 250

284

テストに成功する ……… 248
テストを実行する ……… 249
テストケース ……………… 248
デフォルトエンコーディング ……… 227
デフォルト値 ……………… 155, 188

と

等価性の比較演算子 ……… 83
統合開発環境 ………………… 268
特殊メソッド ………………… 183
トラブル解決 …………………… 11
トレースバック ……… 11, 19, 222

な

波カッコ …………………… 107

に

入力プロンプト …………… 132
　2行以上 …………………… 133

は

パス ………………………… 213
バックスラッシュ …………… 24
ハッシュマーク ……………… 32
パブリックドメイン ………… 228

ひ

引き算 ………………………… 29
引数 ………………………… 152

ふ

ファイル
　1行を書き込む……………… 220
　行にアクセスする ………… 216
　内容を読み込む …………… 213
　複数行を書き込む ………… 221
　複数のファイルを扱う …… 229
ブール式 ……………………… 88
ブール値 ……………………… 88
複数同時の代入 ……………… 31
浮動小数点数………………… 29
不等性の比較演算子 ………… 85
フラグ ……………………… 140
フルカバレッジ …………… 248
プレースホルダー………… 162, 231

プロジェクト・グーテンベルク …… 228
プロンプト ……………………… 3

へ

べき乗 ………………………… 29
別名 ……………………… 175, 206
変数 ………………………… 17
　ガイドライン ……………… 18
　綴り間違い ………………… 19
　文字列の中で使用する …… 22
　ルール …………………… 18

み

未満 ………………………… 86

む

無限ループ ………………… 142

め

メソッド ……………… 21, 183
メソッドチェーン ………… 214

も

文字コード ………………… 227
モジュール ………………… 173
　全関数をインポートする …… 176
　全体をインポートする …… 174
　特定の関数をインポートする
　　…………………………… 175
　複数のクラスを格納する …… 202
　別名をつける …………… 176
　モジュールの中にモジュールを
　インポートする ………… 205
文字列型 …………………… 20
文字列表現 ………………… 134
モデル化 …………………… 199
戻り値 ……………………… 159

ゆ

ユーザー情報を保存 ……… 235
ユニットテスト …………… 248

よ

より大きい ………………… 86

ら

ライブラリ ……………… 173, 213
ラバーダックデバッグ………… 276

り

リスト ……………………… 38
　del文を使用して要素を削除する 43
　pop()メソッドを使用して要素を
　削除する…………………… 44
　値を指定して要素を1つ削除する
　　…………………………… 46
　一時的にソートする …… 49
　永続的にソートする …… 48
　逆順で出力する ………… 50
　コピー …………………… 72
　特定の値をすべて削除する …… 145
　長さを調べる…………… 51
　中に要素を挿入する …… 43
　任意の位置から要素を削除する
　　…………………………… 45
　負のインデックス………… 71
　別のリストに要素を移動する …… 144
　末尾に要素を追加する ……… 42
　要素を変更 ……………… 41
リスト内包表記 …………… 68
リファクタリング ………… 237

れ

例外 ……………………… 212, 222

ろ

論理的なエラー…………… 61

わ

ワークフロー ……………… 207
割り算 ……………………… 29

285

◆本書サポートページ
https://gihyo.jp/book/2024/978-4-297-14528-6/support
本書記載の情報の修正／訂正については、当該Webページで行います。

カバーデザイン	：bookwall
本文デザイン・組版・編集	：トップスタジオ
担当	：小竹 香里・細谷 謙吾

■お問い合わせについて

本書に関するご質問については、記載内容についてのみとさせて頂きます。本書の内容以外のご質問には一切お答えできませんので、あらかじめご承知置きください。また、お電話でのご質問は受け付けておりませんので、書面またはFAX、弊社Webサイトのお問い合わせフォームをご利用ください。

なお、ご質問の際には、「書籍名」と「該当ページ番号」、「お客様のパソコンなどの動作環境」、「お名前とご連絡先」を明記してください。

〒162-0846
東京都新宿区市谷左内町21-13
株式会社技術評論社
『改訂新版 最短距離でゼロからしっかり学ぶ Python入門 必修編』係
FAX 03-3513-6173
URL https://book.gihyo.jp

お送りいただきましたご質問には、できる限り迅速にお答えをするよう努力しておりますが、ご質問の内容によってはお答えするまでに、お時間をいただくこともございます。回答の期日をご指定いただいても、ご希望にお応えできかねる場合もありますので、あらかじめご了承ください。
ご質問の際に記載いただいた個人情報は質問の返答以外の目的には使用いたしません。また、質問の返答後は速やかに破棄させていただきます。

改訂新版 最短距離でゼロからしっかり学ぶ Python入門 必修編
〜プログラミングの基礎からエラー処理、テストコードの書き方まで

2024年11月13日　初版　第1刷発行

著 者	Eric Matthes
訳 者	鈴木たかのり、安田 善一郎
発行者	片岡 巌
発行所	株式会社技術評論社
	東京都新宿区市谷左内町21-13
	電話　03-3513-6150　販売促進部
	03-3513-6177　第5編集部
印刷・製本	昭和情報プロセス株式会社

定価はカバーに表示してあります。

本書の一部または全部を著作権法の定める範囲を越え、無断で複写、複製、転載、あるいはファイルに落とすことを禁じます。

造本には細心の注意を払っておりますが、万一、乱丁（ページの乱れ）や落丁（ページの抜け）がございましたら、小社販売促進部までお送りください。送料小社負担にてお取替えいたします。

日本語訳 ©2024 鈴木たかのり、シエルセラン合同会社

ISBN978-4-297-14528-6 C3055
Printed in Japan